浙江师范大学资源分析与规划省级实验教学示范中心资助

雁荡山水探秘

——雁荡山世界地质公园地理野外实习教材

吕惠进 叶玮 赵虎 编著

U0250216

WUHAN UNIVERSITY PRESS
武汉大学出版社

图书在版编目(CIP)数据

雁荡山水探秘:雁荡山世界地质公园地理野外实习教材/吕惠进,叶玮,赵虎编著.—武汉:武汉大学出版社,2013.9
ISBN 978-7-307-10830-1

Ⅰ.雁… Ⅱ.①吕… ②叶… ③赵… Ⅲ.雁荡山—地质调查—教育实习—教材 Ⅳ.P562.55

中国版本图书馆 CIP 数据核字(2013)第 105311 号

责任编辑:李汉保　　　责任校对:王　建　　　版式设计:马　佳

出版发行:**武汉大学出版社**　(430072　武昌　珞珈山)
（电子邮件:cbs22@ whu. edu. cn 网址:www. wdp. com. cn）
印刷:通山金地印务有限公司
开本:787×1092　1/16　印张:12　　字数:270 千字　　插页:1
版次:2013 年 9 月第 1 版　　　2013 年 9 月第 1 次印刷
ISBN 978-7-307-10830-1　　　定价:28.00 元

内 容 简 介

　　地理野外实践教学是地理教学中不可或缺的重要环节，通过野外实践教学，可以提高学生学习地理的兴趣，巩固在课堂教学中获得的知识，丰富和拓展地质与地貌学的相关知识，熟悉、掌握地理观察与调查的基本技能。

　　作者系统地收集了近十几年的相关研究成果，多次赴地质公园实地考察，获得了大量的第一手资料，为教材的编写奠定了基础。本书从地质遗迹入手，首先介绍了地质遗迹的概念与类型，地质遗迹的保护内容，地质公园、矿山公园的建设历程及其现状；然后深入浅出地阐述了雁荡山世界地质公园的自然地理特征、地质特征、主要地质遗迹及其成因演化和其他旅游资源；并根据相关的规划，结合地理专业特点与学生的实际，设置了合理的考察路线与考察内容。

　　本书可以作为地理专业学生地质地貌野外实习的指导书，也可以作为旅游专业、城市规划专业的野外考察参考教材，还可以作为地学爱好者到雁荡山世界地质公园游览观光的参考书。

序

提笔之初，回想吕惠进教授冒着酷暑、大汗淋漓地来到管委会，让我为《雁荡山水探秘》一书作序，其质朴的言语和敬业精神，令我为之感动，内心不由得对这位长期从事地质地貌研究的专家、多年执教于浙江师范大学地理与环境科学学院的教授肃然起敬，故欣然命笔。

雁荡山在一亿多年的地质演变历程中，经历了火山爆发、塌陷、复活、隆起的完整过程。星移斗转、沧海桑田，原始的火山地貌被不断改变，却留下众多的古火山遗迹。早在公元 1074 年，北宋著名科学家沈括在游雁荡山后得出了流水的地形侵蚀作用的学说，比欧洲学术界关于侵蚀学说的提出要早 600 多年，但今天我们可以说，沈括没有发现雁荡山"穹崖巨谷不类他山"的真正原因，火山地质地貌才是雁荡山之根本，为流水这把"刻刀"提供了绝佳的素材。雁荡山的科学价值一直得到专家的认可，中国地质科学院火山矿产研究中心首席科学家陶奎元认为，雁荡山是"研究考察流纹岩火山的天然博物馆"。在现有的世界地质公园网络中，雁荡山世界地质公园以其"中生代晚期白垩纪完整的破火山多样性地质景观"的完美结合而得以跻身于世界名山之列，享有"古火山立体模型"的美誉，为人类的地质科学研究留下了一部永久性文献。

"水火雁荡"历经亿年的"熔炼"，最终成就了今天的叠嶂、锐锋、石门、硐天、幽谷、瀑潭、洞溪、河流等被誉为"天下奇秀"的地质地貌景观之美；且嶂峰洞谷湖瀑层层递进、回环曲折，却又浑然一体；山外，近有江南绿野平畴，远有东海碧波万顷；移步换形、昼夜变换，使得雁荡山不仅有特殊的地质科学意义，且具极高的美学、科普教育和旅游观赏价值。

雁荡山特有的地质景观和生态景观，不仅是当地之福、国家之幸，也是对世界的贡献。自 2005 年雁荡山被评为世界地质公园以来，一路凯歌，努力践行地质公园"保护、教育、旅游"的三大宗旨。近年来，雁荡山世界地质公园在地质遗迹保护、科普教育、公园发展与建设以及促进当地旅游经济发展等方面付诸了巨大努力，取得较大成效，特别是近期在各级领导的重视、公园专家的指导下，对公园进行了进一步地整改，更加注重游客的体验与参与互动，推出多种形式的科普宣传，不断提升雁荡山世界地质公园的品牌影响力，不断推动公园旅游经济的可持续发展。2013 年 6 月，为了迎接联合国教科文组织专家对雁荡山世界地质公园的第二轮发展评估，公园进行了认真的迎检和总结。令人高兴的是，这次评估得到了来自德国的 Frey、英国的 Border 两位专家的肯定，并得到了上级领导的赞扬和好评。

词有尽而意无穷。在此，非常感谢吕惠进、叶玮、赵虎三位专家教授不辞辛劳、多次赴雁荡山实地考察与研究，掌握了大量第一手资料并举证一系列有力之观点。《雁荡山水探秘》一书内容丰富、深入浅出、图文并茂，不仅是地理科学专业野外实习的指导书，也可作为其他地学相关专业及地学爱好者进行地理考察、旅游的参考书。并希望越来越多的地学爱好者、旅游观光及休闲度假者来共同探寻雁荡山水之秘，共同解读这本神奇震撼的"地球历史书"，共同分享雁荡山水之瑰丽诗篇、石火之倾世交响！

驻笔时，夜已深。拜读《雁荡山水探秘》，唯感自浅见陋作，幸有此书启迪，是为序。

雁荡山风景旅游管委会副书记　　杨书元
常务副主任

2013 年 7 月于雁荡山

目 录

第1章　概　述

1.1　地质遗产与地质遗迹

1.1.1　地质遗产

地质遗产是指在地球演化的漫长地质历史时期，由于内、外动力的地质作用形成、发展并遗留下来的不可再生的矿产资源和地质遗迹，地质遗产是生态环境的重要组成部分。

广义而言，地球上由地质作用形成并保存下来的自然产物和遗迹都可以称为地质遗产。因此地球上各类地质体及其组成地质体的岩石、矿物、生物化石和地质现象等，均属于地质遗产。但是，对于人类有意义的是那些目前可以利用、且有一定价值的地质遗产。因此从科学研究的意义和经济开发价值的角度，可以狭义地界定地质遗产的内涵：即在目前经济技术条件下可以利用；出露地表或埋藏在一定的深度范围内；具有一定的值得开发利用的价值；具有一定的规模。

地质遗产是人类赖以生存的物质基础，给人类提供了 90% 的能源、40% 的水资源、80% 的工业原材料、70% 的农业原材料和大量的日常生活用品原材料。地质遗产还为人类提供了多姿多彩、美轮美奂的奇特自然景观和宝玉石、奇石等。地质遗产在国民经济建设和人们日常生活中具有不可替代的作用。

1. 地质遗产的类型

目前，一般按地质遗产的性质、用途，将地质遗产分为矿产资源与地质遗迹两大类。

矿产资源已有较成熟的分类，若笼统划分则按矿产属性分为能源矿产、金属矿产、非金属矿产和水气矿产 4 种类型，每种类型再进一步分为若干矿产类。

对于矿产资源地，一般按规模划分为矿床和矿点，再按矿种作进一步分类。从研究和勘查的角度，一般按成因将矿床划分为岩浆矿床、伟晶岩矿床、热液矿床、风化矿床、沉积矿床和变质矿床 6 大类型；再按成矿作用进一步划分为若干不同成因类型。有的按赋矿主岩组合划分为不同矿床类型。

2. 地质遗产体系

隗合明等学者着眼于地质遗产的开发与保护，综合考虑地质遗产的属性、功能、价值、影响力和保护形式等方面，构建了地质遗产体系。地质遗产体系由 3 个基本系列组合构成，包括 11 个系列、若干个亚系列和若干个类型。

（1）矿产资源型遗产系列组合

①基础产业用矿产资源

该系列包括能源用矿产亚系列（如煤、石油、天然气、铀、地热水），冶金用矿产亚系列（如铁、铜、锌、熔剂白云岩），建材用矿产亚系列（如花岗岩、石膏），化工用矿产亚系列（如硫铁矿、芒硝），农业用矿产亚系列（如磷、钾盐）等。

②高新技术产业用矿产资源

该系列包括信息产业用矿产亚系列（如石墨、石榴子石等），国防航天科技用矿产亚系列（如制作高级陶瓷的长石），纳米材料用矿产亚系列（如纳米级粘土矿）等。

③美化生活环境用矿产资源

该系列包括环境保护用矿产亚系列（如浮石、泥炭等），装饰装修用矿产亚系列（如花岗岩、辉长岩、蛇纹岩、大理岩），工艺雕刻用矿产亚系列（如宝玉石及大理岩、花岗岩等岩石中的名优品种），美化观赏用矿产亚系列（如宝玉石、奇石、盆景石），艺术文化用矿产亚系列（如砚石、印章石）等。

（2）旅游资源型遗产系列组合

①山岳地貌景观

该系列包括山岳奇峰景观、丹霞地貌景观、冰川地貌景观、砂岩峰林地貌景观等亚系列。

②水域地貌景观

该系列包括河流峡谷景观、瀑布景观、流泉景观、湖泊景观、海滨景观等亚系列。

③喀斯特景观

该系列包括喀斯特洞穴景观、高寒喀斯特景观、喀斯特地貌景观等亚系列。

④火山地貌景观

该系列包括海底火山地貌景观、陆地火山地貌景观等亚系列。

⑤黄土荒漠地貌景观

该系列包括黄土景观、戈壁景观和荒漠景观等亚系列。

（3）科教资源型遗产系列组合

①重要地质作用及其演化遗迹

该系列包括长期完整沉积地层、强烈构造活动形迹、岩浆及火山（包括热液）活动遗迹、冰川活动遗迹等亚系列。

②古生物活动及演化遗迹

该系列包括古动物活动遗迹、古植物生长遗迹、微体古生物遗迹等亚系列。

③特殊成岩、成矿事件遗迹

该系列包括宝玉石形成遗迹、超大型矿床形成遗迹、观赏石形成遗迹、喷出岩形成遗迹等亚系列。

④地质灾害发生遗迹

该系列包括地震遗迹、滑坡遗迹、泥石流遗迹、山崩遗迹、塌陷遗迹等亚系列。

1.1.2 地质遗迹

地质遗迹是指在地球演化的漫长地质历史时期，由于各种内、外动力地质作用，形成、发展并遗留下来的珍贵的、不可再生的地质自然遗产。

地质遗迹是人类揭示地球环境演化规律的重要窗口，也是生态环境的重要组成部分和构成旅游景观的资源基础。

1. 地质遗迹的分类

地质遗迹依其形成原因、自然属性等可以分为具有重要观赏价值和重大科学研究价值的地质地貌景观；具有重要价值的地质剖面和构造形迹；具有重要价值的古生物化石及其产地；具有特殊价值的矿物、岩石及其典型产地；具有典型意义和特殊意义的地质灾害遗迹等类型。

依据国家地质公园规划编制技术要求（国土资发〔2010〕89 号），地质遗迹分为地质（体、层）剖面、地质构造、古生物、矿物与矿床、地貌景观、水体景观和环境地质遗迹景观等七大类，结合浙江省地质遗迹特点，进一步细分为类、亚类与型，如表 1-1 所示。

表 1-1　　　　　　　　　　　　　　地质遗迹的类型

大　类	类	亚　类	型
地质（体、层）剖面大类	1. 地层剖面	（1）全球界线层型剖面（金钉子）	
		（2）全国性标准剖面	
		（3）区域性标准剖面	
		（4）地方性标准剖面	
	2. 岩浆岩（体）剖面	（5）典型基性、超基性岩体（剖面）	
		（6）典型中性岩体（剖面）	
		（7）典型酸性岩体（剖面）	
		（8）典型碱性岩体（剖面）	
	3. 变质岩岩相剖面	（9）典型接触变质带剖面	
		（10）典型热动力变质带剖面	
		（11）典型混合岩化变质带剖面	
		（12）典型高、超高压变质带剖面	
	4. 沉积岩相剖面	（13）典型沉积岩相剖面	
地质构造大类	5. 构造形迹	（14）全球（巨型）构造	
		（15）全国（大型）构造	
		（16）中小型构造	
古生物大类	6. 古人类	（17）古人类化石产地	
		（18）古人类活动遗址遗迹	
	7. 古动物	（19）古无脊椎动物化石产地	
		（20）古脊椎动物化石产地	
	8. 古植物	（21）古植物化石产地	
	9. 古生物遗迹	（22）古生物活动遗迹	
矿物与矿床大类	10. 典型矿物产地	（23）典型矿物产地（含观赏石、宝玉石产地）	
	11. 典型矿床	（24）典型金属矿床	
		（25）典型非金属矿床	
		（26）典型能源矿床	

续表

大　类	类	亚　类	型
地貌景观大类	12. 岩石地貌景观	(27) 花岗岩地貌景观	单体: 岩岗、堡峰、塔峰、屏峰、柱峰、塔峰、簇峰、石柱、突岩、石臼、石蛋、竖洞、崩积洞、倒石堆、峡谷、湖泊、组合: 峰丛、峰林、石林
		(28) 丹霞地貌景观	单体: 方山、单面山、峰、崖壁、石墙、石柱、倒石堆、线谷、巷谷、峡谷、宽谷、洞穴(横槽、横洞、竖槽、竖洞、蜂窝状洞穴、壁龛式洞穴)、穿洞、石拱、崩积洞、湖泊、组合: 峰丛、峰林
		(29) 火山岩地貌景观	单体: 台地、方山、单面山、岩岗、崖嶂、石墙、峰柱、锐峰、突岩、柱状节理景观、堡峰、石门、横洞、竖洞、石拱、蚀龛、倒石堆、崩积洞、峡谷、湖泊、组合: 峰丛、峰林
		(30) 喀斯特地貌景观	地表单体: 峰、石柱、石芽、溶沟、天生桥、穿洞、落水洞、漏斗、岩溶洼地、天坑、地表堆积物: 钙华池、边石坝、钙华坡、钙华崖、钙华坪、地表组合: 岩溶丘陵—洼地、峰丛—洼地、石林、峰丛、洞内蚀余单体: 边槽、悬吊岩、石翼、涡穴、洞内沉积: 钟乳石、鹅管、石笋、石柱、边石坝、石幔、钙板、石荷叶、石花、月奶石、崩积堆、生物层、洞内暗河与水体: 河道、阶地、瀑布、泉、潭、湖、池、地下组合: 廊道、洞厅、暗河
	13. 流水地貌景观	(31) 流水侵蚀地貌景观	峡谷、深切曲流、谷中谷、壶穴、岩坎、侧蚀槽、离堆山
		(32) 流水堆积地貌景观	阶地、河漫滩、心滩、天然堤、洪积扇、冲积扇、三角洲
	14. 海蚀海积地貌景观	(33) 海蚀地貌景观	海蚀崖、海蚀柱、海蚀蘑菇、海蚀拱桥、海蚀穴、海蚀平台、岬角
		(34) 海积地貌景观	沙坝、砾石滩、沙滩、泥滩、生物滩、泻湖、沼泽、海滩岩
	15. 构造地貌景观	(35) 构造地貌景观	单体: 飞来峰、断层崖、断层三角面、断层谷、穿隆丘、高山湿地、组合: 构造台地、夷平面、构造盆地、掀斜单面山、断块山

续表

大 类	类	亚 类	型
水体景观大类	16. 泉水景观	(36) 温(热)泉景观	
		(37) 冷泉景观	
	17. 湖沼景观	(38) 湖泊景观	
		(39) 沼泽湿地景观	
	18. 河流景观	(40) 风景河段	
	19. 瀑布景观	(41) 瀑布景观	
环境地质遗迹景观大类	20. 地震遗迹景观	(42) 古地震遗迹景观	
		(43) 现代地震遗迹景观	
	21. 地质灾害遗迹景观	(44) 山体崩塌遗迹景观	
		(45) 滑坡遗迹景观	
		(46) 泥石流遗迹景观	
		(47) 地裂与地面沉降遗迹景观	
	22. 采矿遗迹景观	(48) 采矿遗迹景观	

2. 地质遗迹的评价与分级

（1）地质遗迹的评价指标及赋分标准

地质遗迹的评价指标及赋分标准如表 1-2 所示。

表 1-2 　　　　　　　　　地质遗迹的评价指标及赋分标准

指　标		评价依据	赋　分
科学价值	典型性	类型、特征、规模等具有国际或全国性对比意义	15～12
		类型、特征、规模等具有区域或全省性对比意义	11～9
		类型、特征、规模等具有较重要的地学意义	<9
	稀有性	属国内罕见的遗迹景观	15～12
		属国内少有、省内唯一的遗迹景观	11～9
		属省内少有的遗迹景观	<9
	系统完整性	现象和过程保存系统完整，能为形成与演化过程提供重要证据	15～12
		现象和过程保存较系统完整，能为形成与演化过程提供证据	11～9
		现象和过程保存不够系统完整，但能反映该类型地质遗迹景观的主要特征	<9
美学价值		具有国内少见的景观优美性	25～21
		具有省内少见的景观优美性	20～16
		具有一定的景观优美性	<15
科普教育价值		具有国内少见的重要地学科普教育意义	25～21
		具有省内少见的重要地学科普教育意义	20～16
		具有一定的地学科普教育意义	<15
旅游开发价值		具有很高的人文、生态、知名度、社会经济等条件	25～21
		具有较高的人文、生态、知名度、社会经济等条件	20～16
		具有一定的人文、生态、知名度、社会经济等条件	<15

注：80～100 分为 I 级，65～79 分为 II 级，65 分以下为 III 级。

（2）地质遗迹的分级及其标准

1）国家级及以上

①能为一个大区域甚至全球演化过程中，某一重大地质历史事件或演化阶段提供重要地质证据的地质遗迹；

②具有国际或国内大区域对比意义的典型剖面、化石产地或矿床等；

③具有国际或国内典型地学意义的地质景观；

④能为国际或国内矿业发展史提供证据，或代表当时国际或国内科学技术水平的采矿遗迹景观。

2）省级

①能为区域地质历史演化阶段提供重要地质证据的地质遗迹；

②有区域对比意义的典型剖面、化石产地和矿床等；

③在地学分区及分类上，具有代表性意义或较高历史、文化、旅游价值的地质景观；

④能为区域矿业发展史提供证据或代表当时区域先进科学技术水平的采矿遗迹景观。

3）县级

①在小区域范围内具有科学研究价值的典型剖面、化石产地、矿床等；

②在小区域内具有特色的地质景观：

③能为小区域矿业发展史提供证据或代表当时地方科学技术水平的采矿遗迹景观。

3. 浙江省的地质遗迹及其保护

（1）自然地理与经济社会背景

浙江省地处我国东南沿海、长江三角洲南翼，陆域面积 $10.18 \times 10^4 km^2$，其中山地和丘陵占 70.4%，平原和盆地占 23.2%，河流和湖泊占 6.4%。地势自西南向东北倾斜，山脉呈北东—南西走向。西南多为海拔千米以上的中低山；中部多为海拔 500m 以下的丘陵，40 余个"红层"盆地错落其间；东北部为沿海堆积平原。浙江省海域辽阔，海岸线总长 6486km，其中大陆海岸线长 2200km，面积在 $500m^2$ 以上岛屿达 3061 个。浙江省属亚热带季风气候，气温适中、雨量充沛。

浙江省下辖 11 个地级市，90 个县（市、区），是我国东部经济最发达、人口密度最大的省份之一。据 2010 年第六次全国人口普查数据，全省常住人口为 5442.69 万人。2010 年全省生产总值为 2.77 万亿元；地方财政收入超过 2608.47 亿元。生态省、文化大省和全面小康社会的建设，迫切需要加强和保护地质遗迹，为生态环境的保护、地方文化发展、科普宣传和旅游业的国际化提供资源基础。

（2）地质历史变迁过程

浙江省经历了漫长的地质历史，记录了许多重大地质事件，形成了类型多样、数量众多的地质遗迹。

1000MaBP[①]，浙东南与浙西北分属于不同的古陆，被大洋分隔。1000～900MaBP，

---

① MaBP 表示 1 百万年前。

浙东南与浙西北拼接（华南古板块形成）。作为拼接带，著名的江山—绍兴断裂构造带具有重大科学价值。

约 820Ma 前，大陆裂解在浙西北留下了双峰式岩浆岩等地质记录。约 750～450Ma 前，浙江被海水淹没，沉积在浙西北的碳酸盐岩—页岩中保存了全国乃至全球著名的三叶虫与笔石化石序列。

大约在 450Ma 前，浙东南被挤压隆起为陆地。在随后的 $30×10^6$ 年间，浙西北成为底栖动物繁盛的近陆浅海，形成了连续的地层序列，保存了奥陶纪末全球生物大灭绝时期的重要信息。约 420Ma 前浙西北也隆起为陆地。

约 370Ma 前，海水再次入侵浙江，在石英砂岩—灰岩—页岩中保存了丰富的古生物化石；形成了 250Ma 前的连续的地层序列，成为研究古生代末全球重大变革事件的最好地点。该时期的灰岩成为浙江大量岩溶（喀斯特）景观的物质基础。

约 240Ma 前，浙江西北侧的古特提斯海关闭，华南与华北的碰撞形成了北东方向的褶皱与断裂框架。上述地层序列与构造现象为华南古板块的演化提供了重要证据。

约 180Ma 前延续至今，浙江进入了一个新的地质发展时期，太平洋板块的俯冲和东亚大陆边缘的裂解等事件产生了大量的断陷盆地、岩浆侵入、火山喷发和矿化等地质现象，覆盖了浙江大部分地区，突出的有：浙西北的火山构造洼地、浙中的红盆和古生物化石、浙东的碱性花岗岩、散布全省的白垩纪和古近纪火山与火山地层剖面、特殊的火山岩、非金属矿床和观赏石等，使浙江在环太平洋构造带中占有重要的科学地位。

约 65Ma 以来的新生代，新构造运动强烈，地壳差异升降明显，地质作用塑造的地貌景观得以保存。许多地貌遗迹在地貌科学与美学上具有很高的价值，突出的是浙西北的岩溶（喀斯特）景观、浙中的丹霞地貌和浙东南的流纹岩地貌等。此外，新生代地质遗迹还具有重要的地史价值，广泛发育于浙南及浙西北的多级夷平面、浙中等地的河流阶地以及沿海不同高度的海积海蚀地貌，均记录了地壳升降的历史。一系列地层剖面和地貌现象表明，全新世海平面升降引起了浙北平原与钱塘江河口环境的剧变。这一变化导致了浙北古人类文化层的变迁，产生了杭州湾涌潮。地质环境还影响了人类的文化，并因人类活动而留下了珍贵的遗迹。突出的有浙西南的银矿采冶遗迹、浙中及浙东的采石遗迹等。

（3）浙江地质遗迹资源的特点

1）数量众多，内容丰富

到 2012 年，浙江省初步登录的地质遗迹近 900 处，分属地层、构造、岩石、矿产、古生物、地质灾害、地质地貌、水体等类别，涵盖了地质遗迹的主要类型。其中省级以上的地质遗迹有 273 处，如表 1-3 所示。

2）科学价值高

在近 900 处地质遗迹中，国家级地质遗迹 57 处，约占 6%；省级 216 处，约占 24%；省级以下 624 处，约占 70%。部分地质遗迹在全国乃至世界享有盛誉，如浙西北记录了古生代生命进化和华南古板块的沉积演化史，是华南及全球的著名标准地层区；全省中生代以来的岩浆侵入、火山喷发、矿化活动和生物遗存是环太平洋构造带最典型、最重要的现象区之一；新生代以来形成的各种剥蚀与堆积地貌景观在地貌学上具有全国乃至全球性的典型意义。

3）美学价值高

新生代以来的新构造运动为浙江省塑造了许多在美学与地貌科学上具有很高价值的地貌遗迹。突出的有浙西北的岩溶（喀斯特）景观、浙中的丹霞地貌和浙东南的流纹岩地貌等。这些景观地貌是构成浙江17处国家重点风景名胜区的主要风景旅游资源，展示了浙江山川海洋之雄伟、峰林峡谷之幽奇、岩溶洞穴之变幻、丹崖赤壁之神秀，使浙江省成为著名的风景之乡、旅游胜地。全新世海平面升降引起了浙北平原与钱塘江河口的环境剧变，形成了举世闻名的杭州湾涌潮。

4）地域差异明显、地理分布聚集

根据地质遗迹的成因背景结合其地理分布，浙江省可以分为5个地质遗迹区，即浙西北地层古生物与喀斯特景观遗迹区、浙北平原与古人类文化遗迹区、浙中白垩纪红盆与丹霞地貌遗迹区、浙东南中生代火山地质与火山岩地貌遗迹区和海岸岛屿地貌遗迹区。在地理分布上，形成了30多处地质遗迹集中区，为地质遗迹的重点保护和适度开发利用提供了有利条件。

表1-3　　　　　　　　　　浙江省级以上地质遗迹名录及保护现状

遗迹编号	行政属地		遗迹名称	主要保护对象	遗迹等级	保护现状
1	杭州市	西湖区	西湖	湖泊	国家级	国家风景名胜区
2			钱塘江之江段	河流地貌	省级	
3			六和塔之江组剖面	地层剖面	省级	
4			虎跑泉	泉	省级	
5			龙井老虎洞组剖面	地层剖面	省级	
6			宝石山棋盘格式构造	构造剖面	省级	
7			转塘镇凌家桥山字形构造	构造剖面	省级	
8			龙井—翁家山黄龙、船山组剖面	地层剖面	省级	
9			灵隐寺飞来峰喀斯特地貌	喀斯特地貌	省级	国家风景名胜区
10			西溪湿地	湿地地貌	省级	国家湿地公园
11			留下荆山岭剖面	地层剖面	省级	
12		余杭区	良渚文化遗址剖面	史前人类遗址	国家级	国家文化遗址
13			山沟沟崩塌遗迹	崩塌地貌	省级	
14			超山寒武系剖面	地层剖面	省级	
15		萧山区	南阳镇钱江潮	河口地貌与潮汐	国家级	
16			湘湖跨湖桥文化遗址剖面	史前人类遗址	国家级	国家文化遗址
17			桥头虹赤村组剖面	地层剖面	省级	
18			直坞上墅组剖面	地层剖面	省级	

续表

遗迹编号	行政属地	遗迹名称	主要保护对象	遗迹等级	保护现状
19	建德市	富春江"小三峡"风景河段	河谷地貌	省级	国家风景名胜区
20		李家镇乌龟洞洞穴生物化石	洞穴及古生物化石	省级	省文保单位
21		枣园建德生物群化石	古生物化石	省级	
22		建德铜矿	矿产剖面	省级	
23		灵栖洞喀斯特洞穴	喀斯特洞穴	省级	省风景名胜区
24		大慈岩火山岩地貌	火山岩地貌	省级	省风景名胜区
25		大同镇劳村劳村组剖面	地层剖面	省级	
26		寿昌镇黄尖山黄尖组剖面	地层剖面	省级	
27		下涯埠休宁组剖面	地层剖面	省级	
28		枣园—岩下寿昌组、横山组剖面	地层剖面	省级	
29		北坞志留系沉凝灰岩	地层剖面	省级	
30	富阳市	章村双溪坞群剖面	地层剖面	国家级	
31		神功村神功运动不整合面	地层剖面	国家级	
32		上官乡骆村骆家门组剖面	地层剖面	省级	
33		上官乡骆村晋宁运动不整合面	地层剖面	省级	
34		新店西湖组剖面	地层剖面	省级	
35		新店唐家坞组剖面	地层剖面	省级	
36		钟家庄板桥山组剖面	地层剖面	省级	
37	杭州市 临安市	大峡谷镇玉岩山鸡血石矿	矿产剖面	国家级	
38		瑞晶洞	喀斯特洞穴	国家级	省风景名胜区
39		板桥上奥陶统剖面	地层剖面	省级	
40		上骆家长坞组剖面及浊积岩	地层与岩石剖面	省级	
41		大峡谷镇浙西天池	夷平面与高山湿地	省级	国家自然保护区
42		大峡谷镇浙西大峡谷	峡谷地貌	省级	
43		湍口温泉	泉	省级	
44		大明山花岗岩地貌	花岗岩地貌	省级	省风景名胜区
45		马啸峰火崖加里东运动面	地层剖面	省级	
46		马啸石长城	构造剖面与地貌	省级	
47		平山膨润土矿	矿产剖面	省级	
48	桐庐县	瑶琳仙境	喀斯特洞穴	国家级	省风景名胜区
49		城下碎斑流纹英安岩	岩石剖面	省级	
50		深澳球川—萧山深断裂点	构造剖面	省级	
51		冷坞孤峰组剖面	地层剖面	省级	
52		冷坞龙潭组剖面	地层剖面	省级	
53	淳安县	千岛湖	湖泊	国家级	
54		潭头志留系底部化石产地	古生物化石	国家级	
55		石林镇千岛湖石林	喀斯特地貌	省级	国家风景名胜区
56		潭头文昌组剖面	地层剖面	省级	
57		姜昌塘腕足动物群化石产地	古生物化石	省级	

遗迹编号	行政属地		遗迹名称	主要保护对象	遗迹等级	保护现状
58	宁波市	鄞州区	鄞江镇鄞江桥组层型剖面	地层剖面	省级	
59			东钱湖	湖泊	省级	省风景名胜区
60		余姚市	罗江乡河姆渡遗址剖面	史前人类遗址	国家级	国家文化遗址
61			四明山火山岩与花岗岩地貌	夷平面与岩石地貌	省级	省级地质公园
62			大陈盾火山	构造剖面	省级	
63		奉化市	雪窦山火山岩地貌	火山岩地貌	国家级	国家风景名胜区
64			徐凫岩瀑布	瀑布	省级	
65		宁海县	岔路镇浙东大峡谷	峡谷地貌	省级	
66			宁海伍山石窟	古采矿遗迹	国家级	国家矿山公园
67			强蛟岛群海蚀地貌	海岸地貌	省级	
68			茶山破火山	构造剖面	国家级	
69			雷山头第三纪火山口	构造剖面	省级	
70			深圳镇温州—镇海断裂带点	构造剖面	省级	
71			南溪温泉	泉	省级	
72		象山县	东陈乡红岩海岸地貌	海岸地貌	省级	
73			高塘珍珠岩矿	矿产剖面	省级	
74			石浦灰岩	地层剖面	省级	
75			花岙柱状节理景观	火山岩地貌	省级	
76	温州市	瓯海区	泽雅火山岩地貌	火山岩地貌	国家级	省风景名胜区
77			仙岩火山岩地貌	火山岩地貌	省级	省风景名胜区
78			大罗山花岗岩地貌	花岗岩地貌	省级	
79		乐清市	雁荡山火山构造与火山岩地貌	构造剖面及火山岩地貌	国家级	世界地质公园
80			智仁基底涌流相火山岩	岩石剖面	国家级	世界地质公园
81			大龙湫球泡流纹岩	岩石剖面	国家级	世界地质公园
82			方洞火山碎屑流相火山岩	岩石剖面	省级	世界地质公园
83			大龙湫	瀑布	省级	世界地质公园
84			中雁荡山火山岩地貌	火山岩地貌	省级	国家风景名胜区
85			镇安火山岩柱状节理景观	火山岩地貌	省级	
86		永嘉县	楠溪江风景河段	河流地貌	国家级	世界地质公园
87			大箬岩火山岩地貌	火山岩地貌	省级	国家风景名胜区
88			石桅岩火山岩地貌	火山岩地貌	省级	国家风景名胜区
89			枫林震旦系剖面	地层剖面	省级	
90		平阳县苍南县文成县泰顺县	南雁荡山流纹岩地貌	火山岩地貌	省级	国家风景名胜区
91			南麂列岛海岸地貌	海岸地貌	国家级	国家海洋保护区
92			矾山明矾石矿	矿产剖面	国家级	
93			玉苍山花岗岩地貌	花岗岩地貌	省级	国家森林公园
94			百丈漈镇百丈漈瀑布	瀑布	国家级	国家风景名胜区
95			铜岭山"十二埕"	峡谷壶穴景观	省级	国家森林公园
96			雅阳镇承天温泉	泉	省级	省级地质遗迹保护区

续表

遗迹编号	行政属地		遗迹名称	主要保护对象	遗迹等级	保护现状
97	嘉兴市	秀城区	马家浜遗址剖面	史前人类遗址	国家级	国家文化遗址
98			南湖	湖泊	省级	
99		桐乡市	石门镇罗家角遗址剖面	史前人类遗址	国家级	省文物保护单位
100		海盐县	南北湖	湖泊	省级	省风景名胜区
101	湖州市	吴兴区	黄龙山黄龙洞	喀斯特洞穴	省级	
102			王母山苦橄玢岩与霓霞岩岩体	岩石剖面	省级	
103		长兴县	煤山"金钉子"剖面	地层剖面	国家级	国家地质遗迹保护区
104			煤山上泥盆统—石炭系剖面	地层剖面	省级	
105			便山五通组剖面	地层剖面	省级	
106			葡萄山梁山组、栖霞组剖面	地层剖面	省级	
107		安吉县	报福冰川遗迹	地层剖面与地貌	省级	
108			龙王山火山岩地貌	火山岩地貌	省级	省级自然保护区
109			康山沥青煤	矿产剖面	省级	
110			黄墅文昌组、霞乡组剖面	地层剖面	省级	
111			孝丰康山组剖面	地层剖面	省级	
112			孝丰镇大白地组剖面	地层剖面	省级	
113			叶坑坞寒武系剖面	地层剖面	省级	
114		德清县	莫干山花岗岩地貌	花岗岩地貌	国家级	国家风景名胜区
115			三桥埠三叶虫和笔石化石	古生物化石	省级	
116			铜官山铜矿遗址	矿产剖面与采治遗址	省级	
117	绍兴市	越城区	吼山古采矿遗址	采矿遗址	省级	省风景名胜区
118			东湖古采矿遗址	采矿遗址	省级	省风景名胜区
119		诸暨市	石角超镁铁质岩	岩石剖面	国家级	
120			道林山钾长花岗岩	岩石剖面	国家级	
121			璜山石英闪长岩	岩石剖面	国家级	
122			次坞辉绿岩	岩石剖面	国家级	
123			五泄瀑布	瀑布	国家级	
124			王家宅构造剖面	构造剖面	国家级	
125			陈蔡镇陈蔡群剖面	地层剖面	省级	
126			璜山金矿	矿产剖面	省级	
127			汤江岩崩塌遗迹	崩塌地貌	省级	
128			芙蓉山破火山	构造剖面	国家级	
129		嵊州市	王院百丈飞瀑	瀑布	省级	
130			嵊州硅藻土矿	矿产剖面	省级	

续表

遗迹编号	行政属地	遗迹名称	主要保护对象	遗迹等级	保护现状
131	绍兴市 绍兴县	兵康平水组剖面	地层剖面	国家级	
132		赵婆岙石英闪长岩	岩石剖面	国家级	
133		上灶斜长花岗岩	岩石剖面	国家级	
134		鉴湖	湖泊	省级	省风景名胜区
135		柯岩古采矿遗址	采矿遗址	省级	省风景名胜区
136	新昌县	安溪—王家坪硅化木化石群	古生物化石	国家级	国家地质公园
137		穿岩十九峰丹霞地貌	丹霞地貌	省级	国家地质公园
138		东茗乡倒脱靴奇石群	丹霞地貌	省级	国家地质公园
139		董村水晶矿遗址	矿产剖面	省级	省文物保护单位
140		天姥山火山岩地貌	火山岩地貌	省级	
141	金华市 婺城区	双龙洞岩溶地貌	喀斯特洞穴	国家级	国家风景名胜区
142		九峰山丹霞地貌	丹霞地貌	省级	省风景名胜区
143		汤溪汤溪组剖面	地层剖面	省级	
144	金东区	岭下朱镇中戴组剖面	地层剖面	省级	
145	兰溪市	六洞山地下长河	喀斯特洞穴	国家级	省风景名胜区
146		西山寺石炭系—二叠系剖面	地层剖面	省级	
147		梅坞恐龙蛋化石	古生物化石	省级	
148		柱杆山加里东运动构造面	地层剖面	省级	
149		兰溪马涧组剖面	地层剖面	省级	
150		柏社渔山尖组剖面	地层剖面	省级	
151		柱杆山西湖组—黄龙组剖面	地层剖面	省级	
152	义乌市	苏溪河流袭夺	河流地貌	省级	
153	东阳市	横店屏岩洞府	丹霞地貌	省级	省风景名胜区
154		大爽混合岩体	岩石剖面	省级	
155	永康市	方岩丹霞地貌	丹霞地貌	国家级	国家风景名胜区
156		八字墙断裂构造	构造剖面	省级	
157		石柱镇方岩组剖面	地层剖面	省级	
158		溪坦朝川组剖面	地层剖面	省级	
159		馆头村馆头组剖面	地层剖面	省级	
160	武义县	杨家萤石矿	矿产剖面	国家级	
161		后树萤石矿	矿产剖面	省级	
162	浦江县	仙华山火山岩地貌	火山岩地貌	省级	省风景名胜区
163		岩头蒙山细碧岩	岩石与地层剖面	省级	
164	磐安县	大盘山夹溪浙中大峡谷	峡谷地貌	省级	省级地质公园

续表

遗迹 编号	行政属地	遗迹名称	主要保护对象	遗迹 等级	保护现状
165	柯城区	烂柯山丹霞地貌	丹霞地貌	省级	省风景名胜区
166	衢江区	莲花镇超基性火山岩筒	构造剖面	省级	
167		莲花镇莲花组剖面	地层剖面	省级	
168		小湖南火山岩 柱状节理景观	火山岩地貌	省级	
169		叠石村火山岩叠石景观	火山岩地貌	省级	
170		华墅上墅组剖面	地层剖面	省级	
171		灰坪岩溶"天坑"	喀斯特地貌	省级	
172	江山市	大豆山寒武—奥陶系界线剖面	地层剖面	国家级	
173		碓边金钉子剖面	地层剖面	国家级	
174		江郎山丹霞地貌	丹霞地貌	国家级	国家风景名胜区 世界自然遗产地
175		新塘坞叠层石	古生物化石	国家级	
176		陈塘边金交椅恐龙化石	古生物化石	省级	
177		坛石加里东运动面	地层剖面	省级	
178		大陈荷塘组剖面	地层剖面	省级	
179		大陈杨柳岗组剖面	地层剖面	省级	
180		石龙岗休宁组剖面	地层剖面	省级	
181		五家岭陡山沱组、灯影剖面	地层剖面	省级	
182		大陈岭大陈岭组剖面	地层剖面	省级	
183		夏坞黄泥岗组剖面	地层剖面	省级	
184		源口乡洪公岩体	岩石剖面	省级	
185		游溪政棠组剖面	地层剖面	省级	
186	龙游县	小南海衢县组剖面	地层剖面	省级	
187		虎头山火山岩筒	构造剖面	省级	
188		中埠超基性火山岩筒	构造剖面	省级	
189		龙游石窟古采矿遗址	采矿遗址	省级	
190		白石山头超铁镁质岩	岩石剖面	省级	
191		上北山超镁铁质岩	岩石剖面	省级	
192	常山县	黄泥塘"金钉子"剖面	地层剖面	国家级	国家地质公园
193		蒲塘口滑塌堆积岩	岩石剖面	国家级	国家地质公园
194		西阳山寒武—奥陶系界线剖面	地层剖面	国家级	国家地质公园
195		三衢山喀斯特地貌	喀斯特地貌	省级	国家地质公园
196		砚瓦山—箬溪变形带	构造剖面	省级	国家地质公园
197		砚瓦山"青石"和"花石"	岩石剖面	省级	国家地质公园
198		灰山底三衢山组剖面	地层剖面	省级	国家地质公园
199		石崆寺华严寺组剖面	地层剖面	省级	国家地质公园
200		凌湖珠藏坞组剖面	地层剖面	省级	
201	开化县	叶家塘叶家塘组剖面	地层剖面	省级	
202		下庄—石柱断裂点	构造剖面	省级	
203		底本南沱组—荷塘组剖面	地层剖面	省级	

衢州市

续表

遗迹编号	行政属地		遗迹名称	主要保护对象	遗迹等级	保护现状
204	舟山市	普陀区	桃花岛晶洞花岗岩	岩石剖面	国家级	省风景名胜区
205			普陀山花岗岩地貌	花岗岩地貌	国家级	国家风景名胜区
206			白山—月岙花岗岩地貌	花岗岩地貌	省级	
207			朱家尖海蚀海积地貌	海岸地貌	省级	国家风景名胜区
208			飞沙岙海岸地貌	海岸地貌	省级	国家风景名胜区
209			潮音洞海蚀洞穴	海岸地貌	省级	国家风景名胜区
210			楚音洞海蚀地貌	海岸地貌	省级	国家风景名胜区
211			百步沙、千步沙海蚀沙滩沙堤	海岸地貌	省级	国家风景名胜区
212		岱山县	小沙湾海滩岩	岩石剖面	省级	
213		嵊泗县	马迹岛海蚀拱桥	海岸地貌	省级	国家风景名胜区
214			花鸟岛海蚀地貌	海岸地貌	省级	国家风景名胜区
215	台州市	黄岩区	宁溪镇宁溪盆地永康群古生物化石	古生物化石	省级	
216			五部铅锌矿	矿产剖面	省级	
217		临海市	大墈头火山岩柱状节理景观	火山岩地貌	国家级	国家地质公园
218			白岩山穹状火山地貌	火山岩地貌	省级	国家地质公园
219			武坑层状流纹岩地貌	火山岩地貌	省级	国家地质公园
220			上盘恐龙化石	古生物化石	省级	国家地质公园
221			康岭乡康谷超单元岩体	岩石剖面	省级	
222			河头镇河头超单元岩体	岩石剖面	省级	
223			小岭茶湾组古生物化石	古生物化石	省级	
224		温岭市	长屿硐天古采矿遗址	采矿遗址	国家级	世界地质公园国家矿山公园
225			方山火山岩台地	火山岩地貌	省级	世界地质公园
226		天台县	天台恐龙蛋化石群保存地	古生物化石	国家级	省级地质公园
227			石梁飞瀑	瀑布	省级	省风景名胜区
228			天台"人字形"断陷盆地	构造剖面	省级	
229			鼻下许锥火山	构造剖面	省级	
230			百丈坑	花岗岩地貌	省级	
231			雷峰乡磨石山群剖面	地层剖面	省级	
232			赤城山天台群剖面	地层剖面	省级	
233		仙居县	神仙居火山岩地貌	火山岩地貌	国家级	国家风景名胜区
234			公孟流纹岩地貌	火山岩地貌	省级	
235			小平田村小平田组层型剖面	地层剖面	省级	
236		三门县	蛇蟠岛采矿遗址	采矿遗址	省级	

续表

遗迹编号	行政属地	遗迹名称	主要保护对象	遗迹等级	保护现状
237	莲都区	东西岩丹霞地貌	丹霞地貌	省级	省级风景名胜区
238		三岩寺丹霞地貌	丹霞地貌	省级	
239	龙泉市	凤阳山火山岩地貌	火山岩地貌	省级	国家自然保护区
240		八宝山金银矿	矿产剖面	省级	
241		东畲—枫坪构造剖面	构造剖面	省级	
242		溪口—骆庄构造剖面	构造剖面	省级	
243		黄南构造剖面	构造剖面	省级	
244		花桥汤源组剖面	地层剖面	省级	
245		上羊镇—花桥乡八都群剖面	地层剖面	省级	
246		淡竹花岗闪长岩体	岩石剖面	省级	
247		骆庄花岗岩体	岩石剖面	省级	
248		狮子坑橄榄岩	岩石剖面	省级	
249	缙云县	仙都火山岩地貌	火山岩地貌	国家级	国家风景名胜区
250		步虚山火山通道	构造剖面	省级	
251		靖岳沸石珍珠岩矿	矿产剖面	省级	
252		马鞍山破火山口	构造剖面	省级	
253	青田县	山口叶腊石矿	矿产剖面	国家级	
254		高市石门飞瀑	瀑布	省级	省风景名胜区
255		石平川钼矿	矿产剖面	省级	
256		孙坑火山洼地	构造剖面	省级	
257		太鹤山花岗岩地貌	花岗岩地貌	省级	
258		芝溪头变质杂岩	地层剖面	省级	
259	遂昌县	治岭头金矿与采冶遗址	矿床与采冶遗址	国家级	国家矿山公园
260		九龙山火山岩地貌	火山岩地貌	省级	国家自然保护区
261		高坪火山洼地	构造剖面	省级	
262		三台山含辉洞	崩塌地貌	省级	
263		翁山二长花岗岩体	岩石剖面	省级	
264	松阳县	南山穹状火山	构造剖面	省级	
265		枫坪乡枫坪组剖面	地层剖面	省级	
266		象溪镇毛弄组剖面	地层剖面	省级	
267		大岭头斜长花岗岩	岩石剖面	省级	
268		里庄花岗闪长岩	岩石剖面	省级	
269	庆元县	百山祖火山岩地貌	火山岩地貌	省级	国家自然保护区
270	景宁县	大漈乡雪花漈	瀑布	省级	
271		大漈乡银坑洞采矿遗址	采矿遗址及剖面	省级	
272		九龙湾火山熔岩地貌	火山岩地貌	省级	省级地质公园
273		景宁花岗岩体	岩石剖面	省级	

资料来源：根据《浙江省地质遗迹保护规划（2006—2020）》中的2004年调查与评价结果补充。

①浙西北区。浙西北区行政范围涉及建德市、富阳、临安市、桐庐县、淳安县、长

兴县、安吉县、诸暨市、兰溪市、浦江县、常山县、开化县、湖州市区、德清县、余杭区、萧山区、绍兴县、上虞市、嵊州市、义乌市、金东区、婺城区、衢江区、江山市，共 24 个县（市），面积约 $2.8×10^4 km^2$。浙西北区为中低山丘陵区，天目山脉和千里岗山脉展布全区，山高坡陡，河谷深切。地质构造上浙西北区主要属扬子地块，地层层序齐全，岩石类型丰富，以古生代碎屑岩和碳酸盐岩为主。

浙西北区地质遗迹资源丰富，类型齐全，地史记录完整，主要为地层古生物类、构造类、喀斯特景观等。已知地质遗迹 291 处，其中国家级地质遗迹 26 处、省级地质遗迹 80 处、市县级地质遗迹 185 处。江山—绍兴断裂带北端两侧的萧山河上、诸暨陈蔡、绍兴平水等地是研究华南晚前寒武纪地质最典型、最重要的地区之一；常山、江山一带 450Ma—晚奥陶世地层序列完整连续，是全球晚寒武世和中奥陶世标准生物带发育最好的地区；长兴煤山地区发育了全球最好的上二叠统地层；石炭纪碳酸盐岩形成的喀斯特地貌景观，形态优美，类型多样；中生代以来的火山活动、岩浆侵入以及地壳上升与流水作用形成了天目山、莫干山、龙王山、大明山、富春江小山峡等著名的山体地貌和水体景观。

主要地质遗迹集中区和已建保护区 14 处：

长兴国家级地质遗迹保护区。 位于长兴煤山一带，面积约 $2.47 km^2$，2002 年建立。主要地质遗迹为全球二叠系—三叠系界线层型剖面、吴家坪—长兴阶界线层型剖面（国家级），周边尚有省级地质遗迹 2 处（煤山上泥盆统—石炭系剖面、葡萄山梁山组—栖霞组剖面）等。该区二叠纪至三叠纪地层对全球晚古生代地史研究具有重大科学价值。

吴兴地质遗迹集中区。 位于湖州市吴兴区与长兴县交界部位，面积约 $88 km^2$。区内地质遗迹资源丰富，类型众多，且以岩溶、构造为特征。共有省级地质遗迹 3 处（吴兴黄龙山黄龙宫、黄龙洞、吴兴王母山次苦橄玢岩与霓霞岩、长兴便山五通组剖面），市县级地质遗迹 10 处。

安吉康山地质遗迹集中区。 位于安吉康山一带，面积约 $130 km^2$。主要有 4 处省级地质遗迹（康山沥青煤产地、黄墅文昌组—霞乡组剖面、孝丰康山组剖面、大白地组剖面）。该区的志留纪剖面对华南早古生代古地理演化和全球志留纪末古生物演化具有重要科学价值。

德清莫干山地质遗迹集中区。 位于德清县莫干山，以花岗岩地貌为特征；面积约 $81 km^2$。为国家风景名胜区、省级森林公园、省级旅游度假区。区内共有国家级地质遗迹 1 处（莫干山花岗岩地貌），省级地质遗迹 2 处，（三桥埠三叶虫和笔石化石、铜官山铜矿遗址）；市县级地质遗迹 1 处。

天目山—龙王山地质遗迹集中区。 位于安吉南部章村镇—上墅镇及临安天目山一带，面积 $200 km^2$。以火山岩山体及峡谷流水地貌为特征。区内共有国家级地质遗迹 1 处（天目山银杏原产地）；省级地质遗迹 2 处（龙王山火山岩地貌、报福冰川遗迹），市县级地质遗迹 9 处。该区地质遗迹对研究浙西北地区新构造运动及第四纪地貌的形成、天目山地区第四纪冰川之谜具有重要意义。

临安清凉峰地质遗迹集中区。 位于临安西部昌化一带，面积约 $705 km^2$，属清凉峰国家自然保护区组成部分。以喀斯特（洞穴）地貌、鸡血石、峡谷地貌为特征。区内共有国家级地质遗迹2处（瑞晶洞喀斯特溶洞、昌化鸡血石矿）；省级地质遗迹6处（浙西天池、湍口温泉、浙西大峡谷、马啸石长城、马啸加里东运动面、大明山花岗岩地貌）；市县级地质遗迹13处。

桐庐瑶琳地质遗迹集中区。位于桐庐市瑶琳镇，面积约45km²。区内地质遗迹以喀斯特和早古生代地层剖面为主，两者相伴产出，集科学研究、科普、游览观赏诸功能为一体。共有国家级地质遗迹1处（瑶琳洞喀斯特洞穴）；省级地质遗迹2处（冷坞孤峰组剖面、冷坞龙潭组剖面）；市县级地质遗迹7处。

富阳章村地质遗迹集中区。本区横跨杭州、绍兴两个地级市，涉及富阳、桐庐、萧山、诸暨4个市（区），面积约192km²。是中晚元古代地层剖面、地质构造、岩石遗迹集中分布区。区内有国家级地质遗迹4处（富阳章村双溪坞群剖面、富阳神功运动不整合面、河上道林山钾长花岗岩和次坞辉绿岩）；省级地质遗迹5处（萧山直坞上墅组剖面、球川—萧山断裂形迹点、富阳和萧山晋宁运动不整合面、萧山桥头虹赤村组剖面、富阳骆村骆家门组剖面）；市县级地质遗迹3处。

诸暨陈蔡地质遗迹集中区。位于诸暨市南部石角—陈蔡一带，面积约105km²。本区出露了大量记录江山—绍兴断裂带活动特征的构造与岩石遗迹，共有国家级地质遗迹4处（芙蓉山破火山、王家宅韧性剪切带、石角超镁铁质岩、璜山石英闪长岩）；省级地质遗迹2处（陈蔡群剖面、璜山金矿）；市县级地质遗迹1处。

建德灵栖洞地质遗迹集中区。位于建德市西南部劳村镇一带，面积约60km²。本区地质遗迹以喀斯特洞穴及产于其中的生物化石为特色。共有省地质级遗迹6处（乌龟洞洞穴生物化石、枣园建德生物群化石、灵栖洞喀斯特洞穴、劳村组剖面、黄尖组剖面、枣园-岩下寿昌组、横山组剖面）。灵栖洞具有极高的美学观赏价值及地质科学考察价值。乌龟洞是著名的"建德人"化石产地，对研究人类进化及古环境变迁具有一定意义。

衢州灰坪地质遗迹集中区。位于衢江区北部25km的方村镇一带，面积约60km²。以喀斯特（天坑）为特征。区内共有省级地质遗迹1处（灰坪喀斯特天坑）；市县级地质遗迹5处。

双龙洞—六洞山地质遗迹集中区。位于金华市婺城区和兰溪市接合部，面积约99km²。双龙洞是国家风景名胜区和国家森林公园，六洞山是省级风景名胜区。以喀斯特地貌（溶洞）为特征，区内共有国家级地质遗迹2处（金华双龙洞喀斯特地貌、兰溪六洞山喀斯特地貌）；省级地质遗迹1处（兰溪西山寺石炭系—二叠系剖面）；市县级地质遗迹4处。

常山国家地质公园。位于常山县境内，面积82km²，2002年建立。有3处国家级和5处省级地质遗迹，主要为黄泥塘达瑞威尔阶全球层型剖面、晚奥陶世三衢山组生物礁及地貌景观、青石构造形迹等。该公园地质遗迹对全球奥陶纪地层和古生物演化具有重要科学价值。

江山新塘坞地质遗迹集中区。位于江山市北部与常山县交界地带，面积约57km²。本区出露了大量南华纪—震旦纪—寒武纪标准剖面，地层序列保存完整，古生物化石丰富，南华纪—震旦纪—寒武纪标准剖面集中分布区，现在是华东地学科研重要基地。区内共有国家级地质遗迹3处（大豆山寒武—奥陶系界线剖面、碓边江山阶和排碧阶界线层型剖面、新塘坞叠层石）；省级地质遗迹8处：（夏坞砚瓦山组剖面、大陈杨柳岗组剖面、大陈荷塘组剖面、夏坞黄泥岗组剖面、大陈岭大陈岭组剖面、五家岭陡山沱组、灯影组剖面、石龙岗休宁组剖面）；市县级地质遗迹4处。其中，碓边剖面是全球江山阶和排碧阶界线层型剖面，大豆山寒武—奥陶系界线剖面是国际候选界线层型剖面，新塘坞叠层石礁是华南发育最完整的叠层石礁。

②浙北平原区。浙北平原区行政范围涉及杭州市区、宁波市区、余姚市、慈溪市、嘉兴市、湖州市区、德清县、绍兴市区、上虞市、绍兴县等共29个县（市、区），面积约 $1.4 \times 10^4 \mathrm{km}^2$。浙北平原区地形平坦，水网密布，湖泊众多，海拔高程一般为 3 ~ 10m。第四纪松散堆积物厚度 40 ~ 300m，主要由冲海积相亚砂土、亚粘土及湖沼相富有机质粘土组成。

浙北平原区地质遗迹主要为湿地水体、古人类文化层遗址剖面、钱江涌潮和采石遗址。已知地质遗迹81处，其中国家级7处、省级18处、市县级56处。记录全新世以来地史演化的地质遗迹丰富、价值等级高。大致可以分三类：一是在全新世海平面变化过程中形成的水体（湿地）、地貌与地层遗迹，著名的有西湖、西溪湿地、鉴湖、东钱湖等；二是从近1万年前以来的古人类文化层遗址剖面，分别属于跨湖桥、河姆渡、马家浜、良渚四大古人类文化期；三是闻名中外的钱江涌潮。此外，零星散布于平原间的丘陵亦不乏采石成景的杰作，主要有绍兴柯岩、东湖、吼山等采石遗址。

主要地质遗迹集中区2处：

杭州地质遗迹集中区。位于杭州市中心，包括整个西湖风景名胜区，面积约 $120 \mathrm{km}^2$。本区以湖泊、湿地等水体类地质遗迹闻名于世，周边尚发育了大量珍贵的喀斯特、构造、地层类遗迹。共有国家级地质遗迹1处（杭州西湖），为世界文化景观遗产地；省级地质遗迹9处：西溪湿地、之江组剖面、临安山字形构造、虎跑泉、宝石山棋盘格式构造、飞来峰喀斯特地貌、龙井老虎洞组剖面、留下荆山岭下奥陶纪统剖面、龙井黄龙组、船山组剖面；市县级地质遗迹8处。

绍兴地质遗迹集中区。位于绍兴柯桥—皋埠一带，由吼山、东湖、柯岩、普渡峰等景区组成，面积约 $90 \mathrm{km}^2$。区内有鉴湖省级风景名胜区、柯岩省级旅游度假区、环城河国家水利风景区。以古代采石遗迹为特征。共有省级地质遗迹4处：东湖古采矿遗址、柯岩古采矿遗址、吼山古采矿遗址、鉴湖；市县级地质遗迹2处。

③浙中区。浙中区行政范围主要涉及嵊州市、新昌县、金东区、婺城区、东阳市、义乌市、永康市、武义县、磐安县、衢州市各区、江山市、龙游县、丽水市莲都区、天台县、兰溪市、缙云县，共17个县（市、区），面积约 $1.6 \times 10^4 \mathrm{km}^2$。本区是省内最大的丘陵、盆地分布区，丘岗平缓起伏，盆地开阔平坦，由河谷向两侧呈阶梯状分布。盆地内广布陆相红色碎屑岩，其周边主要为中生代火山岩系构成的低山丘陵。

浙中区已查明的地质遗迹153处，其中国家级5处、省级35处、市县级113处。主要地质遗迹为中生代盆地及其中的丹霞地貌、古生物化石，以及著名的非金属矿床。地质遗迹的价值主要在于丹霞地貌的优美性，以及地质遗迹所蕴含的中生代断陷盆地、古生物演化、火山活动与矿化的地史价值。主要丹霞地貌景点有江山江郎山（世界自然遗产地）、永康方岩、天台赤城山、新昌穿岩十九峰、衢州烂柯山、金华九峰山等；天台盆地是我国恐龙蛋化石主要产地，新昌王家坪硅化木化石群规模居华东地区之首；赋存于盆地内或边部的萤石、硅藻土等非金属矿产资源在国内占重要地位。区内已建地质公园2处。

主要地质遗迹集中区5处：

新昌国家地质公园。 位于新昌县境内，面积68.76km²，2004年建立，主要地质遗迹为安溪—王家坪硅化木化石（国家级），穿岩十九峰丹霞地貌（省级）、倒脱靴奇石群丹霞地貌（省级）等。

天台省级地质公园。 位于浙江省天台县，2003年建立。主要保护对象为天台恐龙蛋化石、骨骼化石及产地（国家级地质遗迹）。周边尚有6处省级地质遗迹，分别为石梁飞瀑、天台"人字形"断陷盆地、鼻下许锥火山、百丈坑、磨石山群剖面、天台群剖面。

衢州烂柯山—湖南镇地质遗迹集中区。 位于衢州柯城区—衢江区湖南镇一带，面积约138km²。区内有烂柯山—乌溪江省级风景名胜、南宋孔氏家庙等多处旅游景点。以火山岩地貌、丹霞地貌为特征。区内共有省级地质遗迹3处：衢江湖南镇火山岩柱状节理景观、衢江烂柯山丹霞地貌、衢江叠石村火山岩叠石景观；市县级地质遗迹2处。

龙游地质遗迹集中区。 位于龙游县北部，包括龙游石窟风景区、"龙游硅化木"化石点、"乌石寺"风景区和白佛岩风景区，面积约170km²。龙游石窟为省级旅游度假区。区内地质遗迹类型丰富，涉及采石遗迹、火山岩地貌、火山构造、化石、地层等多种类型，共有省级地质遗迹4处：龙游石窟古采矿遗址、虎头山火山岩筒、中埠超基性火山岩筒、小南海衢县组剖面；市县级地质遗迹7处。

永康方岩地质遗迹集中区。 位于永康市方岩镇、芝英镇，面积约54km²。方岩是国家重点风景名胜区。区内丹霞地貌特征典型，共有国家级地质遗迹1处（方岩丹霞地貌）；省级地质遗迹3处：方岩组剖面、溪坦朝川组剖面、馆头组剖面；市县级地质遗迹2处。方岩丹霞地貌包括方岩山、五峰、南岩、石鼓寮等景区，以雄奇险峻著称，是丹霞地貌特征最明显、发育最完全的区域。

④浙东南区。浙东南区行政范围涉及奉化市、宁海县、上虞市、余姚市、鄞州区、嵊州市、新昌县、象山县、衢江区、江山市、温州市、丽水市、台州市等，共35个县（市、区），面积约4.1×10⁴km²。浙东南区是瓯江、飞云江、鳌江等众多水系的发源地，山高坡陡，地形地貌复杂，岩浆岩类广泛分布。

浙东南区已知地质遗迹327处，其中国家级地质遗迹15处、省级地质遗迹69处、市县级地质遗迹243处，地质遗迹数量居各区之首。浙东南区是环太平洋火山带最典型的地区之一，遗留了大量丰富而珍贵的、记录中生代古太平洋板块向亚洲大陆俯冲过程的地质遗迹；形成于酸性熔岩中的地貌和水体景观奇特、优美、壮观，雁荡山世界地质公园、缙云仙都和仙居神仙居国家重点风景名胜区即是杰出代表；火山作用形成的重要矿产有举世闻名的青田叶腊石矿和苍南明矾石矿；南部的遂昌、龙泉、景宁等地，唐、宋、元、明、清采冶银矿，保留有大量的采矿遗迹，记录了中国古代先进的采冶技术。

已建地质公园 2 处，矿山公园 2 处，地质遗迹自然保护区 1 处。

主要地质遗迹集中区 10 处：

雁荡山世界地质公园。位于楠溪江—北雁荡—长屿一带，跨越乐清、温岭、永嘉 3 县（市），面积 294.6km²，2005 年建立。主要有 5 处国家级和 6 处省级地质遗迹，分别为：智仁基底涌流相火山岩、大龙湫球泡流纹岩、长屿硐天古采矿遗址、楠溪江风景河段、大龙湫瀑布和方洞火山碎屑流相火山岩、镇安火山岩柱状节理、方山火山岩台地地貌、大箬岩火山岩地貌、石桅岩火山岩地貌、枫林震旦系剖面。雁荡山白垩纪复活破火山及火山岩地貌是西太平洋中生代火山和火山岩地貌的典型与杰出代表。

临海国家地质公园。位于临海县桃渚镇，面积 71.5km²，2002 年建立。主要有 1 处国家级和 3 处省级地质遗迹，分别为大墈头火山岩柱状节理景观、白岩山穹状火山地貌、武坑层状流纹岩地貌、上盘恐龙化石产地。

遂昌金矿国家矿山公园。位于遂昌县，面积 33.6km²，2005 年建立。主要地质遗迹为治岭头金矿矿床遗迹和与古代银矿采冶遗迹（国家级地质遗迹）。遂昌金矿保存了我国唐代至明代丰富的采矿与冶银遗迹，对研究我国矿业科技史具有重要意义。

温岭长屿硐天国家矿山公园。是一座历史悠久的建筑石材矿山，至少经历了 1000 多年的采石活动，并延续至近代、现代仍保持了高产量的开采。长期的开采，不仅遗留了结构独特的采石遗址，还在周边形成了一个广泛运用长屿石材的、具有悠久历史文化内涵的村落群，该区域包括大量的古代矿业遗迹、历史文化古建筑、古器物、古技术、民俗民谣和民间匠人与宗教文化等。长屿洞天在古代就由当地居民自发地开展了局部性的环境治理与景观利用，至少在明代已开发成为当地游览观光、宗教信仰与文化活动的风景名胜地，并在后代的开发中，矿山环境与风景名胜相互依存和谐发展，成为古代利用与治理矿山的典型范例。

缙云仙都地质遗迹集中区。位于缙云县城北，面积约 98km²。仙都为国家重点风景名胜区。以酸性熔岩地貌为特征。区内共有国家级地质遗迹 1 处（仙都火山岩地貌）；省级地质遗迹 3 处：（靖岳沸石珍珠岩矿、马鞍山破火山口、凌虚洞火山通道）；市县级地质遗迹 3 处。

青田山口地质遗迹集中区。位于青田县山口镇，面积约 17km²。以著名非金属矿产为特征。区内共有国家级地质遗迹 1 处（山口叶腊石矿）；省级地质遗迹 3 处：（石平川钼矿、孙坑火山洼地、太鹤山花岗岩地貌）；市县级地质遗迹 2 处。

温州大罗山地质遗迹集中区。位于温州以东的大罗山区，范围大致包括茶山省级森林公园、仙岩省级风景名胜区和瑶溪省级风景名胜区，面积约 43km²。以花岗岩、火山岩地貌为特征。区内共有省级地质遗迹 2 处：（瓯海大罗山花岗岩地貌、瓯海仙岩火山岩地貌）；市县级地质遗迹 1 处（龙湾瑶溪泷峡谷）。

龙泉八宝山地质遗迹集中区。位于龙泉市查田镇一带，面积约 76km²。以元古代变质岩、构造及产于其间的金银矿为特色，共有省级地质遗迹 9 处：（凤阳山火山岩地貌、八宝山金银矿、溪口—骆庄韧性剪切带、黄南韧性剪切带、花桥汤源组剖面、八都群剖面、淡竹花岗闪长岩体、骆庄花岗岩体、狮子坑橄榄岩）；市县级地质遗迹 2 处。

景宁雪花漈地质遗迹集中区。位于景宁县东南部雪花漈景区及其周边，面积约

$31km^2$。以瀑布、古采矿遗址为特征。区内共有省级地质遗迹 2 处：（雪花漈、大祭银坑洞采矿遗址）；市县级地质遗迹 2 处：（标溪龙潭瀑布、标溪小三峡）。

文成百丈漈地质遗迹集中区。 位于文成县，包括百丈漈与飞云河国家风景名胜区，面积约 $100km^2$。主要有 2 处山体地貌与水体景观，分别为百丈漈瀑布（国家级地质遗迹）和铜岭山"十二埕"（省级地质遗迹）。

泰顺雅阳承天热矿泉地质遗迹保护区。 位于泰顺雅阳，面积 $22.49km^2$，1997 年建立，主要地质遗迹为含氡硅氟复合型热矿泉（省级地质遗迹）及周边山体地貌景观。

⑤海岸岛屿区。海岸岛屿区行政范围涉及象山县、洞头县、舟山市、玉环县、宁海县、温岭市、瑞安市、平阳县、椒江区、临海市等 14 个县（市），面积约 $3000km^2$。区内海岛礁石众多，主要由中生代火山碎屑岩及花岗岩构成。

海岸岛屿区已知地质遗迹 43 处，其中国家级地质遗迹 3 处、省级地质遗迹 13 处、市县级地质遗迹 27 处。丰富多彩的海蚀海积地貌遗迹是本区的主要特色，此外全新世海滩岩、燕山晚期晶洞花岗岩、火山地质遗迹亦具重要的科学研究价值。

主要地质遗迹集中区 3 处：

宁海伍山石窟国家矿山公园。 主要地质遗迹为石料板材开采遗址遗迹，是隋唐以来采石遗存较为完整的矿业遗迹，在数平方千米的范围内留有 14 个石窟群和 800 余个大小不等、形态各异、结构复杂、景观奇特的硐窟、石宕。留有采石的凿铮针、裁料、软桥、排水槽和古代工匠留下的文字等大量遗迹。

普陀地质遗迹集中区。 由普陀区的普陀山岛、朱家尖岛和桃花岛组成，面积近 $228km^2$（含水域）。区内的普陀山是国家重点风景名胜区、省级森林公园和四大佛教名山之一；桃花岛是省级风景名胜区。区内共有国家级地质遗迹 2 处：普陀山花岗岩地貌及海蚀景观、普陀桃花岛晶洞花岗岩；省级地质遗迹 5 处：朱家尖海蚀海积地貌、白山—月岙花岗岩地貌、百步沙、千步沙海蚀沙、潮音洞海蚀洞穴、飞沙吞海岸地貌，以奇特的花岗岩地貌和优美的海蚀海积景观闻名于世。

象山东海岸地质遗迹集中区。 位于象山县东部海岸带，北起爵溪，南至花岙岛石林，总面积约 $342km^2$。以海蚀海积地貌、火山岩原生地貌为特征。区内地质遗迹资源丰富，类型众多，共有省级地质遗迹 4 处：象岩海岸地貌、石浦灰岩、花岙柱状节理景观、高塘珍珠岩矿；市县级地质遗迹 8 处，主要为一系列海滩岩。

5）人类活动增添了许多珍贵的遗迹

浙江一些地质遗迹是人类活动的结晶，如浙江古代先民开采的金属、石料等矿产遗留下了许多采矿遗迹，这为地质遗迹资源增添了丰富的文化内涵。突出的有浙西南的银矿采冶遗迹、浙中及浙东的采石遗迹等。

（4）地质遗迹的保护

保护地质遗迹对于实现资源可持续利用、促进科研科普、推进生态建设、促进地方经济社会发展等方面具有重要意义。20 世纪 80 年代以来，地质遗迹保护工作在全球范围内得到了广泛的关注与推动。联合国教科文组织设立了地质遗产工作组，专门负责全球地质遗产保护工作，启动了世界地质公园计划，推进地质遗迹全球保护网络建设。20 世纪 90 年代末以来，我国启动地质遗迹的保护工作，编制了全国地质遗迹保护规划，开展了国家地质公园建设。

1）地质遗迹的保护内容

地质遗迹是不可再生的地质遗产，对下列地质遗迹应当予以保护：

①对追溯地质历史具有重大科学研究价值的典型层型剖面（含副层型剖面）、生物化石组合带地层剖面、岩性岩相建造剖面及典型地质构造剖面和构造形迹。

②对地球演化和生物进化具有重要科学文化价值的古人类与古脊椎动物、无脊椎动物、微体古生物、古植物等化石与产地以及重要古生物活动遗迹。

③具有重大科学研究价值和观赏价值的岩溶、丹霞、黄土、雅丹、花岗岩奇峰、石英砂岩峰林、火山、冰川、陨石、鸣沙、海岸等奇特地质景观。

④具有特殊学科研究价值和观赏价值的岩石、矿物、宝玉石及其典型产地。

⑤具有独特医疗、保健作用或科学研究价值的温泉、矿泉、矿泥、地下水活动痕迹以及有特殊地质意义的瀑布、湖泊、奇泉。

⑥具有科学研究意义的典型地震、地裂、塌陷、沉降、崩塌、滑坡、泥石流等地质灾害遗迹。

⑦需要保护的其他地质遗迹。

2）地质遗迹保护程度的等级

被保护的地质遗迹是国家的宝贵财富，任何单位和个人不得破坏、挖掘、买卖或以其他形式转让。地质遗迹的保护是环境保护的一部分，应实行"积极保护、合理开发"的原则。对具有国际、国内和区域性典型意义的地质遗迹，可以建立地质公园、地质遗迹保护区（含国家级、省级、县级地质遗迹保护区）、地质遗迹保护段、地质遗迹保护点。

对保护区内的地质遗迹可以分别实施一级保护、二级保护和三级保护。

一级保护：对国际或国内具有极为罕见和重要科学价值的地质遗迹实施一级保护，非经批准不得入内。经设立一级地质遗迹保护区的人民政府地质矿产行政主管部门批准，可以组织进行参观、科研或国际间交往。

二级保护：对大区域范围内具有重要科学价值的地质遗迹实施二级保护。经设立二级地质遗迹保护区的人民政府地质矿产行政主管部门批准，可以有组织地进行科研、教学、学术交流及适当的旅游活动。

三级保护：对具有一定价值的地质遗迹实施三级保护。经设立三级地质遗迹保护区的人民政府地质矿产行政主管部门批准，可以组织开展旅游活动。

3）浙江省的地质遗迹保护现状

中华人民共和国成立以来，特别是 20 世纪 90 年代末以来，浙江省的地质遗迹保护工作取得了长足进展。至今完成了全省地质遗迹资源的概略性调查评价，建立了 9 处省级、国家级、世界级的地质遗迹自然保护区（地质公园、矿山公园）（见表 1-3）。主要体现在以下几个方面：

①基础地质工作为地质遗迹保护构筑了坚实的科学基础。通过多年努力，全省完成了全部 1/20 万区域地质调查，完成了 1/5 万区域地质调查的面积逾 50%；岩石地层单位清理工作全部完成；地层、构造、矿产、地貌等专题研究不同程度地开展，并取得重

要成果。这些基础地质工作大致提供了全省地质遗迹质和量的基本情况，概略阐明了地质遗迹的形成过程及其价值，成为遗迹调查与保护工作最重要的科学基础。

②地质遗迹资源家底已初步摸清。"十五"期间，全省开展了以文献检索为主要手段的全省地质遗迹调查评价，以及有关地质公园（地质遗迹保护区、矿山公园）申报前的综合考察工作。初步建立了全省地质遗迹数据库，总结了浙江省地质遗迹的价值特征和地理分布格局，提出了重大地质事件及相关地质遗迹的进一步调查评价方向，为地质遗迹保护工作指明了主要对象和区域。

③地质遗迹保护管理框架基本形成。根据联合国教科文组织和国家国土资源部提出的地质遗迹保护要求和管理框架，已经把地质遗迹保护工作纳入各级地方政府国土资源管理部门的职责范围，明确了管理者的职责与权力。由省国土资源厅、地方国土资源局主管，地方旅游局等单位参与的、以政府职能为主的地质遗迹管理体制初步形成，相关的管理办法、技术规范正趋于完善。

④全省地质遗迹保护工作逐步推进。通过地质公园、地质遗迹保护区、矿山公园的申报与管理，逐步推进了地质遗迹保护工作。至今，全省目前已建立世界地质公园 1 处（雁荡山）、国家地质公园 3 处（临海、常山、新昌）、国家矿山公园 3 处（遂昌、宁波伍山、温岭长屿硐天）、省级地质公园 4 处（天台、景宁九龙、余姚四明山、磐安大盘山）、国家级地质遗迹保护区 2 处（长兴、江山"金钉子"）、省级地质遗迹保护区 1 处，并有多处地质遗迹列入其他管理范围的保护。全省保护面积达 612.19km^2。已详查地质遗迹 27 处，已建地质遗迹保护点 20 处。

尽管如此，由于规范化的保护工作起步晚，政策法规不健全，全社会保护意识薄弱，使地质遗迹的保护工作仍存在许多问题：

①保护力度亟待扩大，详查工作迫在眉睫，保护方法有待探索。

在已登录的地质遗迹中，仅有 3% 被作为地质遗迹受到正式保护，有 8% 处于不同类型的保护单位中，有 21% 被旅游利用并作为旅游资源得到一定程度的保护，约 71% 的地质遗迹未受任何形式的保护与标示。

在 273 处省级以上地质遗迹中，72% 未得到任何形式的保护。随着社会经济的高速发展，这些未被正式保护及尚未发现的地质遗迹正面临工程建设、采矿和环境覆绿等人类活动的破坏。地质遗迹的赋存、保护、利用状况及其演变规律、危害因素的详查工作迫在眉睫。而地质遗迹的保护方法有待从已开展的立法保护、立碑标示向隔离、整治美化等新方向探索。

②地质遗迹的管理制度、工作规范和信息管理需进一步完善。

至今，浙江省尚未形成各级主管部门分工明确、相关部门协调灵活、运行有序的地质遗迹管理体制。已建的地质公园、地质遗迹保护区的管理工作有待进一步加强。地质遗迹资源的实时信息更新和监控管理网络平台未建成、科学管理与决策方法有待完善。

③地质遗迹的科普宣传需进一步挖掘深度、扩大范围。

初步形成的由地学专业人员和导游人员构成的科普队伍力量还很薄弱，还未建立全面反映浙江省地质遗迹的地学科普知识系统。地质遗迹及地学知识对社会经济可持续发展的效益未突出。地质公园的科普工作需加强，宣传范围有待扩大。

4）浙江省地质遗迹保护的规划

为全面贯彻科学发展观，深入实施"八八战略"，推进生态省建设，保持人口、资源、环境与社会经济的协调发展，依据《矿产资源法》、《环境保护法》、《自然保护区条例》、《地质遗迹保护管理规定》、《全国地质遗迹保护规划（2001—2010）》、《浙江省国民经济和社会发展第十一个五年规划纲要》、《浙江生态省建设规划纲要》、《浙江省地质环境保护规划（2006—2010）》、《浙江省自然保护区发展规划》等法规、规划，浙江省于2005年编制了《浙江省地质遗迹保护规划》（2006—2020），以有效保护地质遗迹，加快地质遗迹科普工作进程，促进浙江省社会经济与资源环境和谐发展。

将全面贯彻落实科学发展观，以保护地质遗迹与生态环境为根本出发点，依靠体制创新和科技创新，摸清地质遗迹的资源家底，逐步完善地质遗迹资源保护和永续利用的管理体系，促进地质遗迹保护、地学知识普及、旅游经济发展的联动，为生态浙江和文化大省建设构筑坚实的资源基础。

坚持保护优先、可持续利用的原则。大力推进地质遗迹的保护工作，协调好地质遗迹保护与开发的关系，做到"在保护中开发、在开发中保护"，实现资源的可持续利用。

坚持面向省情，与社会经济发展相协调的原则。面向浙江省情，围绕推动浙江省经济、资源与环境系统优化，与各地发展规划、相关行业规划相协调，在和谐运作中开展地质遗迹的保护工作。

坚持面向大众、科学为本的原则。运用通俗的语言将地质遗迹的保护意义和科普知识广为传播，唤起大众参与保护资源、保护生态环境的意识，满足大众求知解惑、寓教于乐的要求。坚持政府引导、规范管理的原则。政府加大投入，强化监管，发挥引导作用，提供良好的政策环境，发挥企业和社会组织的积极性与创造性，共同开展保护工作。坚持统筹规划，突出重点，分步实施、量力而行的原则。根据浙江地质遗迹的特点，对全省地质遗迹保护工作进行统筹规划，制定切实可行的分阶段实施方案；突出重点，分清缓急，量力而行，逐步平稳地推进地质遗迹的保护。

到规划期末（2020年），基本掌握全省地质遗迹资源特征与形成过程，建立覆盖省级以上地质遗迹的保护网络。形成完善的地质博物馆与较强的科普宣传队伍，提升地质遗迹科普宣传的系统性和完整性。形成区域布局合理、管理科学、突出浙江地质遗迹资源特色的保护管理体系，地质遗迹管理机制和制度得到完善。地质遗迹保护工作与地方社会经济建设相融合，在生态省建设及促进旅游等相关产业的发展方面发挥重要作用。

1.2 世界地质公园

地质遗迹通过一定的物质、现象、形迹、形态（或景观）等形式反映地壳或地表演化，是地质历史和地质环境变迁的见证，上述迹象所记录的地质信息和反映的地质现象及其生态环境在一定的区域内是特有或独有的，一旦遭受破坏就意味着对地球记忆永远地丢失，将造成无法挽回和不可估量的损失。随着工业和旅游业的发展、城市化进程加快，对地质遗迹的保护和留存造成了很大的威胁。如2004年7月，在陕西长安翠华山山崩国家地质公园遗迹保护区内大面积开山炸石拟建人工滑雪场，并在堰塞湖和山崩石海等核心景区建设体量很大的度假区，对整个地质公园的景观和地质遗迹的完整性造成了不可挽回的破坏。

随着矿业兴起而出现的现代地质学，使人们逐渐认识到地质遗迹的科学价值，从而开始关注对地质遗迹的保护，早期建立的国家公园和世界自然遗迹地，都在不同程度上实现了对地质遗迹的保护。

1.2.1 地质公园

1. 地质公园概述

地质公园是以其地质科学意义、珍奇秀丽和独特的地质景观为主，融合自然景观与人文景观的自然公园。

地质公园具有明确的范围界定，且具有足够大的面积以便促进地方经济和文化发展（主要是通过旅游）。地质公园包含了若干各种规模的地质遗迹，或者其中包含了具有特殊科学意义、稀有或美丽的地质体的一部分。这些特征以及形成这些特征的事件和过程在区域地质历史中具有代表性。

地质公园是一个地理区域，在这个地理区域内地质遗迹保护是环境保护、教育和可持续发展整体概念的一部分。地质公园应不仅包含具有地质意义的遗址点，也包括整个区域的自然地理特征。非地质主题内容是地质公园的组成部分，尤其是当这些非地质主题内容与景观有关时，就与地质内容一起展示在游客面前。在许多地方，自然、文化以及社会历史都密切联系在一起，因此地质公园还包括了生态的、考古的、历史的或文化价值的遗址。

地质公园区域内的典型地质遗迹点必须让游客易于到达且便于考察，并具备正规公园式管理的安全性。地质公园应由指定的地方机构或一些拥有足够的管理设施、有资质的管理人员和足够财政支持的机构来管理。

地质公园的主要目标之一就是促进经济活动和可持续发展。地质公园致力于发展社会经济发展，这种发展在文化上和环境上应是可持续性的。通过改善当地居民的生活条件和地区环境，这对地质公园所在地区具有直接影响。同时，增强当地居民的认同，促进文化繁荣，从而使地质遗迹得到直接保护。

在考虑环境的前提下，建立地质公园将刺激地方企业、房屋建筑业的兴建和发展，开展高质量培训课程，增加新的就业机会，因为在保护地质公园中的地质资源（如鼓励通过人造化石来代替原生化石进行销售）时，会创造新的税收来源（如地质公园旅游、地质产品等）。这为当地居民带来了附加收入，将吸引私人资本的加入。"地质公园旅游"是一种与经济有关的、力求成功的、快速发展的学科，是一个旅游业中的新领域，其中涉及多学科的密切合作。

地质公园必须提供和组织各种工具和活动来向公众传播地学知识和环境保护的理念（如通过博物馆、解说和教育中心、地质考察路线、旅游指南、通俗文学和图件、现代传播媒体等）。也应当允许开展科学研究，与大学及相关研究所开展合作，以及地质学家与当地居民之间开展交流。

地质公园教育活动要想取得成功，不仅要依靠旅游计划、有能力的工作人员和针对游客的后勤支持，还要依靠与当地居民、媒体记者和决策者的个人交流。广泛的社团参与、合适的能力建设（如游客导游的培训），都有助于在普通公众中广泛得到对地质公园理念的接受，有助于传播知识和信息。当地居民对于建立并维护地质公园，具有重要作用。

可以利用各种途径来传播信息，如组织针对学校学生和老师的游览活动、开展学术研讨会，以及面向对环境和文化保护感兴趣的公众和乐于把当地景观介绍给游客的当地居民开展科学演讲活动。其中主要的问题是把地质教育与当地的实际情况联系起来，因此当地学生必须了解这里的地质遗迹的重要性。在小学和中学开设地质课程，把当地的地质、地貌和自然地理信息编制到教材中，将有助于保护地质公园；同时还可以增强地区意识、自豪感和自我认同感。

地质公园应保护的重要地质遗迹包括：有代表意义的岩石、矿产资源、矿物、化石、地形、地质灾害与环境、景观等地质遗迹，因为这些地质遗迹中都蕴含了地学各领域的信息，例如固体地球科学、地质经济和采矿、工程地质学、地貌学、冰川地质学、自然地理学、水文学、矿物学、古生物学、岩石学、沉积学、土壤学、洞穴学、地层学、构造地质学、火山地质学等学科信息。通过建立地质公园，可以探索和论证保护这些地质遗迹的方法，且可以进行最好的实践。

2. 地质公园开发保护原则

（1）保证有效的保护地质遗迹或园区

《世界地质公园网络工作指南》（以下简称《工作指南》）中指出，地质公园管理部门要"保证有效地保护遗址或园区"，地质公园中的地质遗迹"彼此有联系并受到正式的公园式管理的保护"。保护在地质公园建设中处于第一位，在保护的基础上进行开发是地质公园建设的基础。

《工作指南》中强调保护的重要性一方面表现在地质遗迹对人类认识地球、环境和自身演化过程的标志意义；另一方面表现在地质遗迹一旦遭到破坏就是对这种记忆的永久损失，是全人类共同的损失。

（2）保护地质遗迹与为当地经济发展服务相结合

《工作指南》中指出，在保护地质遗迹的同时，地质公园管理部门需对"当地经济发展潜力进行分析"，对"所属区域经济发展计划和开发活动"进行规划，使地质公园的建设"可以为当地经济发展服务"。在保护的同时强调地质公园对当地经济发展的贡献，并且将这种经济贡献作为建设世界地质公园的一个重要指标，是世界地质公园网络的一个重要特征。

在提出地质遗迹保护理念的初期，由于没有强调地质公园对地区经济的贡献，只将其用于进行专门的地质科学研究，地质遗迹成为高高在上的"阳春白雪"。这样不但地区主管部门因为没有既得利益而丧失保护的积极性，而且由于缺乏资金的投入，使得珍贵的地质遗迹完全暴露于自然和人为的破坏中。世界地质公园的出现正是希望"通过开辟新的税收来源，刺激具有创新能力的地方企业、小型商业、家庭手工业的兴起"以促进地方经济的发展，从而引起地方政府保护地质遗迹的兴趣，进入一个保护与开发相互促进的良性循环。

（3）保护地质遗迹与改善当地居民的生活条件和农村环境相结合

《工作指南》中指出，在保护地质遗迹的同时，"应为当地居民提供补充收入、并且吸引私人资金"，改善当地居民的生活条件和农村环境，加强当地居民对其居住社区的认同感，促进文化的复兴，从而达到调动起地方政府和当地居民的积极性共同参与到地质遗迹保护中来的目的。社区参与原则是世界地质公园的中心原则之一。

除了地质公园管理者和旅游者，与地质遗迹密切相关的另一个重要的社会群体就是园区内和周边的社区居民。对于地质遗迹的保护，社区居民发挥着重要的作用。许多居住在地质公园内及周边的居民，常因遗迹保护的需要在发展上受到种种的限制，使得社区居民和地质遗迹保护区之间在土地使用权、资源使用权、平等经营权、利益分配权等多方面形成竞争。只有当公众对生存于此的基础和美景产生浓厚的兴趣时，地质遗迹才能受到真正的保护。而如果将地质公园的大部分收入放入政府和旅游投资商的腰包，却将环境污染、生态破坏、文化冲击等的压力留给当地居民，必然造成居民对旅游活动的不满，会伤害居民对地质遗迹保护的积极性，甚至会造成对地质遗迹的破坏。

（4）保护地质遗迹与发挥教育科普功能相结合

在保护地质遗迹的同时，公园管理方"必须制定大众化环境教育计划和科学研究计划，要确定好目标群体（大学、中小学、广大公众等）、活动内容以及后勤支持"。

地质公园的科学属性是地质公园最具特色之处，这决定了其在担当保护地质遗迹功能的同时必须担当起提高人们对科学的认识、激发人们对科学浓厚兴趣的神圣职能。只有公众的科学素质和整体意识提高后，资源环境和地质遗迹的保护才能真正落到实处，地质公园的保护和旅游业的发展才能从本质上进入良性循环的轨道。因此，对公众进行环境和科学教育是各种国家级与世界级自然和文化保护体系共同的职责，世界地质公园网络也不例外。

（5）强调所属国主权

《工作指南》中指出，世界地质公园在提交申请报告前必须"确认地质公园的建立与国家利益和法规不会发生冲突"，地质公园应"始终处于所在国独立司法权的管辖之下"。

从申报开始，就强调地质公园必须在各个成员国法律法规的约束之下。并要求所属国应负责决定如何依照其本国的法律或法规管理特定遗址或公园区域，制定适当的国家级或地区级具有法律约束力的条款对地质公园的保护和建设进行约束。政府应参照《工作指南》中确定的原则并结合各权威地学机构的意见制定合理的法律法规。

世界地质公园建设中对国家主权的强调，一方面调动了各个国家参与地质遗迹保护的积极性；另一方面也使得世界地质公园的建设更多的成为缔约国的一种自觉行动，而并没有以法律责任的方式强调国际义务。

1.2.2 世界地质公园网络

如何有效、持续地保护地质遗迹，长期以来各国地学界的同仁进行了各种思考和探索。

20 世纪中叶到 20 世纪 90 年代前半期，地质遗迹的保护已经由各国的分散行动变为国际组织发起和推动的全球行动。1989 年联合国教科文组织（以下简称 UNESCO）、国际地科联（IUGS）、国际地质对比计划（IGCP）以及国际自然保护联盟（IUCN）在华盛顿成立了"全球地质及古生物遗址名录"计划，1996 年更名为"地质景点计划"，1997 年再更名为"地质公园计划"。1991 年 6 月在法国迪尼通过的《地球记忆权力宣言》（International Declaration of the Rights of the Memory of the Earth），再次强调了地球生命和环境演化遗留下的地质遗迹对全世界的重要性。1997 年联合国大会通过了 UNESCO 提出的"促使各地具有特殊地质现象的景点形成全球性网络"的计划及预算，即从各国（地区）推荐的地质遗产地中遴选出具有代表性、特殊性的地区纳入地质公园计划。1999 年 4 月，UNESCO 第 156 次常务委员会会议提出了建立地质公园计划的决定。

《寻求联合国教科文组织帮助申请加入世界地质公园网络的国家地质公园工作指南》（以下简称《地质公园工作指南》）中对地质公园的定义作了详细描述："地质公园"是一个具有明确的范围界定，并具有足够大的面积以便促进地方经济和文化发展（主要是通过旅游）的区域，应当包含若干各种规模且具有国际意义的地质遗迹，或者其中包含了具有特殊科学意义、稀有或美丽的地质体的一部分，这些特征以及形成这些特征的事件和过程在区域地质历史中具有代表性。此外，非地质主题是其整体的一部分，其中包括一些具有生态、考古、历史或文化价值的遗址。地质公园的英文名称由 Geological Park 组合缩写而成，为 Geopark。

2001 年 6 月，联合国教科文组织做出了"创建独特地质特征区域或自然公园（也称地质公园）的特别动议"，并于 2002 年 5 月颁布了《世界地质公园网络工作指南》（Network of National Geoparks Seeking UNESCOs' Assistance）。至此，正式开始了世界地质公园的申报和评审工作。在 2002 年 2 月召开的 UNESCO 国际地质对比计划执行局年会上，UNESCO 原地学部（现为生态与地学部）提出建立地质公园网络，其目标是：①保持一个健康的发展环境；②进行广泛的地球科学教育；③营造本地经济的可持续发展。该网络计划每年在全球吸收 20 个地质公园加入，全球共吸收 500 个成员。随即，该网络计划得到 UNESCO 的正式认同，其英文名称为 Global Geoparks Network 或 Global Network of National GeoParks，缩写为 GGN。从 2004 年开始，该网络正式吸收了来自中国和欧洲的 25 个成员。截至 2012 年 10 月，联合国教科文组织支持的世界地质公园网络（GGN）共有 90 个成员，分布在全球 27 个国家和地区，中国有 27 家。

1. 世界地质公园网络的起源

（1）世界地质公园网络产生的必然性

1）人类保护地质遗迹的需要

世界许多国家和地区对地质遗迹保护工作十分重视。例如，英国 1991 年成立了自然洞穴保护协会，制定了地质遗迹登录办法。目前已登记遗产地 2200 处，建立了信息库，并进行分级管理。1987 年，中国原地质矿产部发布了《关于建立地质自然保护区规定（试行）的通知》，把保护地质遗迹首次以部门规定的形式提了出来。一个多世纪来，美国、加拿大、日本、澳大利亚、印度、印度尼西亚、非洲和拉丁美洲的 100 多个国家陆续建立起国家公园，其中收录了重要而奇特的地质遗址并加以保护。

一些重要国际组织也在这方面发挥了重要作用。例如，1989 年国际地质科学联合会（IUGS）成立地质遗产（Geosite）工作组，开始地质遗产登录工作。联合国教科文组织于 1972 年通过了《世界遗产公约》，并于 1978 年开始建立世界遗产名录，截至 2008 年 7 月，名录中包括 878 个名单，其中有 76 个主要因地质上的重要性而被收录。

世界各国或组织通过不同方式对重要的地质遗址进行保护，这对有价值的地质遗产无疑是一个福音。但从长远来看，这些措施还远不能满足保护需求。单从范围和数量来讲，这些保护措施还仅仅局限于较小的范围和局限的人群，保护工作零星而不系统。这种情况下，如果通过建立地质公园的方式，把更多地质遗迹纳入确定的保护范围之内，则可以更好解决这一问题。

2）缓解保护与开发之间矛盾的需要

因旅游开发导致地质遗迹被损坏、毁灭的事件屡见不鲜。例如，截止 2004 年，仅公安机关在河南西峡追查没收的恐龙骨骼和恐龙蛋化石事件就达 5385 件。如何将地质遗迹的开发和保护很好地结合起来，已经成为地学界和社会必须面对且必须解决的问题。

对于地学界而言，保护地质遗迹毋庸置疑。但是单纯从保护地质遗迹的意愿出发，这种需求只符合一部分人的利益，他们一厢情愿地从自身的利益需求出发，排斥其他人群对地质遗迹的影响。相反，公众尤其是投资者和旅游业者为了获取经济利益，往往会危及到珍贵的地质遗迹。导致不能从根本上解决面对自然资源时不同利益群体之间的矛盾冲突，从而使双方的行为难以协调。

这种情况下，人类必须建立一种新的秩序，缓解甚至解决面对地质遗迹时"单纯"开发主义者与"单纯"保护主义者之间的利益冲突。这种新秩序就是把保护与开发相结合，在满足当地民众经济利益需求的同时，又使地质遗迹得到有效保护，这就是地质公园。

（2）世界地质公园网络的建立

从地质公园概念的产生到世界地质公园网络的建立，主要经历了两大阶段。

1）探索与准备阶段

20 世纪后期，有感于世界遗产等保护活动的成功开展，以及面对地质遗迹日益遭受破坏的严重形势，一些地质学家对如何有效、持续地保护地质遗迹展开了理论思考和探索。

1985 年，中国地质学家就提出在地质意义重要和地质景观优美的地区建立地质公园的建议。1996 年，欧洲地学界涌现出一股有关是否需要倡导欧洲地域之间开展合作以保护和保育地球遗产的讨论热潮。这些有关地质遗产保护的思想引起了联合国教科文组织的关注。1996 年 8 月，在北京召开的第 30 届国际地质大会上，联合国教科文组织原地球科学部（现为生态与地学部）设置并组织了地质遗迹保护专题讨论。来自法国的马提尼（Guy Martini）和希腊的尼古拉斯（Nickolas Zouros）等一批地质学家一致认为，单凭科学界的努力而没有地方社区的积极参与是无法实现地质遗产的可持续管理的，决定在欧洲率先建立欧洲地质公园，形成地学旅游网络。1999 年 12 月，中国国土资源部在全国地质地貌景观保护工作会议上提出围绕"在保护中开发，在开发中保护"的思想而建立国家地质公园的设想。

2）组织实施阶段

经过长期的理论探索与准备，全球终于在 2000 年迎来地质公园的诞生。2000 年 6 月，"欧洲地质公园网络"正式形成，首批主要包括法国普罗旺斯高地地质公园、德国埃菲尔山脉地质公园、西班牙马埃斯特地质公园和希腊莱斯沃斯石化森林地质公园等 4 个成员。几乎在同一时间，中国的地质公园计划也进入实施阶段。2000 年，中国国土资源部编制了《国家地质公园总体规划指南》。2001 年，中国国土资源部成立了国家地质公园领导小组和国家地质公园评审委员会，并于同年建立了首批 11 家国家地质公园。

2004 年 2 月，联合国教科文组织在巴黎召开的会议上首次将 25 个成员纳入世界地质公园网络，其中 8 个来自中国，17 个来自欧洲。这标志着全球性的"联合国教科文组织世界地质公园网络"正式建立。

2. 世界地质公园网络管理现状

（1）世界地质公园网络的管理机构

1）UNESCO 下的生态与地学部

世界地质公园网络创建时的管理机构是 UNESCO 的地球科学部，目前为生态与地学部，设有地质公园秘书处，负责制定世界地质公园网络管理制度，组织开展网络新成员的申报与审查，对现有网络成员进行中期检查，组织地质公园相关大型会议和活动以及协调网络成员之间的交流与合作等重要事宜。

2）世界地质公园专家局

世界地质公园专家局是由地质公园秘书处负责组织任命的专家群体，目前包括 7 个成员。具体负责对世界地质公园网络候选成员进行审查，按照《地质公园工作指南》中的标准，投票表决某个候选成员是否被批准成为世界地质公园网络的正式成员。同时，在每隔 4 年对所有网络成员开展的中期检查中，专家局成员对每个网络成员的检查结果进行投票表决。

3）世界地质公园网络办公室

为了指导、协调、支持和帮助各国的地质公园建设，增加各地质公园之间的联系、合作和交流，2004 年联合国教科文组织与中国国土资源部共同成立了"世界地质公园网络办公室"，设立在中国北京。其主要任务是建立世界地质公园联络中心，建设管理数据库和网站，以及编发世界地质公园通讯等。

4）欧洲地质公园网络的组成机构

2004 年，欧洲地质公园网络和联合国教科文组织签订了"UNESCO 地学部与欧洲地质公园网络合作协议"和"马东尼宣言"，据此以及《地质公园工作指南》中的明确规定，将欧洲地质公园网络的组成机构视为世界地质公园网络管理机构的一部分，即欧洲国家向世界地质公园网络递交的申请都通过欧洲地质公园网络来执行。UNESCO 将参与申请的每个阶段以及最终的决定。

目前，欧洲地质公园网络由两个工作机构组成，一是协调委员会（CC），负责网络运营和管理；二是咨询委员会，负责对战略问题以及高质量标准范围内的网络发展与扩大提出建议。另外还设立了欧洲地质公园网络协调中心。

（2）世界地质公园网络管理规范

1）世界地质公园工作指南

2002 年 5 月，联合国教科文组织公布了《地质公园工作指南》。该指南规定了申请加入世界地质公园网络的条件、申请步骤以及相应管理机制，例如定期汇报以及定期评估等机制。在历经数版修订后，其最新版本于 2008 年 6 月在德国举办的第二届国际地质公园大会期间进行广泛讨论后发布。

2）世界地质公园网络标识

世界地质公园网络标识是作为世界地质公园网络成员的一个标志。任何一个地质公园，只有在通过成功的评审并且收到世界地质公园秘书处的正式批准文件之后，才能使用该标识。

3）世界地质公园申报

《地质公园工作指南》中对申请加入世界地质公园网络需要提交的材料提出了明确规定，要求包含以下内容：申报地的特定信息；科学描述（如国际地学意义、地质多样性、地质遗址的数量等）；该地的总体信息（如地理位置、经济状况、人口、基础设施、就业状况、自然景观、气候、生物、聚居地、人类活动、文化遗迹、考古等）。除了这些真实的地域特征描述之外，还要求详细介绍候选网络成员的管理计划和机构，以确保后期管理的质量。最后，《地质公园工作指南》明确必须在文本中阐述候选者的可持续发展政策战略和旅游在其中的重要性。从 2006 年开始，所有候选者还要填写申请者自评估表，展示候选者在地质与景观、管理机构、信息与环境教育以及区域经济可持续发展等 5 个方面的现状及相应分值，作为评估专家考察候选者的重要依据。

申请加入世界地质公园网络是一种自愿行为，且能得到当地政府的支持，《地质公园工作指南》中规定申报文本中必须提供表达自身意愿的信件、权威机构签字的官方申请、候选者所在国家的 UNESCO 国家委员会的签署以及该国国家地质公园网络的签署等。

整个申报过程包括候选者提交申报文本、UNESCO 地质公园秘书处查验文本、派遣专家实地考察、确认评审结果等若干环节。

4）世界地质公园后期管理

UNESCO 每 4 年对每个网络成员的状态进行定期检查（中期评估），以督促地质公园建设。内容包括审查最近 4 年来的工作进展以及所在地区的可持续经济活动发展等。另外，还要考虑地质公园参加网络活动（如出席会议、参加世界地质公园网络共同活动、自愿带头实施新的倡议等）的积极程度。中期评估有三种结果：授予绿牌、黄牌或红牌。分别代表"通过检查"、"暂时保留成员资格"和"从网络中除名"。

3. 世界地质公园网络进展

（1）世界地质公园网络成员

截至 2008 年年底，世界地质公园网络共吸纳了来自个 18 个国家的 56 个成员，分别是：爱尔兰（1）：科佩海岸；澳大利亚（1）：卜纳文卡；奥地利（1）：艾森武尔瑾；巴西（1）：阿拉里皮；德国（6）：埃菲尔山脉、特拉维塔、斯瓦卡阿尔比、布朗斯韦尔、麦克兰堡冰川地貌、贝尔吉施—奥登瓦尔德山；法国（2）：普罗旺斯高地、吕贝龙；克罗地亚（1）：帕普克；捷克（1）：波西米亚天堂；罗马尼亚（1）：哈采格恐龙；马来卿亚（1）：浮罗交怡岛；挪威（1）：赫阿；葡萄牙（1）：纳图特乔；西班牙（4）：马埃斯特、卡沃-德加塔、索夫拉韦、苏伯提卡斯；希腊（2）：莱斯沃斯石化森林、普西罗芮特；意大利（5）：马东尼、贝瓜帕尔科、撒丁岛地质与采矿、阿达梅洛布伦塔、罗卡迪切雷拉；伊朗（1）：格什姆岛；英国（6）：大理石拱形洞、北奔宁山、里维耶拉、苏格兰西北高地、威尔士大森林、苏格兰洛哈伯；中国（20）：黄山、庐山、云台山、石林、张家界砂岩峰林、五大连池、丹霞山、嵩山、雁荡山、泰宁、克什克腾、兴文、王屋山—黛眉山、伏牛山、泰山、镜泊湖、房山、雷琼、龙虎山、自贡。

截至 2012 年 10 月 30 日，联合国教科文组织支持的世界地质公园网络（GGN）共有 91 个成员，分布在全球 27 个国家和地区。其中，我国的世界地质公园为 27 个。

（2）世界地质公园网络开展的重要活动

1）世界地质公园大会

为了宣传地质公园、加强相互交流，同时解决重要的地球遗产问题，在联合国教科文组织、国际地质科学联合会（IUGS）和欧洲地质公园网络的支持下，每两年召开一次世界地质公园大会。该系列大会在 2004 年、2006 年和 2008 年已分别在中国北京、英国北爱尔兰贝尔法斯特和德国奥斯那吕布鲁克成功召开了 3 届，每届会议都围绕地质公园设定一个主题，约 2000 人次参加了历届会议。

世界地质公园大会不仅仅是所有参会代表相互探讨技术的重要平台，也为各级管理者共同商讨地质公园管理机制提供了机会。目前，该系列大会已经成为全球地质公园领域规模最大、级别最高的学术交流盛会，是世界地质公园网络的最重要活动之一。第四届大会于 2010 年在马来西亚的浮罗交怡举办。

2）欧洲地质公园年会

欧洲地质公园网络每年在不同的成员国召开年会。地质公园、科学家、管理人员以及地质遗迹保护、地质旅游和地方发展方面的专业人士都可以参加。欧洲地质公园年会为各网络成员搭建了一个互相了解，交换经验，介绍新活动与共同项目和确定未来地质遗迹保护、自然与文化遗迹价值提高、环境教育、地质旅游与地方发展共同战略的平台。

3）国际地质公园发展系列研讨会

国际地质公园发展系列研讨会由国际地质科学联合会、中国地质科学院、中国地质学会等联合主办，旨在强调科学研究在地质公园发展中的重要性，提高地质公园在人类社会可持续发展中的作用，并共同探讨地质公园发展中出现的各种问题及对策。最初计划每年召开一次，并分别于 2006 年和 2007 年在云台山和庐山成功召开了两届，每次研讨会均吸引约 15 个国家的 200 ~ 300 名代表参加。但考虑到与世界地质公园大会之间的冲突，计划从第三届改为每两年召开一次。第三届研讨会于 2009 年在山东泰山召开。

4）亚太地区地质公园网络大会

鉴于欧洲地质公园网络的成功经验，来自马来西亚的地质公园专家于 2006 年提出了构建亚太地区地质公园网络的想法，以进一步加强这一地区所有地质公园之间的相互交流与合作；同时在亚太地区进一步扩大地质公园的影响，吸纳更多国家和地区加入到地质公园建设之中。在联合国教科文组织的支持下，第一届亚太地区地质公园网络会议于 2007 年 11 月在马来西亚浮罗交怡地质公园成功召开。会议不仅邀请联合国教科文组织地质公园方面的管理者参加，还邀请亚太地区 20 多个国家和地区的代表共同探讨了在亚太地区建立地质公园网络的构想。第二届亚太地区地质公园网络大会于 2009 年在山东泰山与第三届国际地质公园发展研讨会同期召开。

5）欧洲地质公园周

"欧洲地质公园周"是所有欧洲地质公园网络成员在每年 5 月份的最后一周和 6 月份的第一周期间同时庆祝的一个共同节日。庆祝形式包括展会、跟团旅游、户外活动、比赛、讲座和科普活动。节日庆典最初始于 2004 年，以后参加庆祝活动的地质公园逐年增加。该系列活动的重点包括：向公众介绍每个地质公园的自然文化特征；通过在地质公园开展的跟团旅游和科普活动提高游客特别是青少年学生的欧洲自然遗产保护与保存意识；在各自所在地区向游客介绍其他的地质公园以便游客更好地理解欧洲地球遗产的多样性与特征。

4. 世界地质公园网络与其他体系的对比

《保护世界文化和自然遗产公约》计划是由 UNESCO 领导的一个较为成熟的全球网络；美国的国家公园体系则是世界上建立最早、管理制度、运作机制和法律法规最完善的一个遗产保护系统。世界地质公园网络是进入 21 世纪以来才开始建立和逐步完善的，在许多方面都借鉴了上述网络与体系的成功经验。

（1）《保护世界文化和自然遗产公约》计划及对比分析

《保护世界文化和自然遗产公约》（以下简称《世界遗产公约》）计划于 1972 年 11 月由 UNESCO 通过。截至 2007 年年初全球共有世界遗产 830 处，其中文化遗产 644 处，自然遗产 162 处，自然文化双重遗产 24 处，有 20 个遗产地是以地学内容为核心内容列入名录的。

截至 2012 年 7 月 1 日，中国已有 43 处世界遗产。其中世界文化遗产 27 处，世界自然遗产 9 处，文化和自然混合遗产 4 处，文化景观 3 处。自然遗产地分别是九寨沟（四川阿坝，1992.12）、黄龙（四川阿坝，1992.12）、武陵源（湖南张家界，1992.12）三江并流（云南迪庆、怒江、丽江，2003.7）、四川大熊猫栖息地（四川雅安、成都、甘孜、阿坝，2006.7）、中国南方喀斯特（云南石林、贵州荔波、重庆武隆，2007.6.27）、三清山（江西上饶，2008.7.8）、中国丹霞（贵州赤水、福建泰宁、湖南崀山、广东丹霞山、江西龙虎山（含龟峰）、浙江江郎山，2010.8.2）、澄江帽天山化石地（云南玉溪，2012.7.1）；双重遗产是泰山（泰山（山东泰安）、岱庙（山东泰安）、灵岩寺（山东济南），1987.12）、黄山（安徽黄山，1990.12）、峨眉山及乐山大佛（四川乐山，1996.12）、武夷山（福建南平，1999.12）。

《世界遗产公约》是一个具有法律约束力的国际法律条约，世界遗产地被认为是世界各地具有世界价值、独一无二、不可多得的区域和事物，各缔约国有责任确认、保护、养育这些遗产，以完美的传承给后代，并强调要严格的保护，不允许有任何的破坏，注意加强监测以及通过宣传、教育和培训，以提高公众的认识来达到预期的目的。

《世界遗产公约》中确定的保护原则包括"真实性"和"完整性"两个方面。

世界遗产保护的真实性原则，要求对遗产地的保护必须实现"preservation"（原封不动的保护），而不是以"conservation"（可以利用的保护）为借口进行遗产的利用，尤其是直接产生经济效益的利用，这是人类目前实现尊重自然和自然遗产的原生性的最佳方式。"真实性"要求世界遗产地的开发对自然不允许有任何形式的损害，要从生态角度严格控制服务设施，坚决制止任何形式的高投入、高污染、高消费等刺激经济增长的项目。

世界遗产保护的"完整性"原则主要针对的是自然遗产，包括生态系统的完整性和生态过程的完整性。要求遗产地不能是单一的遗迹或遗址，可能影响核心保护区的各种关键因素也必须列入重点保护的范围。其中对于表现地球历史主要阶段的重要实证景点（主要是以地质遗迹为主），要求被描述的区域应该包括其自然环境中的全部或大多数相关要素。例如，一个火山自然遗产地，应包括完整的岩浆系列、全部或大多数种类的火山岩和有代表性的喷发物。

总之，《世界遗产公约》对世界遗产地保护的要求是绝对严格的，要求必须确保保护对象的完整，任何构成物的改造或者变动必须要在改造前后做出详尽的记录，并且要求改造必须与现行的保护政策相一致，要将对遗产地自然环境的监控用法规的形式确定下来。这与《地质公园工作指南》中确定的保护原则有较大区别。虽然《世界遗产公约》也强调社区参与，但是在真实性与完整性前提下的社区参与才是其最高目标。比如云南石林早在1991年11月就曾申报世界遗产，世界遗产委员会以"无法找到一两处没有人工破坏痕迹、保存了原始生态环境的点"为由拒绝了这一申请，但石林却成功成为世界地质公园，从一个侧面说明了两者保护开发原则的巨大不同。

（2）美国国家公园体系及对比分析

美国第一座国家公园是创建于1872年的黄石国家公园，1916年美国国家公园管理局的建立标志着美国国家公园体系的确立。通过将近100年的发展，如今该体系拥有 $34×10^4 km^2$ 的土地和390个单位、2万名全职员工和每年近3亿人的游客，已经发展成为全球最为完善的自然和文化遗迹与遗产保护系统。

美国国家公园的核心使命是"保护国家公园内的景观、自然与历史资源、野生生态，供民众享用，其方式方法将以妥善留存而福荫后代为宗旨"。虽然在过去的20年中，关于国家公园是应该如以前一样依靠铁丝网围栏和荷枪实弹的看守进行严格保护，还是将此形式视为文化帝国主义的又一种精英形式加以制止，在美国和全世界产生了激烈的争论。但是在经历了本世纪初几年的国会、国家公园管理局、民众和社会舆论的激烈斗争之后，2006年初管理部门最终放弃了国家公园应该进一步向游客开放、削减政府投入和在公园的显要位置进行商业广告以获得更多企业赞助等设想；再次重申了资源保护优先、公众参与、统一管理、统一规划、统一人事、管理与经营分离和使对捐助者表达谢意的方式保持低调和高品位的管理、经营和保护原则。

美国国家公园体系的保护开发原则从管理和法律上来讲还是比较严格的，尤其是其管理体系与手段，从全世界范围来说都是比较完善的。该系统内的各个成员严格由国家公园管理局统一管理；国家公园的规划设计由丹佛规划中心统一负责；国家公园是非营利性公益事业，门票收入全部用于园区的保护和环保宣传；一旦确定为国家公园，原有居民全部迁出，国家公园的管理机构不承担发展社区经济的职能；园区内的建筑力求简朴，禁止建设索道、显眼的大门和永久性设施；在国家公园内不允许建设娱乐性的旅游项目。

美国国家公园体系的这种绝对保护和最大限度排斥人类活动影响的原则，与世界地质公园网络有很大不同。因此，尽管美国的国家公园系统拥有众多以地质遗迹保护为核心的成员，而且其地质遗迹保护水平也远远高于世界上许多国家，同时不少美国地质学家也建议在国家公园中增加关于地学的科普内容和增设国家地质公园以实现地质遗迹保护，但美国仍没有加入世界地质公园网络。

5. 世界地质公园开发保护原则在中国的应用

（1）适应性分析

无论是从管理方式和雄厚的财力支持，还是从公众的知识水平和环保意识来说，美国国家公园体系的保护原则在中国不太适应。世界遗产的严格保护原则也引起了一些地方政府的抵触，如在三江并流申报世界遗产后，当地有官员表示"宁愿放弃世界遗产也要上马水电"，以免阻碍当地经济发展，而众多遗产地也因为修建索道、酒店等大体量建筑影响景观而遭到 UNESCO 的警告。

中国是世界地质公园网络的发起国之一，对世界地质公园的建设做出了突出贡献，由于中国各级政府的积极参与，目前中国已成为拥有这一世界品牌最多的国家。同时因为中国在世界地质公园建设过程中的成功实践，使"世界地质公园网络"被称为最适合发展中国家遗产保护的一种模式。究其原因，一方面是因为地质学界的积极参与和支持，更重要的是与《世界遗产公约》计划和美国国家公园体系相比较，这种保护模式较为宽松而且更强调开发，比较适合我国国情。

但是，作为一个意在保护地质遗迹的系统，保护与可持续的利用依然是其出发点和终极目标，其他只不过是手段和方法。而要想实现资源的可持续利用，就必须要求管理当局依靠行政手段（如确立资源利用规则和方法、颁发资源利用许可证等）、法律手段（如资源法规的制定和实施）、经济手段（如价格、成本核算等）进行调控。

（2）我国地质公园保护与开发的协调手段

1）行政手段

我国地质公园的建设是由政府主导，行政手段是政府和管理部门可以实施的最直接、最有效的方式，主要包括两个方面：

其一是加大调查力度、合理规划、建立多核心保护体系。《世界遗产公约》、《国家公园条例》以及《联合国人与生物圈计划》都明确指出其所有成员都必须建立核心保护区，在该区域内保护是唯一的任务，禁止任何形式的开发和人为活动的影响。在公园内划定出核心保护区、试验区、缓冲区的三级保护体系，或结合地质公园实际情况划定出生态保护区、特别景观保护区、史迹保护区、风景游览区、发展控制区的分区方法，在实践中已积累了成功的经验。地质公园保护的对象是地质遗迹，地质遗迹形式多样、规模不等，而且大部分地质公园中的重要地质遗迹点都相隔很远。因此，在园区内应加大调查力度，发掘更深层次的遗迹，根据地质遗迹的重要性进行合理的分类。在统筹规划的原则下针对重要地质遗迹建立多核心的保护体系，并在各核心保护区之间建立合理的联系，在核心保护区坚决禁止任何开发和人类活动的影响，同时在重要性较低的地质遗迹点建立缓冲区，允许进行合理地旅游开发。

其二是加强对周边环境的保护。地质环境是生态环境的基础，而地质遗迹却往往独立与生态环境而存在，一些重要的岩石露头、地层剖面和化石点甚至是在破坏原始生态的基础上被发现的。但是生态环境背景在地质公园中占有重要的地位，特别是对于景观地貌型遗迹，周边生态环境是这类地质遗迹的重要组成部分，只有在环境映衬之下，景观的特色和美学价值才能体现出来。从旅游景观学的角度上，景点本身、景点周围环境和景点区域环境是构成旅游环境系统的三个重要环节。地质公园作为人们追求愉悦的场所，必须在保护核心遗迹的同时，注重对遗迹周围环境和遗迹区域环境的保护，使三者相互协调。

2）经济手段

实现地质公园保护的主要经济手段，包括制定合理的收入机制和经济补偿机制。地质遗迹的经营与管理相分离的原则在我国也有实践，但是由于管理方并非非营利性组织，这种营利性组织常常与经营方有着千丝万缕的利益联系，这就造成分而不管的局面，使得环境保护退居旅游开发之后。同时，由于管理方的收入绝大部分来自门票收入而非政府拨款，这就使得公园常常以门票这一价格杠杆提高门票价格。实际上只是提高了管理方的收入，对控制客流、保护遗迹没有实质性的帮助。因此，要想实现真正的保护，必须降低门票和承包商收入占管理经费的比例，并使这部分收入全部反哺于遗迹的保护，将政府财政拨款用于提高员工收入。同时通过合理的经济补偿机制，使当地居民能够真正从遗迹开发中获益，而不能富了政府和开发商却穷了当地居民，这是确保当地居民保护地质遗迹积极性的重要基础。

3）法律手段

世界地质公园保护的法律保障，全部依赖于缔约国的法律法规。我国目前除《环境保护法》、《中华人民共和国矿产资源法》、《自然保护区条例》以及原地质矿产部颁布的《地质遗迹保护管理规定》和国土资源部颁布的《古生物化石管理办法》等法律法规外，仍无相应法规规章出台。应首先参考美国国家公园系统的法律体系，建立类似《国家公园法案》的国家级法律，以法律的形式确定地质公园的保护与开发原则，统一地质公园的评审标准，规范国家地质公园的规划设计与监测评估工作，建立有效的国家地质公园管理机构并规范其职责。同时参考美国"一区一法"的管理方式，规范各地质公园的管理体制，从法律层面明确遗址产权和改善财政资金投入机制。

6. 世界地质公园网络建立以来的主要进展

世界地质公园网络自建立以来，主要在以下几个方面取得了明显进展。

（1）促进了地质遗迹保护

主要体现在提升公众保护地质遗迹的意识、提高了地质遗迹保护技能、加大了保护资金投入、推动了科学研究的深入开展等若干方面。

1）提升了公众对地质遗迹的保护意识

自全球开展地质公园建设以来，越来越多的普通公众与地质公园具有紧密的关联性，他们能够感受到地质公园给自己带来的利益，这在客观上提升了自身的保护意识。

另外，借助地质公园这个平台，一些地质公园纷纷开展各种项目，通过具体行动来强调这种保护意识的重要性。例如，欧洲地质公园网络于 2006 年批准通过了 8 个欧洲地质公园之间合作实施名为"LEADER+项目"的资助方案。这个项目主要面向年轻的欧洲公民，号召他们保护和宣传共同拥有欧洲的地质遗迹，将其视为地区可持续发展的关键点。同时，该项目明确其主要目标群是学龄儿童和在校学生，年龄段从 4 岁的儿童到大学生。

2）提高了地质遗迹保护技能

作为地质遗迹保护的从业人员，更是在地质公园的发展框架内得到了一系列的技术培训。在欧洲，许多地质公园都设立了职业培训中心，一方面为失业的年轻人进行培训，满足他们新的发展需求；另一方面提高了从业者的保护技能。例如，莱斯沃斯石化森林地质公园在 2001 年成立了职业培训中心，进行保护、挖掘和化石保存技术培训。

3）加大了保护资金投入

在资金投入方面，许多地质公园都结合自身的发展需求和潜力，通过各种渠道加大投入，使地质遗迹的保护措施得以很好落实。例如，在黄山地质公园，除了当地省、市政府专项补助外，经安徽省政府批准，公园还设立了遗产保护专项基金，从 2003 年开始从门票中提取保护专项经费用于保护工作。管委会在每年的项目建设中，都将地质遗迹保护类项目作为重点予以安排。2005—2007 年，黄山地质公园用于地质遗迹保护方面的直接支出合计达 10400 万元（人民币）。

4）推动了科学研究的深入开展

作为"科"字头的地质公园，科学研究是立园之本。近年来，围绕地质公园的科研需求，许多管理者积极寻求与各大专院校及研究机构的合作。这不仅为地质公园增添了更加准确的科学内涵，还充分发挥了地质公园作为科研基地的作用。例如，从 2007 年开始，中国云台山地质公园与中国地质科学院合作开展了"中国云台山地貌与美国大峡谷对比研究"项目，以推动云台山地学研究及其在国际上的影响力。

（2）促进了当地经济发展

带动地方经济发展不仅是地质公园的一项重要使命，而且已经成为地质公园的一项重要成果。在欧洲，建设地质公园的一个重要动因就是考虑到旅游地太过于集中。建设地质公园确实为一些地方带来了新的经济发展机遇，而对于现有的旅游地，地质公园同样带来了经济活力。据相关资料统计，在英国的大理石拱形洞地质公园，2007 年的游客数量比成为欧洲地质公园当年（2001 年）多出 30%。在马来西亚浮罗交怡（兰片威）地质公园自 2007 年加入世界地质公园网络以来，借助积极的宣传效果及知名度的逐渐提高，当年游客接待人数比之前的 2006 年增加约 50 万人次，达到 230 万人次。而在中国，地质公园更是在旅游经济、就业以及当地综合旅游效益等方面发挥了非常显著的作用，极大促进了地方经济的发展。

（3）促进了地学知识的普及

1）地质公园为地学知识普及提供了原地场所

每个地质公园都会在重要的地质遗迹点附近设立通俗易懂的科学解说牌，以满足游客了解地学知识的需求。现在，当游客站在真实的自然遗迹面前时，借助科学的解说系统，就能感受眼前这一切的历史变迁。

2）为开展各种科普活动提供了平台

近年来，围绕地质公园而开展的科普活动已经成为所有管理者越来越重视的工作内容，地质公园已经成为科普活动的重要平台。

3）地质公园的发展产生了大量的科普读物及音像制品

例如，中国内蒙古克什克腾地质公园仅在短短数年内就先后出版了 8 部科普读物和4 部影像作品，另外还有大量其他形式的科普作品。地质公园在客观上促进了科普读物的发展，正在不断满足游客对科学知识增长的需求。

（4）促进了网络成员之间的相互交流与合作

世界地质公园网络强调所有网络成员之间的相互交流与合作，以此促进整个网络的共同发展。据不完全统计，仅在 2008 年，世界地质公园网络成员之间或与其他公园之间签订的姊妹协议就达 18 份，而地质公园之间互访以及深入交流活动也非常频繁。目前，这些合作已经不仅仅是通过协议展示其意向，而是非常注重于解决实际问题。例如，2005 年，莱斯沃斯石化森林地质公园自然历史博物馆和法国普罗旺斯地质公园通过管理人会议和技工培训会议等方式，针对博物馆展室布置和化石模型生产等问题展开了讨论；北爱尔兰大理石拱形洞地质公园则与希腊普西罗芮特地质公园就洞穴管理和科普活动进行了交流；围绕地方社区如何参与地质公园管理这个问题，奥地利艾森武尔瑾地质公园和爱尔兰科佩海岸地质公园进行了深入探讨。除此之外，各地质公园之间还联合开展了其他各种形式的活动，如在国家与地方评论上发表文章、邀请国家或国际人士参加正式的产品发行、编制海报和宣传册等宣传材料。这些联合行动通过整合文化差异、克服地理距离的限制，提高了地方合作伙伴对开展合作重要性的认识，宣传了合作伙伴所在的区域，发展了跨国团队合作精神，发扬了世界地质公园网络的重要宗旨。

1.2.3 中国的世界地质公园

2004 年 2 月 13 日，在法国巴黎召开的联合国教科文组织会议上，中国的 8 家国家地质公园被列入世界地质公园网络名录，成为首批世界地质公园。2005 年 2 月 11 日，联合国教科文组织世界地质公园专家评审会在巴黎宣布，中国浙江雁荡山、福建泰宁、内蒙古克什克腾、四川兴文等 4 家国家地质公园被评为第二批世界地质公园。2006 年 9 月，中国泰山等 6 处国家地质公园被评为世界地质公园。2008 年 1 月，中国江西龙虎山和四川自贡地质公园被评为世界地质公园。2009 年 8 月，中国陕西秦岭地质公园和内蒙古阿拉善沙漠地质公园入选世界地质公园。2010 年 10 月，中国广西乐业—凤山地质公园和福建的宁德地质公园入选世界地质公园。2011 年 9 月 18 日，中国安徽天柱山地质公园和香港地质公园正式成为联合国教科文组织世界地质公园网络成员。2012 年 9月，在葡萄牙召开的第十一届欧洲地质公园大会上，中国三清山被列入世界地质公园名录，成为中国第 27 个世界地质公园。现将中国的世界地质公园特征概述如下：

1. 张家界世界地质公园

张家界世界地质公园位于湖南省张家界市，占地总面积 3600km²，主要地质遗迹类型为砂岩峰林地貌、喀斯特洞穴。

地质公园分布区内出露泥盆纪（距今 350—400Ma）厚层石英砂岩，由于岩层产状平缓，垂直节理发育，受后期地壳运动抬升、重力崩塌及雨水冲刷等内外地质动力作用的影响，形成了奇特的砂岩峰林地貌景观。

在园区内有 3000 多座拔地而起的石崖，其中高度超过 200m 的有 1000 多座，金鞭岩高达 350m；石峰形态各异，优美壮观，是世界上极为罕见的砂岩峰林地貌，有重大的科学价值。此外还有方山、岩墙、天生桥、峡谷等造景地貌以及发育在三叠纪石灰岩中的溶洞景观。

2. 江西庐山世界地质公园

江西庐山世界地质公园占地总面积 500km^2，主要地质遗迹类型为地质地貌、地质剖面。

地质公园内发育有地垒式断块山及第四纪冰川遗迹，第四纪冰川地层剖面和早元古代星子岩群地层剖面，保存系统而完整，丰富多样，具有极高的科学价值和美学价值。庐山环境幽雅，文化历史悠久，人文景观丰富。

庐山是一座集风景、文化、宗教、教育、政治为一体的千古名山。庐山是中国山水诗的摇篮，古往今来，无数文人墨客慕名登临庐山，为其留下 4000 余首诗词歌赋。晋代高僧慧远（公元 334—416 年）在山中建立东林寺，开创了佛教中的"净土宗"，使庐山成为中国封建社会重要的宗教圣地。遗存至今的白鹿洞书院，是中国古代教育和理学的中心学府。

庐山上还荟萃了各种风格迥异的建筑杰作，包括罗马式与哥特式的教堂、融合东西方艺术形式的拜占庭式建筑、日本式建筑和伊斯兰教清真寺等，堪称庐山风景名胜区的精华部分。

3. 广东丹霞山世界地质公园

广东丹霞山，又称"中国红石公园"，位于广东省韶关市东北的仁化、曲江两县交界处，总面积 290km^2，其中丹霞地貌集中分布范围为 180km^2。

由红色陆相砂砾岩构成的以赤壁丹崖为特色的地貌被称为丹霞地貌。丹霞山由红色砂砾岩构成，看上去似赤城层层，云霞片片，古人取"色如渥丹，灿若明霞"之意；为红层峰林式结构，有大小石峰、石堡、石墙、石柱 380 多座，高低参差、错落有致、形态各异、气象万千，是丹霞地貌的命名地。

丹霞山由晚白垩世形成的红色河湖相砂砾岩构成。距今约 65Ma，受构造运动的影响，形成许多断层和节理，同时使整个红层盆地抬升变为剥蚀地区。在距今约 23Ma 开始的喜马拉雅运动使得本地区迅速抬升。在漫长的岁月中，间歇性的抬升作用使得本地区的地貌发生了翻天覆地的变化，地质作用将红层塑造成秀丽多姿的丹霞地貌景观。

丹霞山与湖南崀山、福建泰宁、贵州赤水、江西龙虎山和浙江江郎山一起列入《世界自然遗产目录》。

4. 安徽黄山世界地质公园

安徽黄山世界地质公园面积约 1200km^2，属花岗岩峰林地貌景观，此外还有第四纪冰川遗迹、动植物、气象等景观。

黄山以雄峻瑰奇而著称，峰高峭拔、怪石遍布。山体峰顶尖陡，峰脚直落谷底，形成群峰峭拔的中高山地形。千米以上的高峰有 72 座，峰高峭拔、怪石遍布。黄山自中心部位向四周呈放射状地展布着众多的U形谷和V形谷。山顶、山坡和山谷等处,广泛分布有花岗岩石林石柱,特别是奇峰怪石遍布群峰、山谷。主要类型有穹状峰、锥状峰、脊状峰、柱状峰、箱状峰等。区内奇峰耸立,巍峨雄奇;青松苍翠,挺拔多姿;怪石嶙峋,如雕如塑;云海浩瀚,气势磅礴;温泉水暖,喷涌不歇。

以古桥、古登道、摩崖石刻与黄山山水画为特征的黄山地质公园,底蕴深厚的文化渗透在雄奇秀美的自然山水之中。其中黄山画派在中国画坛上占有重要位置,对中国山水画的发展产生了重大影响,是研究中国文化、中国画史的重要资料。

黄山地质公园具有花岗岩地貌、第四纪冰川遗迹、水文地质遗迹等地质遗迹和地质景观资源与黄山文化等人文景观资源以及丰富的动植物资源,构成了一座集山、水、人文、动植物为一体的大型花岗岩区天然博物馆。黄山风景区已成为同时拥有世界文化、自然双遗产和世界地质公园三顶桂冠的景观。

5. 云台山世界地质公园

云台山世界地质公园位于河南省焦作市修武县境内,因山势高峻,群峰似刀,常见白云缭绕而得名。园区内地貌复杂,地势起伏大,多具深沟峡谷、悬崖峭壁,连绵起伏,为典型的构造剥蚀地貌。

云台山世界地质公园已开发各类自然景观7种170余处,较为重要的有系统独特的地层、岩石、矿物等旅游资源,具典型特征的地质构造旅游资源、险峻秀丽的构造剥蚀地旅游资源、奇异多样的洞府旅游资源、得天独厚的生态旅游资源及历史悠久的人文旅游资源。

6. 五大连池世界地质公园

五大连池世界地质公园位于黑龙江省五大连池市,占地总面积$720km^2$,主要地质遗迹类型为火山地质地貌类。

五大连池世界地质公园是世界上保存最完整、最典型、时代最新的火山群,被誉为"中国火山博物馆"。园区内有规律地分布着14座火山,其中12座形成于12Ma—1Ma的地质时期,2座火山喷发于1719—1721年,是中国最年轻的火山之一。

园区内火山锥拔地而起,锥体中的火山保存完整,从火山口流出的熔岩流长逾10km,阻塞河流形成5个串珠状堰塞湖——五大连池。

熔岩地貌类型多样,具有世界稀有的火山喷气锥、喷气碟,具有典型的绳状熔岩、翻花状熔岩及各种具有极高美学价值的象形熔岩、火山弹、熔岩隧道等。

7. 云南石林世界地质公园

以"天下第一奇观"著称的云南石林世界地质公园,占地总面积$400km^2$,主要地质遗迹类型为喀斯特地质地貌,是以石林地貌景观为主的喀斯特地质公园。

石林形态类型主要有剑状、塔状、蘑菇状及不规则柱状等。石林地貌造型优美,似人似物,在美学上达到极高的境界,具有很高的旅游价值。

园区内彝族风情浓厚,环境宜人,与石林地貌相配合形成了天人合一的和谐美景。云南石林把当地文化、地质遗迹、生态保护和完善管理有机融为一体,这在世界上是唯一的。

8. 河南嵩山世界地质公园

河南嵩山世界地质公园位于河南省登封市，总面积 450km^2，主要地质遗迹类型为地质（含构造）剖面。

嵩山在大地构造上处于华北古陆南缘，在公园范围内，连续完整地出露 3500Ma 年以来太古代、元古代、古生代、中生代和新生代 5 个地质历史时期的地层，地层层序清楚，构造形迹典型，被地质学界称为"五代同堂"，是一部完整的记录地球演化历史的书卷。

嵩山是"五岳"中的"中岳"，人文景观众多，计有十寺、五庙、五宫、三观、四庵、四洞、三坛及宝塔 270 余座，是历史上佛、儒、道三教荟萃之地，人文景观和珍稀的地质遗迹相配合构成了立体的、多层次的、多功能的世界地质公园景观。

9. 雁荡山世界地质公园（略）

10. 福建泰宁世界地质公园

福建泰宁世界地质公园地处闽西北山区，面积 493km^2，其中丹霞地貌面积 253km^2。

福建泰宁世界地质公园以典型青年期丹霞地貌为主体，是国内最优美的"水上丹霞"，兼有火山岩、花岗岩、构造地貌等多种地质遗迹，是集科学考察、科普教育、观光览胜、休闲度假于一体的综合性地质公园。

泰宁地质公园先后被评为国家重点风景名胜区、国家 4A 级旅游区、国家森林公园、国家地质公园、全国重点文物保护单位等。

11. 克什克腾国家地质公园

克什克腾国家地质公园位于内蒙古赤峰市克什克腾旗，是由第四纪冰川遗迹、花岗岩地貌、高原湖泊、河流、火山地貌、沙地、草原、温泉及高原湿地等景观组成的大型综合地质公园，公园总面积 1750km^2，由阿斯哈图、平顶山、西拉木伦、青山、黄岗梁、热水、达里诺尔、浑善达克和乌兰布统 9 个园区组成。

公园内自然风光独特，生态类型多样，民族风情浓郁。是世界上独一无二的"内蒙古石林"，分布有中国北部规模最大、发育最全、保存最完整的第四纪冰川地貌遗迹；神奇罕见的大型岩臼群，逶迤千里的西拉木伦河，烟波浩渺的达里湖，珍奇稀有的沙地云杉，辽阔坦荡的贡格尔草原与闻名遐迩的史前文化遗存，底蕴深厚的蒙古族文化交相辉映，共同塑造了"塞北金三角"——美丽的克什克腾。克什克腾国家地质公园是探索自然奥秘的乐园，是学习地学知识的天然课堂，也是追溯人类发展历史的百科全书。

12. 四川兴文世界地质公园

四川兴文世界地质公园位于四川省宜宾市兴文县，地处四川盆地南部与云贵高原过渡带，总面积约 156km^2。

公园内石灰岩广泛分布，特殊的地理位置、地质构造环境和气候环境条件形成了兴文式喀斯特地貌，是国内最早对天坑进行研究和命名的地方，也是研究西南地区喀斯特地貌的典型地区之一。

四川兴文世界地质公园内"地表石林、地下溶洞、特大天坑"三绝共生，是研究喀斯特地貌形成、发展、演化的天然博物馆，也是一部普及岩溶地质学知识的百科全书。

13. 山东泰山世界地质公园

山东泰山世界地质公园位于山东省泰安市，公园面积 159km²，是华北地区最古老的地层分布区；保留有典型的断裂、褶皱、韧性剪切带、重力滑动构造、国内外罕见的中元古代辉绿玢岩发育的"桶状构造"、华北寒武系标准剖面等复杂的地质构造等丰富的地质遗迹资源，记录了自太古代以来近 30 亿年漫长而复杂的演化历史，对岩石学、地层学与古生物学、沉积学、构造学、地貌学以及地球历史等地质科学具有重要的科学研究价值，成为当前国际地学早前寒武纪、新构造运动地质研究前缘的经典地区。

14. 北京房山世界地质公园

北京房山世界地质公园位于北京房山县，公园总面积 954km²，共分为 8 大园区：周口店北京人遗址科普区、石花洞溶洞群观光区、十渡岩溶峡谷综合旅游区、上方山—云居寺宗教文化游览区、圣莲山观光体验区、百花山—白草畔生态旅游区、野三坡综合旅游区、白石山拒马源峰丛瀑布旅游区。

公园集山、水、林、洞、寺、峰林、峡谷及古人类、古生物、北方喀斯特地貌、地下喀斯特洞穴、燕山内陆造山和丰厚的人文积淀于一体，是世界范围内一处具有重大科学意义的地质遗迹集中分布区。

15. 王屋山—黛眉山国家地质公园

王屋山—黛眉山国家地质公园位于河南省济源市西部和洛阳市新安县北部，地跨黄河两岸，分为天坛山、封门口和黄河三门峡三个园区。公园总面积 986km²，是一座以典型地质剖面、地质地貌景观为主，以古生物化石、水体景观和地质工程景观为辅的综合性地质公园。

王屋山，位于河南省济源市西北 40km 处，总面积 265km²，是中国古代九大名山之一，是《愚公移山》故事的发生地。主峰天坛山海拔 1715m，是中华民族祖先轩辕黄帝设坛祭天之所，世称"太行之脊"、"擎天地柱"。整个景区森林覆盖率达 98% 以上，其中最为珍奇的是被称为"世界植物活化石"的有 2000 多年树龄的银杏。

黛眉山，位于河南省新安县北部的峪里乡，北临黄河与山西垣曲相望，西隔金陵涧水与荆紫山为界，南群岭诸峰远眺崤山，海拔 1346.6m，四壁如削，奇崖怪石，千姿百态；或如危塔，或如楼阁，或成坛台，连绵不断，鬼斧神工。有相对高度差别不大的 16 座山峰，峭壁万仞，峰上峭石林立，攀路艰难，林繁藤茂，山顶却开阔平坦，林木茂密，系一天然草原。特殊的地理、气候条件，经常使黛眉山顶万壑生岚，烟雾生腾聚成云海，犹如巨浪翻滚，深邃莫测，浩瀚无际，黛眉诸峰在云海出没，飘忽不定，犹如仙女琼阁，海市蜃楼。黛眉山，黄河岸边之仙山，登此山如身在画中行，神在仙境游。

16. 雷琼世界地质公园

雷琼世界地质公园位于中国南端琼州海峡两翼，由海南省海口园区、广东省湛江园区组成，总面积为 406km²；在地质学上属于雷琼大陆裂谷火山带。

公园是雷琼裂谷发生演化南海盆地扩张的火山学和岩石学记录，公园内火山密集，共有 101 座火山。火山地貌类型几乎涵盖了玄武质岩浆爆发与蒸汽岩浆爆发的所有类型：熔岩锥、碎屑锥（溅落锥、岩渣锥）、混合锥、玛珥火山（低平火口、凝灰岩环）；其数量之多，类型之多样，保存之完整，为我国第四纪火山带之首。

湖光岩、田洋、青桐洋（湛江园区），双池岭、杨花岭（海口园区）均为典型的玛珥火山。玛珥火山基底涌流堆积，其层理构造，低角度交错层、沙丘、长波状层、U形侵蚀槽、下陷凹坑、柔性弯曲、增生火山砾（火山灰球）等标志性构造十分典型。与火山相伴熔岩构造，结壳熔岩、岩浆溅落抛射物、熔岩隧道等地质景观极为丰富，具有多样性、系统性、典型性，在国内外同类地质遗迹中是罕见的，被认为是名副其实的第四纪火山天然博览园。

湖光岩玛珥湖是中国玛珥湖研究的起始地，是中德科学家合作研究的基地。

17. 镜泊湖世界地质公园

镜泊湖，坐落在牡丹江市境南 94km 处的群山峻岭间，是五千年前经 5 次山火喷发，熔岩阻塞牡丹江河道而形成的火山堰塞湖。明代始称镜泊湖，意为清平如镜。湖面海拔 350m，湖长 45km，面积 90km²。

纯朴自然的镜泊湖，岛湾错落，峰峦叠翠，景色清秀，古迹隐约，尽揽春花、夏水、秋叶、冬雪于一湖。有气势雄浑的吊水楼瀑布，绮丽壮阔的火山口原始森林，怪石峥嵘的地下熔岩隧道，盛衰疑谜的渤海古国遗址，粗犷浓烈的地方民族风情，繁复珍奇的野生动植物资源。

18. 伏牛山世界地质公园

伏牛山世界地质公园位于秦岭造山带东段。在宝天曼国家地质公园、南阳恐龙蛋化石国家地质公园、宝天曼国家森林公园和世界生物圈保护区、伏牛山国家地质公园和南阳独山玉国家矿山公园的基础上整合而成。

公园的地球历史和构造地质学特征优势，在于它揭示了太古宙原始陆壳基底的裂解分离，并在早元古代时期发生了沉积建造作用和变质变形作用，概括了中国中央造山带对全球性 Rodinia 超大陆事件的响应，区域性板块构造动力学系统控制下的大地构造演化和大陆动力学过程。在地质公园所属的白垩纪恐龙蛋化石群自然保护区内，发现白垩纪恐龙蛋化石 8 科 12 属 36 种，其中西峡长圆柱蛋化石为世界罕见，戈壁棱柱蛋化石为稀世珍品。

公园内地貌景观表现出与造山运动的亲缘关系，尤其是以主造山期花岗岩"锯齿岭"地貌、伸展拉张期花岗岩"岩盘山"地貌、板块机制下俯冲型花岗岩的"五行山"景观和碰撞性花岗岩的"卸荷裂解"景观、壳幔混合型花岗岩的"石柱峰丛"景观等，体现了造山带花岗岩地貌类型的多样性。以碳酸盐构造岩片和断裂带糜棱岩化大理岩为造景母体的构造岩溶"塑性流变"景观，体现了造山带的岩溶地貌和异质生特征。水文景观表现为先成河与后置河交织、河源湖与准平原伴生、瀑布群组叠挂、跌水与瓯穴毗邻，展示了新构造运动节律和河流地貌作用的继承性特征。

19. 龙虎山世界地质公园

龙虎山世界地质公园位于中国江西省东北部，鹰潭市和上饶市境内，主要地质遗迹类型为地质地貌类。由龙虎山园区、龟峰园区和象山园区组成，自古以丹霞仙境、道教中心和古崖墓群闻名天下。

龙虎山丹霞地貌类型多样，拥有幼年期、壮年期到老年期丹霞地貌的完整序列，尤以壮年期地貌为主体。同时，由于分布着奇特的火山岩地貌及典型地层剖面，因此具有很高的科学价值和审美旅游观赏价值。

龙虎山是历史文化与碧水丹山的完美融合。除了集雄、险、幽、秀、奇、绝于一身的自然景观外，这里的崖墓葬文化和佛教、道教文化也非常具有中国特色。仙水岩200多处古越人崖墓群，依托的是丹霞峭壁上的洞穴，他们选择洞穴作为自己的永久栖息地。

龙虎山不仅蕴藏着悠久灿烂的春秋战国古越文明及源远流长的佛教、道教等宗教文化，还充分体现了古代人民依托丹霞地貌创造文化的聪明才智。

20. 自贡世界地质公园

自贡世界地质公园位于四川省自贡市，由大山铺恐龙化石群遗迹园区、自贡盐业科技园区、荣县青龙山恐龙化石群园区3个园区组成。设置了科考科研区、科普游览区、生态观光区、探幽访古区等功能区和一系列功能小区。

自贡大山铺恐龙化石群是距今160Ma的中侏罗纪恐龙及其他脊椎动物化石群的遗址。在已发掘的2800m²范围内共发现200多个个体的上万件骨骼化石。其中有恐龙及鱼类、两栖类、龟鳖类、鳄类、翼龙类、似哺乳爬行类等18个属21个种，20个种为新种。有长达20m的食植物性长颈蜥脚龙、有保存完整的短颈蜥角龙，有凶猛的食肉恐龙，也有仅1.4m长的鸟脚龙，而且有目前世界上时代最早、保存完整的剑龙及其伴生的我国首次在侏罗纪地层中发现的翼龙，有生活在河湖中的蛇颈龙等。由于化石埋藏集中、数量多、门类全、保存好，且由于其产出时代为中侏罗纪，从而也填补了恐龙演化史上这一时期恐龙化石材料匮乏的空白，也是世界上最重要的恐龙化石遗址之一，具有重大的科学研究价值。

自贡市具有悠久的井盐生产历史、丰富的历史文化遗存，独特的民间艺术，与其自然景观相结合，是国家级文化名城，极具特色。

荣县青龙山恐龙化石群园区包括金花桫椤谷、青龙山恐龙挖掘现场、荣县大佛、荣县恐龙遗址等景点，分为桫椤谷景区、青龙山景区及荣县恐龙化石挖掘地和荣县大佛宗教游览点，总面积达46km²。青龙山景区的恐龙化石群遗址中恐龙化石埋藏丰富，分布范围广，而且其地质年代与大山铺化石群大致相当，这对于进一步弥补全球中侏罗纪恐龙化石较为缺乏，解决大山铺恐龙化石群研究中存在的有争议性的问题，具有重要意义。荣县恐龙化石挖掘地位于荣县城东南，这是四川盆地最早发现恐龙化石的地方。

21. 秦岭终南山世界地质公园

秦岭是全球典型的复合型大陆造山带，是我国南北天然的地质、地理、生态、气候、环境乃至人文的自然分界线。

秦岭的科学内涵深厚，典型遗迹众多，地质演化历史悠长，构造强烈复杂，地层岩石发育齐全，岩浆活动频繁，变质类型多样，矿产资源丰富，属世界典型代表性大陆造山带。尤其重要的是，秦岭是中国南北大陆板块碰撞拼合科学遗迹保存最好的地带之一，并且秦岭北麓大断裂是典型的造山带和裂谷盆地交接区域。

秦岭终南山世界地质公园位于西安市境内，距离西安市区仅25km，总面积1075km²。

公园以秦岭造山带地质遗迹、第四纪地质地貌遗迹和古人类遗迹为特色，由翠华山崩塌地貌园区、骊山裂谷地垒构造园区、冰晶顶韧性剪切带与构造混合岩化园区、玉山岛弧型花岗岩峰林地貌园区、南太白板块碰撞缝合带与第四纪冰川遗迹园区等组成。

秦岭终南山世界地质公园是秦岭造山带科学内涵和地表景观风光的典型集中代表，具有"中国天然动物园"和"亚洲天然植物园"之称。

22. 内蒙古阿拉善沙漠世界地质公园

内蒙古阿拉善沙漠世界地质公园特殊的地理位置、地质构造、生态环境和气候条件形成了以沙漠、戈壁为主的地质景观，全面反映了我国西北地区风力地质作用形成的各种典型的地质遗迹，是目前中国、也是世界上唯一系统而完整展示风力地质作用过程和以沙漠地质遗迹为主体的世界地质公园。总面积 630.37km^2，由巴丹吉林、居延和腾格里 3 个园区及其所属的 10 个景区组成。

巴丹吉林园区以高大沙山、鸣沙和沙漠湖泊和典型的风蚀地貌为主，包括巴丹吉林沙漠、曼德拉山岩画、额日布盖峡谷和海森楚鲁风蚀地貌 4 个景区。

腾格里园区以多样的沙丘，沙漠湖泊和峡谷景观为主，包括月亮湖、通湖和敖伦布拉格峡谷 3 个景区。

居延园区以戈壁景观、胡杨林和古城遗址为主，包括居延海、胡杨林和黑城文化遗存 3 个景区。

23. 广西乐业—凤山世界地质公园

广西乐业—凤山世界地质公园发育有众多的大型洞穴及洞穴群，数量众多，分布密集，洞道规模宏大，通道复杂，洞穴沉积物丰富。许多溶洞在景观规模、独特性和稀有性等方面在全国、全球具有重要地位，是地质岩溶景观的奇品和极品。

园区内有多条规模庞大、构成复杂的地下河，将各景点连接成一个统一的水文地质体和岩溶含水体，园区内众多天坑、洞穴、天窗、竖井等与园区景观共生或伴生。在乐业，除了大石围天坑外，还发现白洞、神木、苏家等大小 27 个天坑，为世界最大的天坑群。

园区内形成陆高峰丛与深洼地的典型地貌形态组合，堪称中国甚至世界高峰丛与深洼地的典型代表。园区内蕴藏着丰富的生物化石遗迹，其中大熊猫化石是迄今发现的最完整的早期大熊猫化石，距今大约有 2Ma。大石围天坑东壁蚂蜂洞内新近纪地层古生物剖面，为广西迄今发现的最高海拔新近纪剖面。

24. 福建宁德世界地质公园

福建宁德世界地质公园位于福建省东北部的宁德市境内、鹫峰山脉东南侧，以"亲水天堂"白水洋、"海上仙都"太姥山和"名山奇峡"白云山 3 个园区为核心，总面积 2639km^2。

公园内地质遗迹丰富多彩，且类型齐全：具有雄伟壮观的花岗岩山岳地貌、绚丽多姿的火山岩山岳地貌、千姿百态的河流侵蚀地貌和海蚀地貌，等等，构成了"山海川岛湖林洞"的自然奇观，在世界范围内都较为少见，具有极高的科学意义及美学价值。

25. 天柱山世界地质公园

天柱山世界地质公园位于安徽省西南部的安庆市潜山县境内，西北襟连大别山，东南濒临长江，面积 413km^2。

公园以全球范围内规模最大、剥露最深、出露最好、超高压矿物和岩石组合最为丰富的大别山超高压变质带经典地段享誉世界。

此外，还以产出丰富的古新世哺乳类动物化石瞩目海内外，被公认为"亚洲哺乳类动物发源地之一"。

26. 香港地质公园

香港地质公园分为新界东北沉积岩和西贡东部火山岩两大园区，共8大景区。以世界罕见的酸性六角火山岩柱群、多样的海岸侵蚀地貌和完整的多个时代的沉积地层为主要特色，极具典型性和稀有性，其中火山岩柱的平均直径1.2m，岩性为含硅质较高的酸性流纹质火山岩，所占范围为100km^2（部分是海域），无论就规模和岩石特征皆堪称世界罕见；更特别的是该处的火山岩同时展现凝灰岩和熔岩的特征，对其是如何形成的，地质学家至今仍看法不一，极具科学研究价值。

27. 江西三清山世界地质公园

江西三清山世界地质公园位于江西省上饶市境内，总面积为229.5km^2。位处扬子与华夏古板块结合带和欧亚大陆板块东南部与太平洋板块活动地带。是以中生代花岗岩和元古代—古生代地层为主组成的具有丰富地质遗迹与独特地质地貌现象的自然地理区域。

江西三清山世界地质公园记录了地球十亿年演化发展历史，遗存有沉积学、地层学、古生物学、岩石学、大地构造学、地球动力学、地貌学等多学科价值的珍贵地质遗迹；保存了具有两亿多年演化更替历史的珍稀生物群落，是一个原生态的生物乐园；拥有类型齐全、特征典型、分布集中的花岗岩微地貌现象，花岗岩地貌与生态、气象的巧妙融合并以奇特的景观形式，展示了杰出的自然美，是花岗岩地质地貌学的一座天然博物馆、也是世界花岗岩山岳峰林景观的典型代表；一千多年人与自然共同发展的历史，又给公园留下了丰富的文化遗产，特别是其中按照中国道学"天人合一"思想创建的古建筑遗址景观，被誉为中国道教古建筑的露天博物馆。

1.3 国家地质公园

1.3.1 国家地质公园的定义

中华人民共和国国家地质公园，简称为中国国家地质公园，是由中国行政管理部门组织专家审定，由中华人民共和国国务院国土资源部正式批准授牌的地质公园。

中国国家地质公园是以具有国家级特殊地质科学意义，较高的美学观赏价值的地质遗迹为主体，并融合其他自然景观与人文景观而构成的一种独特的自然区域。

地质公园担负三项任务：保护地质遗迹，保护自然环境；普及地球科学知识，促进公众科学素质提高；开展旅游活动，促进地方经济与社会可持续发展。

1.3.2 国家地质公园必须具备的条件

申报国家地质公园内的地质遗迹必须具有国家级代表性，在全国乃至国际上具有独特的科学价值、普及教育价值和美学观赏价值。

1. 地质遗迹资源具有典型性。

能为一个大区域乃至全球地质演化过程中的某一重大地质历史事件或演化阶段提供重要地质证据的地质遗迹；具有国际或国内大区域地层（构造）对比意义的典型剖面、化石产地及具有国际或国内典型地学意义的地质地貌景观或现象；国内乃至国际罕见的地质遗迹。

2. 遗迹资源具有一定数量、规模和科普教育价值。

其中达到典型性要求的国家级地质遗迹不少于 3 处，可用于科普和教育实习用的地质遗迹不少于 20 处。

3. 遗迹具有重要美学观赏价值.

对广大游客有较强的吸引力，公园建成后能够带动当地旅游产业，促进地方社会经济可持续发展。

4. 遗迹已得到有效的保护。

正在进行或规划进行的与当地社会经济发展相关的大型交通、水利、采矿等工程不会对地质遗迹造成破坏。

5. 已批准建立省（区、市）级地质公园 2 年以上并已揭碑开园。

6. 符合上述 1 ~ 4 条标准，由国家有关主管部门批准的国家级风景名胜区、国家级自然保护区、国家森林公园等。

1.3.3 国家地质公园功能区的划分

依据土地使用功能的差别、地质遗迹保护的要求并结合旅游活动的要求，在公园或独立的园区范围内，可以划分出下列功能区：门区、游客服务区、科普教育区、地质遗迹保护区、自然生态区、游览区（包括地质、人文、生态、特别景观游览区）、公园管理区、居民点保留区等。

1. 地质遗迹保护区

根据保护对象的重要性，地质遗迹保护区可以划分为特级保护区（点）、一级保护区、二级保护区和三级保护区。

特级保护区是地质公园内的核心保护区域，不允许观光游客进入，只允许经过批准的科研、管理人员进入开展保护和科研活动，园区内不得设立任何建筑设施；一级保护区可以设置必要的游赏步道和相关设施，但必须与景观环境协调，要控制游客数量，严禁机动交通工具进入；二级、三级保护区属一般保护区，允许设立少量地学旅游服务设施，但必须限制与地学景观游赏无关的建筑，各项建设与设施应与景观环境协调。

所有地质遗迹保护区内不得进行任何与保护功能不相符的工程建设活动；不得进行矿产资源勘查、开发活动；不得设立宾馆、招待所、培训中心、疗养院等大型服务设施。

地质公园内禁止开山、开荒等破坏地貌景观和植被的活动，不得设立任何形式的工业开发区。

2. 科普教育区

公园博物馆、科普电影馆（影视厅）、地质科普广场一般设于科普教育区。要考虑景区已有的建设，有条件的公园可以建立青少年科普教育基地、科普培训基地，开辟专项科普旅游路线等。

3. 游客服务区

游客服务区内可以发展与旅游产业相关的服务业，控制其他产业，不允许发展污染环境、破坏景观的产业。

1.3.4 中国国家地质公园

中国国家地质公园建设，是响应联合国教科文组织建立"世界地质公园网络体系"的倡议，贯彻国务院关于保护地质遗迹的任务，由国家国土资源部主持于2000年开始进行的一项工作，截至2011年11月，已进行了6批国家地质公园的评审，批准设立了198家国家地质公园，中国国家地质公园体系已粗具规模。

1. 第一批国家地质公园名单（11家）（2001年4月公布）

第一批这11家国家地质公园是：云南石林国家地质公园、湖南张家界砂岩峰林国家地质公园、河南嵩山国家地质公园、江西庐山国家地质公园、云南澄江动物群国家地质公园、黑龙江五大连池火山国家地质公园、四川自贡恐龙国家地质公园、福建漳州滨海火山国家地质公园、陕西翠华山山崩国家地质公园、四川龙门山国家地质公园、江西龙虎山国家地质公园。

2. 第二批国家地质公园名单（33家）（2002年2月公布）

第二批这33家国家地质公园是：安徽黄山国家地质公园、甘肃敦煌雅丹国家地质公园、内蒙古赤峰市克什克腾国家地质公园、云南腾冲火山国家地质公园、广东丹霞山国家地质公园、四川海螺沟国家地质公园、山东山旺国家地质公园、天津蓟县国家地质公园、四川大渡河峡谷国家地质公园、福建大金湖国家地质公园、河南焦作云台山国家地质公园、甘肃刘家峡恐龙国家地质公园、黑龙江嘉荫恐龙国家地质公园、北京石花洞国家地质公园、浙江常山国家地质公园、河北涞源白石山国家地质公园、安徽齐云山国家地质公园、河北秦皇岛柳江国家地质公园、黄河壶口瀑布国家地质公园、四川安县生物礁-岩溶国家地质公园、广东湛江湖光岩国家地质公园、河北阜平天生桥国家地质公园、山东枣庄熊耳山国家地质公园、安徽浮山国家地质公园、北京延庆硅化木国家地质公园、河南内乡宝天幔国家地质公园、浙江临海国家地质公园、陕西洛川黄土国家地质公园、西藏易贡国家地质公园、安徽淮南八公山国家地质公园、湖南郴州飞天山国家地质公园、湖南莨山国家地质公园、广西资源国家地质公园。

3. 第三批国家地质公园名单（41家）（2004年2月公布）

第三批这41处国家地质公园是：河南王屋山国家地质公园、四川九寨沟国家地质公园、浙江雁荡山国家地质公园、四川黄龙国家地质公园、辽宁朝阳鸟化石国家地质公园、广西百色乐业大石围天坑群国家地质公园、河南西峡伏牛山国家地质公园、贵州关岭化石群国家地质公园、广西北海涠洲岛火山国家地质公园、河南嵖岈山国家地质公园、浙江新昌硅化木国家地质公园、云南禄丰恐龙国家地质公园、新疆布尔津喀纳斯湖国家地质公园、福建晋江深沪湾国家地质公园、云南玉龙黎明—老君山国家地质公园、安徽祁门牯牛降国家地质公园、甘肃景泰黄河石林国家地质公园、北京十渡国家地质公园、贵州兴义国家地质公园、四川兴文石海国家地质公园、重庆武隆岩溶国家地质公园、内蒙古阿尔山国家地质公园、福建福鼎太姥山国家地质公园、青海尖扎坎布拉国家地质公园、河北赞皇嶂石岩国家地质公园、河北涞水野三坡国家地质公园、甘肃平凉崆峒山国家地质公园、新疆奇台硅化木—恐龙国家地质公园、长江三峡国家地质公园（湖北、重庆）、海南海口石山火山群国家地质公园、江苏苏州太湖西山国家地质公园、宁夏西吉火石寨国家地质公园、吉林靖宇火山矿泉群国家地质公园、福建宁化天鹅洞群国家地质公园、山东东营黄河三角洲国家地质公园、贵州织金洞国家地质公园、广东佛山西樵山国家地质公园、贵州绥阳双河洞国家地质公园、黑龙江伊春花岗岩石林国家地质公园、重庆黔江小南海国家地质公园、广东阳春凌霄岩国家地质公园。

4. 第四批国家地质公园名单（53 家）（2005 年 8 月公布）

第四批这 53 处国家地质公园是：河北临城国家地质公园、河北武安国家地质公园、内蒙古阿拉善沙漠国家地质公园、山西壶关太行山大峡谷国家地质公园、山西宁武万年冰洞国家地质公园、五台山国家地质公园、黑龙江镜泊湖国家地质公园、黑龙江兴凯湖国家地质公园、辽宁本溪国家地质公园、大连冰峪国家地质公园、中国大连国家地质公园、延川黄河蛇曲国家地质公园、青海互助嘉定国家地质公园、青海久治年宝玉则国家地质公园、青海昆仑山国家地质公园、富蕴可可托海国家地质公园、大理苍山国家地质公园、四川华蓥山国家地质公园、四川江油国家地质公园、四川射洪硅化木国家地质公园、四川四姑娘山国家地质公园、重庆云阳龙缸国家地质公园、贵州六盘水乌蒙山国家地质公园、贵州平塘国家地质公园、西藏札达土林国家地质公园、安徽大别山（六安）地质公园、安徽天柱山国家地质公园、山东长山列岛国家地质公园、山东沂蒙山国家地质公园、泰山国家地质公园、江苏省南京市六合国家地质公园、上海崇明长江三角洲国家地质公园、德化石牛山国家地质公园、福建屏南白水洋国家地质公园、福建永安桃源洞国家地质公园、江西三清山国家地质公园、江西武功山国家地质公园、河南关山国家地质公园、河南黄河国家地质公园、河南洛宁神灵寨国家地质公园、河南洛阳黛眉山国家地质公园、河南信阳金刚台国家地质公园、湖南凤凰国家地质公园、湖南古丈红石林国家地质公园、湖南酒埠红国家地质公园、湖北木兰山国家地质公园、湖北神农架国家地质公园、湖北郧县恐龙蛋化石群国家地质公园、广东恩平地热国家地质公园、广东封开国家地质公园、深圳大鹏半岛国家地质公园、广西凤山国家地质公园、广西鹿寨香桥喀斯特生态国家地质公园。

5. 第五批国家地质公园名单（44 家）（2009 年 8 月公布）

第五批这 44 家国家地质公园是：吉林长白山火山国家地质公园、云南丽江玉龙雪山国家地质公园、新疆天山天池国家地质公园、湖北武当山国家地质公园、山东诸城恐龙国家地质公园、安徽池州九华山国家地质公园、云南九乡峡谷洞穴国家地质公园、内蒙古二连浩特国家地质公园、新疆库车大峡谷国家地质公园、福建连城冠豸山国家地质公园、贵州黔东南苗岭国家地质公园、宁夏灵武国家地质公园、四川大巴山国家地质公园、贵州思南乌江喀斯特国家地质公园、湖南乌龙山国家地质公园、甘肃和政古生物化石国家地质公园、广西大化七百弄国家地质公园、四川光雾山、诺水河国家地质公园、江苏江宁汤山方山国家地质公园、内蒙古宁城国家地质公园、重庆万盛国家地质公园、西藏羊八井国家地质公园、陕西商南金丝峡国家地质公园、广西桂平国家地质公园、山东青州国家地质公园、河北兴隆国家地质公园、北京密云云蒙山国家地质公园、福建白云山国家地质公园、广东阳山国家地质公园、湖南湄江国家地质公园、河北迁安—迁西国家地质公园、湖北大别山（黄岗）国家地质公园、甘肃天水麦积山国家地质公园、河南小秦岭国家地质公园、青海贵德国家地质公园、北京平谷黄松峪国家地质公园、河南红旗渠·林虑山国家地质公园、山西陵川王莽岭国家地质公园、重庆綦江木化石—恐龙国家地质公园、黑龙江伊春小兴安岭国家地质公园、陕西岚皋南宫山国家地质公园、吉林乾安泥林国家地质公园、山西大同火山群国家地质公园、安徽凤阳韭山国家地质公园。

6. 第六批国家地质公园名单（36家）（2011年11月公布）

第六批这36家国家地质公园是：云南罗平生物群国家地质公园、河南尧山国家地质公园、河南汝阳恐龙国家地质公园、山东莱阳白垩纪国家地质公园、新疆吐鲁番火焰山国家地质公园、甘肃张掖丹霞国家地质公园、新疆温宿盐丘国家地质公园、山东沂源鲁山地质公园、云南泸西阿庐国家地质公园、广西宜州水上石林国家地质公园、甘肃炳灵丹霞地貌国家地质公园、湖北五峰国家地质公园、山西平顺天脊山国家地质公园、贵州赤水丹霞国家地质公园、青海省青海湖国家地质公园、河北承德丹霞地貌国家地质公园、河北邢台峡谷群国家地质公园、陕西柞水溶洞国家地质公园、吉林抚松国家地质公园、福建平和灵通山国家地质公园、山西永和黄河蛇曲国家地质公园、内蒙古巴彦淖尔国家地质公园、湖南平江石牛寨国家地质公园、重庆酉阳国家地质公园、内蒙古鄂尔多斯国家地质公园、四川青川地震遗迹国家地质公园、福建政和佛子山国家地质公园、安徽广德太极洞国家地质公园、湖北咸宁九宫山—温泉国家地质公园、黑龙江凤凰山国家地质公园、陕西耀州照金丹霞国家地质公园、广西浦北五皇山国家地质公园、四川绵竹清平—汉旺国家地质公园、安徽丫山国家地质公园、青海玛沁阿尼玛卿山国家地质公园、湖南浏阳大围山国家地质公园。

地质公园事业的发展使得我国地质遗迹保护事业进入了一个全新的发展阶段，依托地质公园建设，许多珍贵地质遗迹得到了切实保护，社会地球知识科学普及水平迅速提升，同时还带动了旅游及相关产业发展，促进了当地经济、社会的发展和文化振兴。

1.4 国家矿山公园

矿山是矿产资源产地及矿业活动的基地，采矿活动促进了人类社会文明的发展。

我国矿产资源丰富，类型众多，分布广泛，且具有悠久的矿业开发历史。从殷周的铜矿、春秋战国的铁业和秦汉的井盐，到魏晋的煤矿和天然气，以及隋唐以后一千多年空前的矿业繁荣，特别是中华人民共和国成立后六十余年来矿业开发所取得的举世瞩目的成就，无一不充分显示了中华民族认识自然、利用自然的聪明才智和伟大创造力。中国的矿业发展史是中华文明发展的重要组成部分，也是世界矿业史上最辉煌灿烂的篇章之一。

1.4.1 矿业遗迹

1. 矿业遗迹

矿业遗迹也称矿山遗迹，是指在矿业开发过程中遗留下来的踪迹和与采矿活动相关的实物，具体主要指矿产地质遗迹和矿业生产过程中探、采以及位于矿山附近的选、冶、加工等活动的遗迹、遗物和史籍。

2. 矿业遗迹的类型

按其自然和人文双重属性，矿业遗迹包括：

（1）矿业开发史籍

矿业开发史籍是指能反映重要矿床发现史、开发史及矿山沿革的记载和文献。

（2）矿业生产遗址

矿业生产遗址是指大型矿山采场（矿坑，矿硐）、冶炼场、加工场、工艺作坊、窑址和其他矿业生产构筑物，废弃地，典型的矿山生态环境治理工程遗址等。

（3）矿业活动遗迹

矿业活动遗迹是指矿业生产（探矿、采矿、选矿、冶炼、加工、运输等）及生活活动遗存的器械、设备、工具、用具等，包括探坑（孔、井），采掘、提升、通风、照明、排水供水、半截工具、安全设施及生活用具等。

（4）矿业制品

矿业制品是指珍贵的矿产制品、矿石、矿物工艺品。

（5）与矿业活动有关的人文景观

历史纪念建筑、住所、石窟、摩崖石刻、庙宇、矿政和商贸活动场所及其他具有鲜明地域特色的与矿业活动有关的人文景观。

（6）矿产地质遗迹

典型矿床的地质剖面、地层构造遗迹、古生物遗迹、找矿标志物及提示矿物、地质地貌、水体景观，具有科学研究意义的矿山动力地质现象（地裂缝、地面塌陷、泥石流、滑坡、崩塌等）遗迹。

3. 矿业遗迹的分级

矿业遗迹按其典型性、稀有性、观赏性、科学和历史文化价值及开发利用功能等，分为珍稀级（一级）、重要级（二级）和一般级（三级）三个级别：

（1）珍稀级（一级）

①在世界范围或全国范围具有典型意义的矿产地质遗迹；

②能为世界矿业发展史提供重要证据的矿业遗迹；

③具有代表当时世界先进科学技术水平的矿业遗迹。

（2）重要级（二级）

①具有区域典型意义的矿产地质遗迹；

②能为国家矿业发展史提供重要证据的矿业遗迹；

③具有代表当时全国先进科学技术水平的矿业遗迹。

（3）一般级（三级）

①具有地区典型意义的矿产地质遗迹；

②能为世界矿业发展史提供重要证据的矿业遗迹；

③具有代表当时地方科学技术水平的矿业遗迹。

4. 矿业遗迹的保护

矿业遗迹是人类矿业活动的历史见证，是具有重要价值的历史文化遗产。

但是，由于长期以来普遍存在的重资源开发、轻环境保护，重经济效益、轻生态效益的倾向，矿山建设和生产过程也对环境造成了严重破坏，导致环境污染和生态退化，甚至诱发地质灾害，对人民的生产和生活造成极大的危害。许多珍贵矿山遗址和遗迹遭受自然和人为的破坏，甚至荡然无存。

近年来，加强了矿山建设和生产过程中的环境保护工作，并通过对停采矿区进行土地复垦与再利用等一系列措施，使我国矿山生态环境恢复工作有了长足发展。但是，对重要矿山的自然、历史文化遗迹还缺乏行之有效的保护措施。保护和抢救现存的重要矿业遗迹已经成为国土资源管理部门的一项重要任务，是当今世界在自然和文化保护方面的一项重要内容。

《世界文化和自然遗产保护公约》于1972年在巴黎联合国教科文组织总部通过，1975年正式生效以来，先后已有波兰、法国、玻利维亚、墨西哥、德国等国家的矿山，根据文化遗产遴选标准列入《世界遗产名录》，成为保护对人类文明发展具有普遍价值和重要意义的矿山遗址的典范。1987年中国原国家地质矿产部在《关于建立地质保护区规定的通知（试行）》（地发〔1987〕311号）中，首次以部门法规的形式提出对包括采矿遗址在内的地质遗迹建立保护区。2000年国家国土资源部下发了《关于申报国家地质公园的通知》（国土资发〔2000〕77号），将"具有特殊学科研究和观赏价值的岩石、矿物、宝玉石及其典型产地"作为地质遗迹景观主要内容之一。2000年作为我国第一批国家地质公园之一的四川自贡，特"保存有世界最早的采盐油气井"被列为"主要人文景观"。2003年第三批国家地质公园的广东佛山西樵山国家地质公园也将明代采石遗迹列为主要地质遗迹保护对象。

建设矿山公园是使不可再生的重要矿业遗迹资源得到保护和永续利用的有效途径。既可以充分展示我国社会文明史的客观轨迹和灿烂文化，为人们提供游览观赏景观，为科学活动提供考察和研究对象，同时对矿业城镇的经济转型和社会发展也具有非常重要的意义。

1.4.2 国家矿山公园

1. 矿山公园

矿山公园是以展示人类矿业遗迹景观为主体，体现矿业发展历史内涵，具备研究价值和教育功能，可供人们游览观赏、进行科学考察与科学知识普及的特定的空间地域。

2. 矿山公园的基本条件及其等级划分

（1）矿山公园必须具备的基本条件

矿山公园必须具备以下基本条件：

①具备典型、稀有和内容丰富的矿业遗迹；

②以矿业遗迹为主体景观，充分融合自然景观与人文景观；

③通过土地复垦等方式所修复的废弃矿山或生产矿山的部分废弃矿段。

（2）矿山公园的等级划分

矿山公园设置国家级矿山公园和省级矿山公园，其中国家级矿山公园由国家国土资源部审定并公布。

3. 国家矿山公园应具备的条件

国家矿山公园应满足以下要求：

（1）国际、国内著名的矿山或独具特色的矿山；

（2）拥有一处以上稀有的或多处重要的矿业遗迹；

（3）区位优越，自然景观与人文景观优美；

（4）进行过系统的基础调查研究工作，土地使用权属清楚，基础设施完善，具有吸引大量游客的潜在能力。

4. 国家矿山公园的评价

（1）评价指标

国家矿山公园的主要评价指标由矿业遗迹、环境条件、开发条件、总体规划四部分组成，其下又分为 12 项具体指标。根据各评价指标的重要程度，分别赋予一定的分值，总分为 100 分。

1）矿业遗迹（50 分）

①稀有性（15 分）

A. 属世界罕见或极特殊的遗迹（15 分）；

B. 属世界少有或国内罕见的遗迹（10 分）；

C. 属国内少有的遗迹（5 分）。

②典型性（10 分）

A. 遗迹的类型、规模，内容等具有全球或大区域代表性（10 分）；

B. 遗迹的类型、规模，内容等具有全国代表性（7 分）；

C. 遗迹的类型、规模、内容等具有地区代表性（3 分）。

③科学价值（10 分）

A. 体现人类矿业活动（探、采、冶、加工、治理等）当时世界最高科技水平，遗迹具有极高的科考、科普价值（10 分）；

B. 体现人类矿业活动（探、采、冶，加工，治理等）当时国内最高科技水平，遗迹具有很高的科考、科普价值（7 分）；

C. 体现人类矿业活动（探、采、冶、加工、治理等）当时国内先进科技水平，遗迹具有较高的科考、科普价值（3 分）。

④历史、文化价值（10 分）

A. 遗迹历史悠久，具有极高的历史、文化价值，在矿业发展史上具有极其重要意义（10 分）；

B. 遗迹历史悠久，具有很高的历史、文化价值，在矿业发展史上具有很重要意义（7 分）；

C. 遗迹具有较高的历史、文化价值，在矿业发展史上具有较重要意义（3 分）。

⑤系统、完整程度（5 分）

A. 遗迹类型及内容非常系统、完整（5 分）；

B. 遗迹类型及内容系统、完整（3分）；

C. 遗迹类型及内容较系统、完整（1分）。

2）环境条件（20分）

①生态环境质量现状（10分）

A. 自然生态环境基本恢复，无"三废"污染及地质灾害隐患，环境质量优良（10分）；

B. 自然生态环境已初步恢复，基本无"三废"污染及地质灾害隐患，环境质量良好（7分）；

C. 自然生态环境尚未恢复，基本无"三废"污染及地质灾害隐患，环境质量一般（3分）。

②其他景观资源丰富程度（10分）

A. 其他景观资源极其丰富，或部分资源价值高（10分）；

B. 其他景观资源较丰富，或部分资源价值较高（7分）；

C. 其他景观资源一般，或资源价值一般（3分）。

3）开发条件（15分）

①区位、交通（3分）

A. 地理区位优越，交通便利（3分）；

B. 地理区位较优越，交通较便利（2分）；

C. 地理区位和交通条件一般（1分）。

②土地使用权属（3分）

A. 边界清楚，无土地使用权属纠纷，已获得全都土地使用权并领取了土地使用权属证（3分）；

B. 边界清楚，无土地使用权属纠纷，已获得主体景区土地使用权并领取了土地使用权属证（2分）；

C. 边界清楚，虽未获得土地使用权属证，但无土地使用权属纠纷（1分）。

③基础工作（3分）

A. 完成综合科学考察，系统全面掌握资源、环境本底情况（3分），

B. 完成综合科学考察，基本掌握资源、环境本底情况（2分）；

C. 完成初步综合科学考察，大致掌握资源、环境本底情况（1分）。

④管理现状（6分）

A. 管理机构健全，基础设施完善，具备先进的办公、保护、科研、宣传教育、交通、通讯、生活用房等设施（6分）；

B. 管理机构基本健全，具备管理所需的办公、保护、科研、宣传教育、交通、通讯、生活用房等设施（4分）；

C. 已建立管理机构，办公、保护、科研、宣传教育、交通、通讯，生活用房等设施基本满足管理工作的需求（2分）。

4）总体规划（15分）

A. 总体规划分区明确，布局合理，功能完善，已通过评审，实施情况优良（15

分）；

B. 总体规划分区明确，布局较合理，功能较完善，已通过评审，实施情况良好（10分）；

C. 总体规划分区较明确，布局较合理，功能较完善，已通过评审，逐步得到实施（5分）。

（2）国家矿山公园评价赋分

国家矿山公园的评价指标、依据及赋分如表 1- 4 所示。

表 1- 4 国家矿山公园评价赋分表

评价项目	评价指标	评价依据	赋分
矿业遗迹（50分）	稀有性	多项或一项属世界罕见或极特殊的遗迹	15 ~ 11
		多项或一项属世界少有或国内罕见的遗迹	10 ~ 6
		多项或一项属国内少有的遗迹	5 ~ 1
	典型性	多项或一项的遗迹类型、规模、内容等具有全球或大区域代表性	10 ~ 8
		多项或一项的遗迹类型、规模、内容等具有全国代表性	7 ~ 4
		多项或一项的遗迹类型、规模、内容等具有地区代表性	3 ~ 1
	科学价值	多项或一项为人类矿业活动当时国际先进科技水平、具有很高的科考、科普价值的遗迹	10 ~ 8
		多项或一项为人类矿业活动当时国内先进科技水平、具有很高的科考、科普价值的遗迹	7 ~ 4
		多项或一项为人类矿业活动当时国内先进科技水平、具有较高的科考、科普价值的遗迹	3 ~ 1
	历史、文化价值	遗迹历史悠久、具有极高的历史文化价值、在国际矿业发展历史上具有极重要的意义	10 ~ 8
		遗迹历史悠久、具有极高的历史文化价值、在国内矿业发展历史上具有很重要的意义	7 ~ 4
		遗迹历史悠久、具有较高的历史文化价值、在地区矿业发展历史上具有较重要的意义	3 ~ 1
	系统、完整程度	遗迹类型及内容非常系统、完整	5 ~ 4
		遗迹类型及内容系统、完整	3 ~ 2
		遗迹类型及内容较系统、完整	1
环境条件（20分）	生态环境质量现状	生态环境基本恢复，无"三废"污染及地质灾害隐患，环境质量优良	10 ~ 8
		生态环境基本恢复，基本无"三废"污染及地质灾害隐患，环境质量良好	7 ~ 4
		生态环境尚未恢复，基本无"三废"污染及地质灾害隐患，环境质量一般	3 ~ 1
	其他景观资源丰富程度	其他资源丰富或部分资源价值高	10 ~ 8
		其他资源较丰富或部分资源价值较高	7 ~ 4
		其他资源一般或部分资源价值一般	3 ~ 1

评价项目	评价指标	评价依据	赋分
开发条件（15分）	交通、区位	地理区位优越、交通便利	3
		地理区位较优越、交通较便利	2
		地理区位一般、交通一般	1
	土地使用权属	边界清楚，无土地使用权属纠纷，已获得全部土地使用权并领取了土地使用权属证	3
		边界清楚，无土地使用权属纠纷，已获得主体景区土地使用权并领取了土地使用权属证	2
		边界清楚，虽未获得土地使用权属证，但无土地使用权属纠纷	1
开发条件（15分）	基础工作	完成综合科学考察，系统全面掌握资源、环境本底情况	3
		完成综合科学考察，基本掌握资源、环境本底情况	2
		完成初步科学考察，大致掌握资源、环境本底情况	1
	管理现状	管理机构健全，基础设施完善，具有先进办公、保护、科研、宣传教育、交通、通讯、生活用房等设施	6~5
		管理机构基本健全，基础设施较完善，具备办公、保护、科研、宣传教育、交通、通讯、生活用房等设施	4~3
		已建立管理机构，基础设施基本具备，办公、保护、科研、宣传教育、交通、通讯、生活用房等设施基本满足管理工作的要求	2~1
总体规划（15分）	总体规划合理性与实施状况	总体规划分区明确，布局合理，功能完善。已通过评审，实施情况优良	15~11
		总体规划分区明确，布局较合理，功能较完善。已通过评审，实施情况优良	10~6
		总体规划分区较明确，布局基本合理，功能基本满足要求。已通过评审，逐步得到实施	5~1

5. 我国国家矿山公园的建设现状

截至2012年12月，经国家国土资源部批准设立3批72家国家矿山公园。

（1）首批28家国家矿山公园是：湖北黄石国家矿山公园、北京平谷黄松峪国家矿山公园、河北唐山开滦煤矿国家矿山公园、河北任丘华北油田国家矿山公园、河北武安西石门铁矿国家矿山公园、山西大同晋华宫矿国家矿山公园、内蒙古赤峰巴林石国家矿山公园、内蒙古满洲里市扎赉诺尔国家矿山公园、辽宁阜新海州露天矿国家矿山公园、吉林板石国家矿山公园、黑龙江鹤岗市国家矿山公园、黑龙江鸡西恒山国家矿山公园、黑龙江嘉荫乌拉嘎国家矿山公园、江苏盱眙象山国家矿山公园、浙江遂昌金矿国家矿山公园、安徽淮北国家矿山公园、福建寿山国家矿山公园、福建上杭紫金山国家矿山公园、江西景德镇高岭国家矿山公园、山东沂蒙钻石国家矿山公园、河南南阳独山玉国家矿山公园、广东深圳凤凰山国家矿山公园、广东韶关芙蓉山国家矿山公园、广东深圳鹏茜国家矿山公园、贵州万山汞矿国家矿山公园、四川丹巴白云母国家矿山公园、甘肃白银火焰山国家矿山公园、青海格尔木察尔汗盐湖国家矿山公园。

（2）第二批获批的国家矿山公园是：黑龙江大庆油田国家矿山公园、甘肃金昌国家矿山公园、江西德兴国家矿山公园、湖南郴州柿竹园国家矿山公园、浙江温岭长屿硐天国家矿山公园、江西萍乡安源国家矿山公园、安徽铜陵国家矿山公园、北京首云国家矿山公园、湖南宝山国家矿山公园、浙江宁波伍山海滨石窟国家矿山公园、云南东川国家矿山公园、江苏南京冶山国家矿山公园、山西省太原西山国家矿山地质公园、山东临沂归来庄金矿国家矿山公园、河南焦作峰山国家矿山公园、山东枣庄中兴煤矿国家矿山公园、山东威海金洲金矿国家矿山公园、宁夏石嘴山国家矿山公园、湖北应城国家矿山公园、安徽淮南大通国家矿山公园、广西合山国家矿山公园、内蒙古林西大井国家矿山公园、吉林辽源国家国家矿山公园、内蒙古额尔古纳国家矿山公园、广东梅州五华白石嶂国家矿山公园、北京怀柔圆金梦国家矿山公园、广西全州雷公岭国家矿山公园、河北迁西金厂峪国家矿山公园、黑龙江黑河罕达气国家矿山公园、重庆江合煤矿国家矿山公园、黑龙江大兴安岭呼玛国家矿山公园、四川嘉阳国家矿山公园、河南新乡凤凰山国家矿山公园。

（3）第三批获批的国家矿山公园是：甘肃玉门油田国家矿山公园、江西瑞昌铜岭铜矿国家矿山公园、新疆富蕴可可托海稀有金属国家矿山公园、广东凡口国家矿山公园、湖北潜江国家矿山公园、北京史家营国家矿山公园、湖南湘潭锰矿国家矿山公园、吉林汪清满天星国家矿山公园、陕西潼关小秦岭金矿国家矿山公园、广东大宝山国家矿山公园、湖北宜昌樟村坪国家矿山公园。

1.5 雁荡山世界地质公园概述

雁荡山世界地质公园位于中国浙江省温州市和台州市境内，由主园区（温州乐清市雁荡山）、东园区（台州温岭市方山—长屿硐天）和西园区（温州永嘉县楠溪江）组成，总面积 294.62km^2。

雁荡山为首批国家级重点风景名胜区、国家 AAAAA 级旅游区，于 2005 年 2 月 12 日经联合国教科文组织批准进入世界地质公园网络，雁荡山世界地质公园是迄今为止第一个以中生代火山地质地貌景观为主题的地质公园。

1.5.1 雁荡山（主园区）

雁荡山（主园区）是亚洲大陆边缘区型火山带白垩纪（距今约 1 亿多年）破火山的杰出代表，是流纹质火山岩的天然博物馆。雁荡山的一山一石记录了一座白垩纪复活型破火山的演化历史。雁荡山以锐峰、叠峰、怪洞、石门、飞瀑称绝，素有"寰中绝胜"、"天下奇秀"的美誉。雁荡山不类他山而有独特的品格。"日景耐看，夜景销魂"；"一景多变，移步换景，昼夜变幻，造型动人"。古人云："不游雁荡是虚生"。今人云："不游夜雁荡是虚生"。雁荡山的开发始于南北朝，兴于唐朝，盛于宋朝，积淀了千年山水文化与宗教文化。沈括、徐霞客等数百位历史名人为雁荡山留下了宝贵的文化遗产。

1.5.2　方山—长屿硐天（东园区）

方山—长屿硐天（东园区）位于雁荡山东侧。方山是由流纹质火山岩构成的"方山"地貌，被称为空中花园。长屿硐天是历史悠久的古采矿遗址，矿硐互相连通，硐体形态奇特，是采矿工程与工艺史的真实记录，是第二批获批的国家矿山公园。

1.5.3　楠溪江（西园区）

楠溪江（西园区）位于雁荡山西侧，楠溪江以水美、岩奇、林秀、瀑多、村古而闻名。楠溪江全长139km，河流柔曲摆荡，水流急缓有度，绿色滩林与白色卵石滩相间，两岸的奇岩峭壁错落有致，堪称一条生态完整的风景河。楠溪江山水孕育了灿烂的文化，环境和谐的古村落、浓厚的耕读文化，以及永嘉学派、永嘉昆曲等展示了楠溪江是一条名副其实的文化河。

第 2 章　雁荡山（主园区）

2.1　概　述

雁荡山背依括苍山，面对浩瀚的乐清湾，是一座大型滨海山岳风景名胜区。雁荡山属括苍山支脉，绵延数百公里，按地理位置不同可以分为北雁荡山、中雁荡山、南雁荡山，通常所说的雁荡山风景区主要是指北雁荡山。

雁荡山又名雁岩、雁山，因山顶有湖，芦苇茂密，结草为荡，南归秋雁多宿于此，故名雁荡。北雁荡山原名芙蓉山，下有村曰芙蓉村。唐初，始名雁荡山，简称雁山。雁荡山以山水奇秀闻名，素有"海上名山、寰中绝胜"之誉，史称中国"东南第一山"。

2.1.1　地理位置与交通

雁荡山世界地质公园位于浙江省温州市东北部的乐清市，东经 121°00′~121°09′，北纬 28°16′30″~28°30′，东南面临乐清湾。公园北界为从谷湾—乐清黄岩边界—六坪山西—鸡斗尖—牛才山—太平尖头—马家岙—南石门潭；公园南界为朴头山—樟树下—高山头—筋竹洞—方江屿—上横—良园；公园东界界石门潭—久防—郭岙—洞背头—坑塘山—新塘头—合作塘；公园西界为良园—岩全岗尖—雁湖大尖—散水岩—师岩—毛平—谷湾；另外在智仁西南面单独划出一块区域作为科考区，面积为 1.1km^2，公园总面积为 203km^2。

雁荡山北距台州 69km，宁波 206km，杭州 302km；南距温州 85km；西至丽水 195km，金华 248km，衢州 348km。交通便捷，上述城市可由杭甬、上三、杭金衢、金台、金丽温高速公路经甬台温高速公路雁荡山出口后可直达景区图 2-1 所示。

2.1.2　自然地理概况

雁荡山属于浙东南中低山、丘陵区，地势西高东低，西部为低山丘陵，东部与乐清湾相接，为海积平原。山脉多呈北东—南西向展布，海拔一般 500~600m，最高峰百岗尖海拔 1056.5m。水系多呈放射状、树枝状展布，自西而东注入乐清湾，较大的有大荆溪和清江。

雁荡山地区属亚热带海洋性气候，雨量充沛，气候温暖，冬无严寒，夏无酷暑。年平均气温 13.5℃，年平均无霜期 269 天，年平均降雨量 1935.6mm。以 5 至 9 月份降水量较多。每年夏秋受台风影响，常伴有大风暴雨。春夏多雨雾，是看云海的好时机，也是观赏山花和飞瀑流泉的最佳季节。

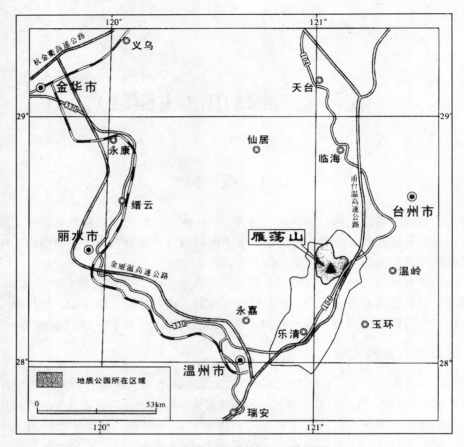

图 2-1　雁荡山地质公园地理位置图

雁荡山是以白垩纪流纹质火山地质地貌为基础的自然公园；保存有良好的地质、岩相、岩石等火山地质景观，奇特秀丽的嶂、峰、门、洞、飞瀑等地貌景观，具有 1200 多年历史淀积和丰富的人文景观；是传统名山的典型代表，具有很高的自然美学、自然科学和历史文化价值；是我国历史悠久的"寰中绝胜"、"天下奇秀"的名山。1982 年被国务院列为首批国家重点风景名胜区，1999 年荣获"国家文明风景名胜区"称号，2007 年被评为 AAAAA 级旅游区。2003 年，以其独特的白垩纪流纹质复活型破火山地貌，被国家国土资源部批准为国家地质公园；2005 年，以"天然的破火山立体模型"通过联合国教科文组织评审，跻身于世界地质公园的行列。

2.1.3　雁荡山地质公园的特征

1. 具有深厚的科学研究价值

雁荡山地质公园地处环太平洋亚洲大陆边缘的南部——中国滨海太平洋构造域。在中生代，太平洋板块向亚洲大陆板块低角度斜向俯冲，在此构造背景下形成了雁荡山白垩纪破火山。中国东南沿海火山岩带形成于燕山期，该岩带以酸性岩浆爆发占主导地位，大面积的火山碎屑流堆积，包括未熔结岩、熔结凝灰岩，其岩浆爆发的体积约 $48 \times 10^4 \mathrm{km}^3$。其规模可以与俄罗斯锡霍特—阿林、澳大利亚东北部、美国西部流纹质熔结凝灰岩相媲美。而雁荡山破火山是中国燕山运动岩浆大爆发的一个典型代表，四期火山活动中有三期为火山爆发，可以作为燕山期火山岩浆大爆发的一个典型区，这对于研究中国燕山期山体构造、岩浆活动及其在东南沿海表现形式具有重要的科学价值。

雁荡山是全球性中生代复活型破火山的天然模型，是研究酸性火山岩浆作用的天然博物馆，是古太平洋板块与亚洲大陆板块相互作用的动力学与岩浆作用过程在火山岩石学上的记录和天然深钻，雁荡山记录了火山爆发、塌陷、复活隆起的完整地质演化过程，为人类留下了研究中生代破火山的一部永久性文献。后期抬升、剥蚀、切割，导致火山根部天然裸露，形成多方位立体断面模型，使之成为一个天然的破火山立体模型和研究白垩纪破火山的野外实验室。

雁荡山造型地貌对科学家产生强烈的启智作用。宋代沈括，明代王士性、徐霞客，清代施元孚、魏源等五位古代地学与旅游学家都对雁荡山作过考察，均赞叹雁荡山为"天下奇秀"，并提出了流水侵蚀学术思想。"予观雁荡诸峰，皆削拔险峻，山萼千尺，弯崖巨谷，不类他山。皆包在诸谷中，自岭外望之，都无所见，到谷中则森林干霄。原其理，当是为谷中大水冲激，沙土尽失，惟巨石岿然挺立耳。如大小龙湫、水帘、初月谷之类，皆是水凿之穴"。沈括用准确的语言提出对岩石冲击，沙土流失是雁荡山的峰谷形成的原理。沈括早在 11 世纪就已经充分认识到詹姆斯·郝屯在 1802 年所叙述的这些现代地质基础概念了。清代施元孚总结了代表我国古代以回归自然为理念的"游山法"，魏源提出的"游山学"也是从游雁荡山受到启发。

雁荡山地区的地质调查研究程度较高，自 20 世纪 70 年代末至 90 年代先后完成了 1/20 万、1/5 万和 1/25 万区域地质调查；作为中国东南沿海火山岩带中大型火山机构，雁荡山破火山的火山构造典型并保存相对完好，岩性、岩相种类齐全。我国地质学家基于对中国东部中生代火山地质与岩石学研究，认为雁荡山为白垩纪破火山与流纹质火山岩的典型地区，已成为我国这一学科的科研、教学基地。近 10 年来，王孔忠（2001年）、陶奎元（2004 年）、余明刚（2005 年，2006 年，2008 年）等先后在雁荡山进行了地质考察，并发表了相关研究成果。王杜涛（2007 年）、牛家丛（2007 年）、陶奎元（2008 年）、胡小猛（2008 年）等对雁荡山地貌进行了考察，并发表了相关研究成果。

雁荡山拥有保存较完整、岩性、岩相齐全的典型陆相流纹质火山地质特征，也吸引了国外众多专家。1980 年，亚太经社会官员、英国著名火山学家 Fisher 教授专程考察了雁荡山方洞附近火山碎屑岩。此后为筹备召开南京"国际环太平洋火山作用与成矿作用国际会议"，而于 1988 年再度赴雁荡山实地考察，对雁荡山灵峰夜景与观音洞成因及其建筑格局赞叹不已，认为是世界上独一无二的。1996 年，参加第 30 届国际地质大会的美国、澳大利亚、南非、丹麦等国地质学家也考察了雁荡山的大龙湫、上灵岩、方洞、灵峰等地，对雁荡山独特的火山地质景观给予高度评价，认为奇特秀丽的雁荡山自然火山景观拥有世界罕见的重要科学价值。

2. 地质遗迹典型、珍稀

雁荡山地质遗迹的珍稀性，突出表现在融科学价值与美学价值于一体形成了独特的罕见的自然景观。雁荡山具有独特的地貌景观，巨厚的流纹质火山岩层在外动力地质作用下形成的叠嶂、方山、石门、柱峰、岩洞、天生桥和峡谷、瀑潭、洞溪和河湖等岩石地貌或风景地貌。雁荡山地质地貌在形态、成因、审美学意义上均有别于砂砾岩地貌、碳酸盐地貌和花岗岩地貌。雁荡山地质地貌的形成记录了地壳抬升、断裂切割、重力崩塌、流水侵蚀和风化剥蚀等地质作用过程。

雁荡山流纹岩地貌不仅是中国东部广泛分布的流纹岩地貌中的杰出代表，而且在东南亚亚热带地区的流纹岩地貌中也具有典型性。因而雁荡山地质公园是人们了解外力地质作用过程的一个典型区域。

3. 自然景观奇特、秀美

雁荡山最突出的形象美是奇。由于雁荡山地形复杂，景象丰富，一景多象的景观特点，风景区内蕴含着雄、奇、险、秀、幽、奥、旷等所有形象。因此，雁荡山是一个具有多形象美，全方位审美，美学价值极高的风景区。

雁荡山自然景观之奇，奇在流纹岩特有的造型上，奇在峰、嶂、洞、瀑、门的奇特形态及其有机组合，构成变幻无穷，气势逼人的景观形象，给人以强烈的美感和灵感。

（1）峰

摩天劈地，拔自绝壑，如柱、如笋、如箭、如笔、如卷……有名之峰120座，相对高度多在100～300m，十分壮观。

（2）嶂

垂直展开的悬崖绝壁，倚天立地，气势磅礴。有名的嶂有23座。

（3）洞

古朴幽深，或垂嵌奇峰之间；或深藏于峰壁之下；或悬嵌在绝壁之上。名洞28个，大洞数以百计，小洞不计其数。

（4）瀑

雁荡山飞瀑众多，闻名天下。瀑的最大特点是多悬挂于绝壁、嶂谷间，洒落在喇叭形的竖洞中，洞瀑结合。或从上覆下凹的穹崖间飞泻。不少悬瀑的单级落差100m以上，终年不枯的瀑布有23条。最高的大龙湫瀑布落差193m，为国内罕见。

（5）门

两柱对峙，流水破嶂而出，切开绝壁成为立地通天的空阙。雁荡山有20多座，其中以显胜门最为奇伟。

4. 历史悠久、人文景观丰富

雁荡山不仅是风景名山、科学名山而且是文化名山。雁荡山的开发始于南北朝，兴于唐朝，盛于宋朝，长达1200多年的历史留下了丰富的人文景观，其中有寺院、亭阁塔、牌坊墓葬、景观建筑等28处，摩崖石刻400余处和名人山水文化史迹。诗人、文人点评雁荡山诗词5000多首，记述雁荡山自然景观、生态环境与人文历史志书、游记30余部，集文学、书法、石刻艺术于一体的摩崖石刻400多处，题刻与环境相得益彰。

雁荡山宗教文化已有千年历史，宋代就有18古刹，现留有13处寺庙，以观音洞、东石梁寺、灵岩寺、能仁寺、白云庵、紫竹林为代表，寺庙与山水环境和谐。特别是观音洞中依岩而建的九层阁楼，展现了中国古代的"藏而不露"的建筑风格。

雁荡山有其独特的民俗风情，有抬阁、高跷、一妞渡等表演。民间艺术品亦十分丰富，知名的有黄杨木雕、根雕、工艺石刻、竹刻、竹绘、秀帘抽纱绣品、细纹刻纸等。"海上名山，寰中绝胜"的雁荡山吸引着历代各方人士到雁荡山或观光览胜或科考启智，已经成为雁荡山文化的一个大亮点。

雁荡山不但风光秀丽，名闻中外，并且在中国人民革命史上也占有光辉的一页。抗日战争期间，雁荡山是我浙南游击队的革命根据地之一。为了永远纪念在革命斗争中牺牲的革命先烈，于 1953 年建立了一座规模宏大的烈士墓，供人瞻仰。

综上所述，雁荡山公园是以具有重要科学价值的白垩纪火山地质遗迹为主题，秀丽奇特的自然景观、良好的生态环境和山水文化于一体的世界级地质公园，雁荡山公园是集观光览胜、科考科普、休闲度假、生态体验、文化追踪、宗教朝觐、健身探险于一体，面向海内外社会大众，能带动属地旅游业经济发展的新型旅游目的地。

2.2　地质特征

2.2.1　区域地质特征

地质构造上，中国东南沿海属于环太平洋构造域，东南沿海火山岩带属于环太平洋亚洲大陆边缘巨型火山岩带。亚洲大陆边缘巨型火山岩带自北至南依次为鄂霍茨克—楚可奇火山岩带。该岩带以发育流纹质岩石为特色而被称流纹岩链。中国东部燕山期火山喷发形成 7 条火山岩带，这 7 条火山岩带由 3 条 NE、NEE 向火山岩带（东南沿海、郯城—庐江、大兴安岭）和 4 条 EW 向火山岩带（广西钦州—防城、长江中下游、大别山北缘、雁辽）交织而成。

东南沿海火山岩带受燕山运动 NE、NEE 向构造控制，长约 1200km，宽约 500km；以酸性岩浆的喷发占主导地位，形成大面积的火山碎屑流堆积，包括未熔结岩、熔结凝灰岩，总面积约 $48 \times 10^4 km^2$，全区目前已发现 105 座破火山，这在中国东部各火山岩带乃至全球其他火山岩带中是罕见的。火山岩主要分布于浙江、福建、广东三省，并向西扩至江西，向南延伸到广西东南和海南岛。

东南沿海火山岩带中，浙江东部火山岩面积出露最大，平均厚度约为 4986m。以江山—绍兴断裂为界，以西称为浙西北区，以东称为浙东北区。区域火山活动分为早、晚两期共四个旋回，火山作用产物分为上、下两个火山岩系。早期火山活动时代主要为早白垩纪早期，包括 Ⅰ、Ⅱ 两个火山活动旋回，形成下火山岩系，总厚 2775m。主要为一套高钾钙酸性系列的安山—英安岩—流纹岩组合（局部地区出现少量的玄武岩）。晚期火山活动时代主要为早白垩纪—晚白垩纪，包括 Ⅲ、Ⅳ 两个火山活动旋回，形成上火山岩系，总厚 2096m。Ⅲ 旋回火山岩以双峰式组合为其特色，Ⅳ 旋回火山岩为高钾钙酸性系列英安流纹岩—流纹岩组合。

雁荡山地质公园处于该区域，是东南沿海火山岩带中最具代表性的一座复活型古破火山，构成雁荡山世界地质公园的主体。如图 2-2 所示。

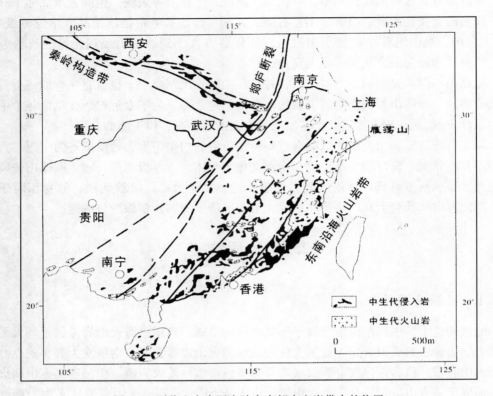

图 2-2   雁荡山在中国大陆东南部火山岩带中的位置

2.2.2   火山作用及其演化阶段的划分

雁荡山世界地质公园是中国东南沿海第一个以火山为主题的世界地质公园,主体为一白垩纪火山作用形成的复活破火山,以发育巨厚的酸性火山岩为特征,是酸性火山作用的天然博览园。

雁荡山破火山发育史极为复杂,包括两次破火山形成与复活,这在东南沿海火山岩带的众多火山机构中是相当罕见的,而且火山活动十分强烈,在相对较短的时期内 (97.2—105.6Ma)(余明刚等,2006 年)喷出厚度近 2000m 的火山岩,且以单一流纹质岩浆爆发为特色,形成了奇异的火山地貌景观。

根据雁荡山破火山的岩性、岩相特征,火山岩层自下而上可以划分为 4 个岩性段 (K_1y^1、K_1y^2、K_1y^3、K_1y^4),它们在平面上呈环状分布,地层层序清楚,末期岩浆沿主要火山通道侵位,构成中央侵入体 (Ky)。雁荡山破火山的外围地层有磨石山群高坞组 (K_1g)、西山头组 (K_1x) 的火山岩,以及永康群馆头组 (K_1gt) 和朝川组 (K_1cc) 火山—沉积岩系如图 2-3 所示。

结合以往区域调查资料及科研成果,余明刚等(2008 年)将雁荡山破火山形成演化的历史总结为 7 个阶段,包括 4 期喷发、2 次破火山口塌陷与复活和 1 期中央侵入体

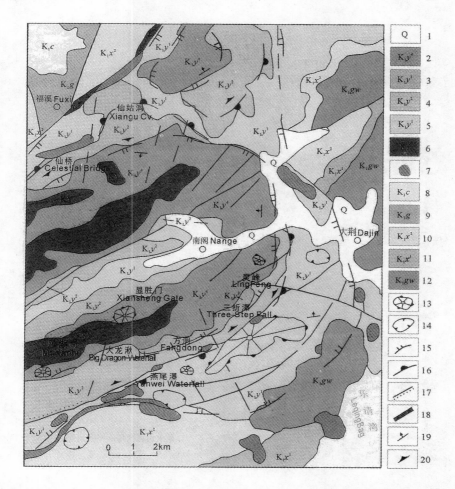

Q—第四系；K_1y^4—第 4 岩性段；K_1y^3—第 3 岩性段；K_1y^2—第 2 岩性段；K_1y^1—第 1 岩性段；

Ky—中央侵入体；K_1cc—朝川组；K_1gt—馆头组；K_1x^{1-2}—西山头组 1 段、2 段；K_1gw—高坞组；

7—次火山岩、岩脉；13—侵入岩穹；14—火山通道；15—破火山边界环状断裂；

16—岩流、岩穹组合边界；17—断裂；18—破碎带；19—假流纹产状；20—流面产状

图 2-3　雁荡山地区地质略图（引自陶奎元，2008 年）

的侵位如图 2-4 所示。

1. 第一次喷发阶段

大规模普林尼式爆发，喷出厚层火山碎屑流相流纹质熔结凝灰岩（第 1 岩性段 K_1y^1）（见图 2- 4（a））；厚度 688m。总体上呈环状分布于火山的外缘带，西自燕尾瀑，响岭头南，至白薯岙山，至东部田岙，王家番，双峰，向北转至湖口、智仁、大岩头、福溪水库等地。

火山内部由于断裂切割抬升，于溪流谷底亦有部分出露。岩层总体产状呈围斜内倾。出露面积约 66km^2。

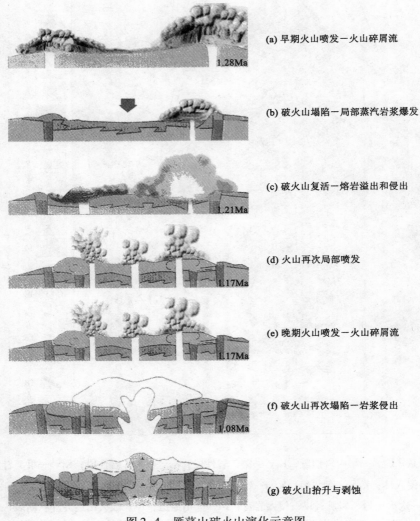

(a) 早期火山喷发—火山碎屑流

1.28Ma

(b) 破火山塌陷—局部蒸汽岩浆爆发

(c) 破火山复活—熔岩溢出和侵出

1.21Ma

(d) 火山再次局部喷发

1.17Ma

(e) 晚期火山喷发—火山碎屑流

1.17Ma

(f) 破火山再次塌陷—岩浆侵出

1.08Ma

(g) 破火山抬升与剥蚀

图 2-4　雁荡山破火山演化示意图

2. 第一次破火山形成阶段

大体积 K_1y^1 爆发之后，岩浆房排空，引发火山口塌陷（见图 2-4（b）），导致 K_1y^1 岩层产状围斜内倾，并形成环状和放射状断裂，岩浆沿上述断裂侵位，形成侵出相的英安流纹质凝灰熔岩岩穹。在智仁一带的破火山口湖中发生局部蒸汽岩浆爆发，形成涌流相凝灰岩，厚度仅 19.6m。

3. 第二次喷发阶段

第二次喷发阶段为早期破火山复活阶段，呈大规模溢流式喷发，喷出厚度较大的流纹岩（第 2 岩性段 K_1y^2）（见图 2-4（c））；局部为普林尼式爆发，形成火山碎屑流相熔结凝灰岩，晚期有侵出相流纹斑岩岩穹。厚度大于 600m，与下伏 K_1y^1 地层呈角度不整合接触；平面上出露于破火山的中间环，西自大龙锹，经灵岩、灵峰，转向东部五峰山下、七星洞、再转向北部仙桥、仙姑洞。岩层产状近于水平，略向火山内部倾斜。雁荡山的嶂、洞、瀑等景观主要分布在这一岩石地层单元之中。面积为 $59km^2$。

4. 第三次喷发阶段

小规模亚普林尼式喷发，产物为火山碎屑流相熔结凝灰岩、凝灰岩，局部夹有溢流相流纹岩，构成第 3 岩性段（K_1y^3）（见图 2-4（d））。厚度 380m，局限分布于火山南部，观音峰底座、方洞至纱帽峰与仰天斗下部。典型岩石出露于方洞外公路的两侧，上灵岩村之北、观音峰之东形成小型峰丛景观。出露面积约 $27km^2$，平面上构成破火山内环。

5. 第四次喷发阶段

第四次喷发阶段为雁荡山最后一次全区性普林尼式猛烈爆发，形成火山碎屑流相流纹质熔结凝灰岩，局部有溢流相凝灰熔岩（见图 2-4（e）），构成第 4 岩性段（K_1y^4），与 K_1y^3 共同构成破火山内环，地貌上呈山巅和山脊。厚度 297m，分布于破火山内环，即分布于观音峰（上部主体）、纱帽峰、仰天斗、五峰山顶、马家番以及北部的福溪水库、石碧岩、小坑和更北的和家坪、五色坑、长朗尖等地。出露面积约 $50km^2$。

6. 第二次破火山形成阶段

经多次大体积火山爆发、溢流后，岩浆房排空，火山口再次发生塌陷（见图 2-4（f）），导致 K_1y^2、K_1y^3、K_1y^4 火山岩产状向中心内倾，并与 K_1y^1 地层之间呈角度不整合。

7. 中央侵入体形成阶段

中央侵入体形成阶段为晚期破火山复活阶段，岩浆沿主要喷发中心上升侵位形成中央侵入相石英正长斑岩（Ky）（见图 2-4（f））。主要分布于火山中部，又称为中央侵入体。经抬升、剥蚀、现出露为六个大小不等的岩体。岩体与第四岩石地层单元的侵入关系，标志着雁荡山破火山岩浆活动的结束。后期有英安玢岩、流纹斑岩、斜长霏细斑岩、霏细斑岩等酸性岩墙和岩脉沿破火山环形与放射状断裂侵入。

中央侵入体侵位后，雁荡山地区岩浆活动全面结束，进入长期风化剥蚀阶段。期间，上覆火山岩顶盖遭剥蚀而暴露中央侵入体，最终形成现代地貌景观（见图 2-4（g））。

2.2.3　火山岩岩相、岩性特征

雁荡山破火山是在陆上喷发、陆上堆积的，包含了现代火山喷发相对应的各种火山岩相和相应的岩石，包括流纹质岩浆火山爆发（explosion）、喷溢（effusion）、侵出（extrusion）和侵入（intrusion）等完整的火山岩浆作用过程，因而火山岩相有爆发相、喷溢相、侵出相、侵入相、潜火山岩相 5 种基本形式。

1. 爆发相

火山爆发作用在雁荡山广泛分布，爆发相在 K_1y^1、K_1y^3、K_1y^4 岩石单元中普遍发育，进一步划分为火山碎屑流相、空落相或降落相、蒸汽岩浆爆发相、

（1）火山碎屑流相

雁荡山火山爆发的火山碎屑流有早晚两期。早期爆发发生于 972Ma 前，形成 K_1y^1 单元的主体；晚期爆发发生于 98.3Ma 前，形成 K_1y^4 单元主体。每期爆发包括 3～5 次间歇性爆发，而每次爆发的火山碎屑流构成一个流动单元。Fisher 教授于 1980 年到雁

荡山考察时认为，方洞西侧公路边完整地出露了这种反映一次爆发的火山碎屑流的一个流动单元的结构，可以作为中生代时期火山碎屑流流动单元的典型代表。上灵岩—方洞—百岗尖剖面上的第 12 层、第 13 层、第 14 层即反映了一个完整的流动单元，包括完整冷却单元中不同熔结程度的熔结凝灰岩，其中第 12 层属地面涌流凝灰岩，发生在火山碎屑流的前端，由于空气卷入的流体作用，发生急速湍流，定位后的凝灰岩具有层理，显示平行或微弱的交错层，含有塑变形的浆屑。第 13 层、第 14 层为未熔结到强熔结的凝灰岩。

火山碎屑流在地面流动时温度在 300～850℃之间，在定位冷却过程中发生机械压实作用和熔结致密化作用。一个火山碎屑流或连续爆发的几个火山碎屑流作为一个整体压实和熔结，形成一个冷却单元，其底部或顶部的热量易辐射到大气，迅速冷却，因而熔结程度低，一些火山玻璃质碎屑物（玻屑）保留爆发时破碎的凹面角形态；而中部则保持高温的时间长，玻璃质碎屑经强烈熔结而呈塑性变形的形态，部分玻璃碎屑物经完全的熔结呈黑耀岩状玻璃质岩浆碎块。

由于喷发类型、搬运、定位及成岩方式的不同，区域内火山碎屑流堆积可以形成不同的岩石及岩石组合，主要为各种熔结凝灰岩类。现将主要岩石类型简述如下：

①流纹质玻屑熔结凝灰岩。岩石呈灰紫色，熔结凝灰结构，晶屑主要成分为长石、石英，占 5%～10%，局部可达 20%，粒径为 0.5～1.2mm，呈碎屑状。偶含少量的角砾，占 5%～15%，呈棱角状，大小 0.2～0.5cm；胶结物为塑变玻屑及火山灰，占 70%～80%，玻屑压扁拉长或扭曲状定向排列而显假流纹构造。玻屑凝灰岩以岩性单一、厚度大、发育柱状节理为特点。

②英安流纹质（晶屑）熔结凝灰岩。岩石呈紫灰色，熔结凝灰结构，假流纹构造。晶屑主要为斜长石、钾长石及少量的黑云母，占 5%～20%，局部可达 25%～30%，呈碎屑状，大小一般为 0.8～1.5mm，少数达 2mm。岩石中含角砾，成分主要为火山碎屑岩，占 5%～10%，少数可达 20%，大小一般为 0.2～0.5cm，呈棱角状。胶结物为塑变玻屑及火山灰，塑变玻屑常呈极薄的叶片状、火焰状、透镜状，少数围绕角砾呈漩涡状分布。

③流纹质玻屑熔结凝灰岩。主要成分为玻屑及火山灰，占 40%～80%，玻屑呈弧面棱角状，明显塑性变形；局部含少量晶屑和角砾，晶屑主要成分为长石、石英，占 5%～15%，局部可达 20%，大小一般为 0.5～2mm；角砾以熔结凝灰岩为主，含量一般小于 10%，呈棱角状—次棱角状，大小一般 0.2～0.5cm，少数可达 0.5cm 以上。

④流纹质多屑熔结凝灰岩。岩石呈紫灰色，多屑熔结凝灰结构。晶屑主要为长石、石英，占 25%～40%，粒径 0.05～1.7cm；岩屑占 20%～25%，局部可达 40%，成分主要为火山碎屑岩，粒径 0.2～2cm，少数 2～5cm，个别大者可达 40cm，呈集块角砾状产出；玻屑火山灰占 35%～55%，以塑变玻屑为主，假流纹构造。

（2）空落相或降落相

爆发空落方式是指火山爆发形成一定高度的喷发柱，最初受到爆发的气流、而后受到大气气流和风力支撑，火山碎屑在空气介质搬运中，由于风速、重力等原因而降落。形成代表性岩石为凝灰岩、火山角砾岩。浙江省火山岩区，如缙云、温岭等地作为建筑材料开采的岩石，多为这类空落凝灰岩，主要由矿物或岩石碎屑和火山玻璃碎屑组成。

雁荡山破火山内空落相凝灰岩发育于 K_1y^3，并限于破火山的南部，方洞—百岗尖剖面的⑨~⑩层即为空落相凝灰岩、含角砾凝灰岩，角砾含量一般小于10%，多时可达20%，呈棱角状—次棱角状，大小一般为 0.2~0.5cm，少数可达6cm以上。形成的岩石主要为：英安流纹质、流纹质凝灰角砾岩、含角砾玻屑凝灰岩、玻屑凝灰岩等。现将主要的岩石种类简述如下：

①流纹质含角砾玻屑凝灰岩。岩石中角砾、岩屑成分主要为流纹岩、霏细岩、安山岩、玻屑凝灰岩等，含少量的长石、石英晶屑。岩屑和角砾粒径在 0.4~1cm，个别可达10cm以上，呈集块产出，含量在45%~50%之间，均是刚性形态，极少有塑性变形；胶结物为火山灰，含量一般在50%~55%不等，玻屑常呈弧面多角状，部分具脱玻化，岩石局部具次生蚀变。

②流纹质含角砾玻屑凝灰岩。根据岩石中所含碎屑物不同，可以分为不同种类，如含角砾多屑凝灰岩、含角砾玻屑凝灰岩及其过渡类型。晶屑含量10%~30%，以碱性长石和石英为主，角砾与岩屑一般大小，少数岩石中角砾、岩屑可达40%，呈刚性形态，胶结物为玻屑、火山灰，含量一般在60%以上，玻屑常呈弧面棱角状，部分具脱玻化，岩石呈厚层块状，结构均一、疏松，常为良好的建筑材料。

（3）蒸汽岩浆爆发相

蒸汽岩浆爆发不同于上述两种火山爆发，蒸汽岩浆爆发是岩浆或岩浆的热与外部的水相互作用产生的一种火山爆发。蒸汽岩浆爆发产生的蒸汽携带碎屑物，以湍流方式流动，称为基底涌流或称湿涌流。冰岛附近的瑟特西延岛为蒸汽岩浆爆发典型代表，因而命名为瑟特西延型火山喷发。20 世纪 80 年代以来，人们开始注意中国东部中生代火山岩中是否存在蒸汽岩浆爆发形成的火山岩，1996 年调查发现雁荡山破火山北部智仁一带存在蒸汽岩浆爆发形成的基底涌流。

智仁基底涌流凝灰岩的剖面由 7 层岩石组成：

上覆岩石为 K_1y^2 流纹岩；

⑦浅灰—灰白色玻屑凝灰岩，2.5m；

⑥浅灰色岩屑凝灰岩，3.5m；

⑤青灰色玻屑凝灰岩，2.7m；

④灰黄色层状凝灰岩，由 9 个反粒序层组成，具微层理，3.5m；

③灰黄色层状凝灰岩，由 5 个正粒序层组成，具微层理、交错层理，1.5m；

②浅灰色层状凝灰岩，由 3 个中间粗的对称粒序层组成，具交错层，3.1m；

①灰黄色含角砾玻屑凝灰岩，由 3 个对称粒序层组成，具交错层，2.3m；

下伏岩石为 K_1y^1 熔结凝灰岩。

从该剖面可见其岩石特征为：①主体为各种层状凝灰岩，出现类似沉积岩中的水平岩理、乃至似波状或交错状层理，成层性好，粒级层单层厚度 10~30cm，具有在湍流中快速堆积的特点。②岩石主要为火山碎屑物，包括岩石和矿物碎屑，少量为陆源碎屑，分选中等，均经水化、蚀变。③剖面上由下到上分为三段：下段①—④层，为层理极发育的层状凝灰岩；中上段⑤—⑥层为块状凝灰岩；上部为玻屑凝灰岩。这一剖面结构可以与现代蒸汽岩浆爆发的基底涌流相对比。上述基底涌流剖面记录了大规模爆发

（K_1y^1）之后，发生火山口塌陷，形成破火山口，期间火山活动曾有间断，智仁曾发现有紫红色砂岩露头，并倒贯于 K_1y^1 的熔结凝灰岩之中。随之发生了蒸汽岩浆爆发，形成基底涌流。再后，破火山发生了喷溢，堆积了 K_1y^2 的流纹岩。

基底涌流相主要岩石类型有流纹质玻屑凝灰岩、含角砾玻屑凝灰岩、集块角砾凝灰岩及岩屑凝灰岩等。现将主要的岩石种类简述如下：

①流纹质玻屑凝灰岩。灰黄色—灰白色，凝灰结构，岩石中含少量的晶屑、岩屑、角砾。晶屑成分主要为长石、石英，占 8%～10%，少量可达 20%，大小一般为 0.8～1.2mm；岩屑角砾主要成分为霏细岩、流纹岩、英安岩、熔结凝灰岩。局部含少量陆源碎屑，占 5%～10%，粒径为 0.2～3mm，棱角状—圆状均有。胶结物为玻屑及火山灰，占 70%～80%，玻屑大多呈弧面棱角状和不规则撕裂状，大多具脱玻化。多数具微层理及韵律层理构造。

②流纹质含角砾玻屑凝灰岩。呈浅灰色，含角砾凝灰结构。岩石中含少量的晶屑，成分为长石、石英，占 5%～10%，大小为 0.5～1.0mm，呈碎屑状；角砾主要为各种熔岩、熔结凝灰岩、蚀变岩及陆源碎屑，含量为 15%～25%，大小一般为 2～10mm，少数可达 40mm，为棱角状—次棱角状。胶结物主要为玻屑，呈弧面棱角状，无塑变，大多已脱玻。多数具微层理及韵律层理构造。

③流纹质集块角砾凝灰岩。呈浅灰色，集块角砾凝灰结构。岩石中含晶屑，主要为长石、石英，约占 20%。集块角砾成分主要为酸性熔岩、凝灰岩、蚀变岩等，角砾大小一般为 1～8cm，集块大小一般为 10～15cm，少数可达 70cm×60cm，集块、角砾之比为 1：3，形态呈次棱角状。含量为 15%～25%，大小一般为 2～10mm，少数可达 40mm，形态呈次棱角状。胶结物为撕裂状玻质，大多已脱玻；可见对称粒序及交错层理。

2. 喷溢相

喷溢相火山岩是形成雁荡山地貌的主体，岩石单元为 K_1y^2，形成的岩石主要为各种流纹岩。

岩浆从火山通道中比较平静的流出，形成熔岩。从现在保留厚度在 600m 左右、原始面积 124km² 、现出露面积达 59km² 等特点分析，当时可能为一个大的熔岩湖。如此巨厚的流纹岩在一个破火山内分布面之广，在东南沿海乃至亚洲大陆边缘火山岩带中是罕见的。

雁荡山流纹岩层由 5 次喷溢而成，每次喷溢的流纹岩，由于内部流动和冷却条件的差异，其上部、中部和下部岩石的结构和岩石类型有明显的区别。发育有流纹构造的流纹岩，一般处于岩流单元的上部，球泡流纹岩一般发育在岩流单元中上部或中下部，含角砾流纹岩（流纹不规则）一般发育在岩流单元的下部。如表 2-1 所示。

喷溢相熔岩根据岩石成分及结构可以分为英安流纹岩、流纹岩、角砾流纹岩、斑状流纹岩、球泡流纹岩、流纹质集块角砾熔岩等。现将主要岩石类型描述如下：

①英安流纹岩。呈浅灰色，斑状构造，基质为包含微晶结构。斑晶主要为斜长石及少量的黑云母，占 10%～15%；粒径为 0.5～1.5mm；基质以斜长石为主，少量石英，粒度较细。流纹构造极为发育，呈似层状、条带状排列。

②流纹岩。呈浅灰色，斑状构造，基质为霏细结构。斑晶主要为钾钠长石、斜长

石及少量的黑云母，占 5% ~ 15%，部分可达 25% ~ 40%，向斑流岩过渡，粒径为 0.5 ~ 1.5mm，形态较完整，呈定向排列；基质由晶状长英质组成。局部可见球泡，大小为 0.05 ~ 1cm，少数可达 30cm，圈层构造清晰。流纹构造十分发育，产状一般较平缓。

表 2-1　　　　　　　　　　　流纹岩岩流单元内部结构分带及其特征

主要特征	底　部	中　部	上　部
含自碎成因的角砾	普遍发育	很少见	很少见
流动构造	涡旋状流动构造	不见流动构造或宽带流动构造	薄带状流动构造
球泡、石泡	发育，但大多破裂	不太发育	上部局部聚集
斑晶	不见	若层厚者常见	不见
基质结晶程度	差，呈玻璃质结构	相对好，呈霏细结构	差，呈玻璃质结构
气孔或气孔带	发育	不发育	可呈多孔状
柱状节理、裂隙	有不规则裂隙	规则柱状节理	不发育
抗风化侵蚀能力	差	强	强
形成的景观	常形成大小不等的洞穴	当裂隙发育时与下部洞穴连通	

③球泡流纹岩。呈浅灰色，球泡构造，斑晶主要为长石和石英，约占 6%，粒径 0.4 ~ 1.6mm。球泡大小不一，一般为 1 ~ 3cm，大者可达 10 ~ 30cm，形态呈不太完整的圆球状，圈层构造清楚，少数中心为空腔，为硅质所充填；岩石表面球泡占 30% ~ 40%，流纹构造发育。

④流纹质含集块角砾熔岩。常分布于岩流单元底部或前锋。呈浅灰—灰紫色，自碎集块角砾熔岩结构，集块角砾以酸性熔岩为主，粒径大小不一，一般大小为 2 ~ 15cm，少数可达 20×30cm，含量 20% ~ 30% 不等。胶结物也为酸性熔岩。可含少量的长石、石英斑晶，粒径 0.5 ~ 1.8mm，含量 5% ~ 25% 不等。流纹构造十分发育，形态各异，可呈波状，涡流状，漩涡状及不规则细带状，产状紊乱。

3. 侵出相（岩穹相）

侵出相是当岩浆中气体过饱和程度降低、岩浆粘度增大时，近似固态粘稠的岩浆，从相对狭小的管道裂缝中挤出呈弯丘状体岩体，又称岩穹（dome），主要分布于火山中央，在 K_1y^1、K_1y^2 等岩石单元中见及。

雁荡山五马尖为破火山第一期（K_1y^1）火山爆发后的岩浆侵出体，其岩石为熔结凝灰岩，具平卧—缓倾的柱状节理；七星洞为破火山第二期（K_1y^2）流纹岩浆喷溢末期形成的岩穹，其内部流纹陡倾弧状，向外过渡为熔岩，其产状趋于平缓到倾斜，呈穹状的形态。如图 2-5 所示。

侵出相形成的岩石为熔结凝灰岩、流纹岩、流纹质凝灰熔岩等，现将主要岩石类型描述如下：

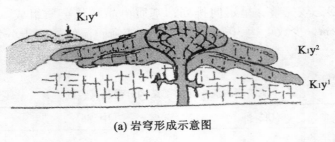

(a) 岩穹形成示意图

(b) 七星洞岩穹素描图

图2-5　七星洞岩穹及形成示意图

①流纹岩。岩石呈浅灰白色—灰紫色，斑状结构，斑晶主要为长石、石英，占5%～10%，部分可达20%～30%，粒径以0.05～2mm为主，形态较完整，呈定向排列；基质为显微霏细结构，由微晶状长英质组成，粒径一般为0.01mm。流纹构造发育。局部可见球泡，大小为0.5～5cm，少数可达20cm，圈层构造清晰。

②熔结凝灰岩。以流纹质为主，岩石呈浅灰白色—灰紫色，晶屑主要为长石、石英，粒径为0.05～2mm，占5%～20%，基质呈隐晶—霏细结构；角砾主要为各种熔岩、熔结凝灰岩等，含量小于<5%，大小一般为2～8mm，少数可达10mm，一般呈棱角状—次棱角状。胶结物主要为火山尘及少量玻屑，玻屑呈弧面棱角状，无塑变，大多已脱玻。假流纹构造发育。

4. 中央侵入相

雁荡山中央侵入相较为发育，主要分布在雁湖、百岗尖（6.2km²）、大坑珠（12km²）、牛角坞（牛才山）（1.5km²）、回潭山（1km²）、鸡头尖（0.25km²）和大堂（1.5km²）岩体。形成的岩石为石英正长斑岩、英安纷岩、流纹斑岩、斜长霏细斑岩、霏细斑岩等。现将主要岩石类型描述如下：

①石英正长斑岩。呈浅灰—浅肉红色，似斑状（多斑）结构，基质为微粒花岗结构。斑晶含量50%左右，粒径2～3mm为主，少数达6mm；矿物成分以正长石为主（60%～70%），次为斜长石（20%）、石英（5%～10%）。另外还有少量黑云母等。副矿物有磁铁矿、磷灰石和锆石，基质由长英质组成。岩体中含有大小不等的暗色包体，成分有微粒闪长岩、细粒斑状闪长岩、蚀变闪长扮岩等，包体常呈椭圆形，大小不等，

多数在 0.5～3cm 之间，少数可达 5cm。常见球状风化。

②石英斑状二长岩。似斑状结构，基质为微粒结构。斑晶为正长石（35%），斜长石（10%～15%），含少量的黑云母（2%）、辉石；副矿物有磁铁矿和锆石石，基质由长英质组成。强烈的硅化及高岭土化。

5. 潜火山岩相

潜火山岩相在空间分布上与火山岩密切相关，常分布于火山构造中心部位、边缘地带及其环状、放射状断裂附近。形成的岩石为酸性熔岩及少量的中性熔岩、霏细斑岩等。现将主要岩石类型描述如下：

①流纹斑岩。岩石呈灰—灰紫色，少斑或斑状结构，斑晶分布不均，含量一般为5%～20%，多者达 30%；成分主要以长石为主，石英次之，局部含黑云母。基质具霏细结构、隐晶结构，由长英质组成，部分岩石具硅化。

②霏细斑岩及石英霏细斑岩。岩石呈浅灰—灰白色，斑状结构，斑晶含量为10%～20%，成分由长石、石英组成，粒径 0.5～3mm 之间。基质为霏细结构，球粒结构，由长英质组成。

从上述几种火山岩相及所形成的岩石可见，雁荡山火山几乎涵盖了陆上流纹质岩浆火山喷发的所有类型，形成的岩石种类齐全。如图 2-6 所示。

雁荡山火山喷溢的流纹岩厚度之大，分布面积之广，流动单元内部结构构造之典型，以及由此岩石形成的嶂、崖、洞穴景观，不仅在中国东部火岩带中首屈一指，在亚洲大陆边缘中生代火山岩带中也是罕见；雁荡山破火山喷发于白垩纪，但其中所保留的火山碎屑流、基底涌流与现代火山喷发的同类产物可以对比，其典型性可以作为研究中生代火山岩相学的范例。

2.2.4　火山岩矿物成分与化学成分特征

1. 矿物成分

野外观察和室内分析测试结果表明：雁荡山火山—侵入杂岩的主要造岩矿物为钾长石、斜长石、石英、黑云母以及少量的角闪石、辉石等。主要副矿物为锆石、磷灰石、钛铁氧化物以及少量的萤石、榍石等，副矿物总量及锆石含量随 SiO_2 含量的增加而降低。

2. 化学成分

余明刚等（2008 年）的资料显示，火山岩中 SiO_2 的含量为 67.37%～77.61%，K_2O+Na_2O 的含量为 7.64%～10.68%。

图 2-7 为雁荡山火山—侵入杂岩 TAS 图。

在图 2-7 中，岩石样品落入流纹岩和粗面英安岩区域；其中第 1 岩性段（K_1y^1）SiO_2 的含量为 67.37%～73.21%，属英安质—低硅流纹质；第 2 岩性段（K_1y^2）SiO_2 的含量为 73.13%～77.61%，主体为高硅流纹质；第 3 岩性段（K_1y^3）SiO_2 的含量为70.14%～74.37%，以低硅流纹质为主；第 4 岩性段（K_1y^4）SiO_2 的含量为 72.30%～76.23%，以高硅流纹质为主。中央侵入体（Ky）石英正长斑岩，SiO_2 的含量为65.65%～70.51%，K_2O+Na_2O 的含量为 9.50%～10.56%；它们的 A/CNK 值［Al_2O_3/

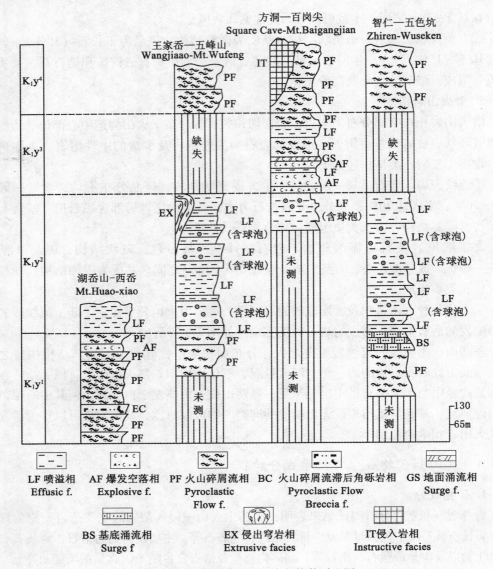

图2-6 雁荡山破火山口岩相柱状对比图

（CaO+K₂O+Na₂O）的分子数比〕集中在0.9~1.2之间，属于铝饱和或铝过饱和。随着SiO₂含量升高，TiO₂、CaO、Al₂O₃、Fe₂O₃、MgO、P₂O₅、K₂O含量都呈明显降低趋势；Na₂O、MnO、FeO变化不大。

由图2-7可见，雁荡山火山岩样品主要落入流纹岩区内，少数落入粗面英安岩区。

如图2-8所示，在K₂O—SiO₂图中，火山岩大多数样品落入高钾钙碱性系列，少数落入橄榄安粗岩系列，侵入岩全部落入橄榄安粗岩系列，这说明火山岩与侵入岩为岩浆不同阶段分异演化的产物。

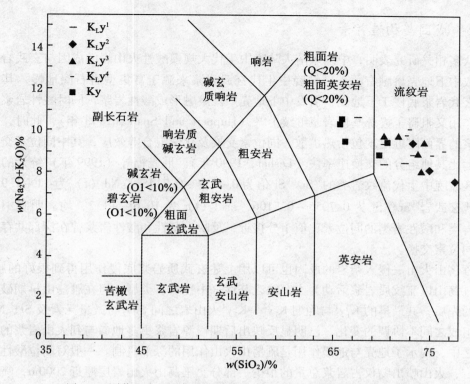

图 2-7　雁荡山火山—侵入杂岩 TAS 图（引自余明刚等，2008 年）

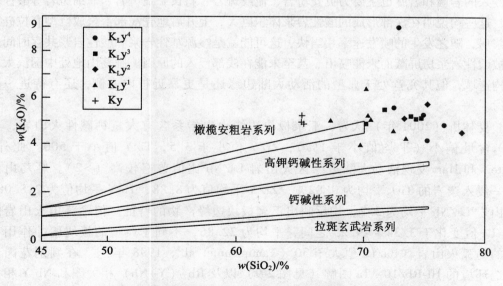

图 2-8　雁荡山火山岩 K_2O—SiO_2 图（引自余明刚等，2008 年）

2.2.5 成因与构造背景

众多相关研究表明，中国东南大陆晚中生代大规模酸性火山岩的成因与玄武岩浆底侵导致中下地壳熔融有关。区域晚中生代玄武岩浆来源于富集型岩石圈地幔，其过程是：玄武岩浆底侵于下地壳，引发中下地壳广泛熔融形成酸性岩浆，同时酸性岩浆层的屏蔽作用又阻碍了幔源基性岩浆继续上升（Huppert and Spark，1998 年），此时，在两种岩浆的界面附近出现包括热扩散、同位素交换及化学混合等效应，其中同位素交换的速率远比其他组分的交换速率快（Lesher，1990 年）。邢光福等（1999 年）统计的东南沿海区域晚中生代流纹岩类的 $^{87}Sr/^{86}Sr$ 值为 0.7057~0.7145，εNd（t）为-11~1.9，晚中生代玄武岩 $^{87}Sr/^{86}Sr$ 为 0.7055~0.7106，εNd（t）为-10.6~+1.2，均表明晚中生代基性岩类和酸性岩类的同位素比值十分接近，反映出基性和酸性岩浆曾在深部共存并发生过同位素交换。

雁荡山火山—侵入杂岩的成因也可以用上述玄武质岩浆底侵作用得到很好的解释。虽然雁荡山以流纹质岩浆活动为主，缺乏基性—中性岩石类型，但在雁荡山早期破火山形成的先后，其最早的 K_1y^1 与晚期 K_1y^2—K_1y^4 火山岩之间 SiO_2 与微量元素及 Sr、Nd 同位素组成之间不协调的变化，已明显反映出后期幔源岩浆更多地参与到火山岩浆的起源过程之中，揭示了地壳与地幔作用是雁荡山火山作用的深部机制。一般对高位酸性岩浆房而言，火山喷出物仅占岩浆总量的很少一部分。雁荡山火山岩层厚近 2000m，喷发时间相对集中于 97.2—105.6Ma，岩性主要为流纹质，而且后期沿破火山环形与放射状断裂侵入的岩墙和岩脉也主要为英安玢岩、流纹斑岩、斜长霏细斑岩、霏细斑岩等酸性岩类，这些均说明在深部形成的酸性岩浆体积巨大，上升后地壳浅部汇聚成巨型高位硅质岩浆房，随之发生的喷发速率相当快，这可能就是幔源基性岩浆和酸性岩浆共存时间短并被酸性岩浆房屏蔽而未能喷出、甚至未能在浅部侵入的原因。雁荡山地处中国滨太平洋构造域，但其究竟处于典型的活动大陆边缘还是更靠近板内一侧，还有待进一步探讨。

夏林圻（2001 年）认为，汇聚板块边缘火山岩系含有大量钙碱性火山岩，其 TiO_2 含量偏小（平均值小于 1%），Zr/Y 值小于 3.5，Ti/Y 值小于 500。此外，Salters 和 Hart 发现活动大陆边缘区火山岩 La/Nb 比值普遍较高（>2）。雁荡山火山—侵入杂岩的 TiO_2 平均为 0.82%，Zr/Y 平均值为 8.88，Ti/Y 平均值为 218.08，火山岩 La/Nb 平均为 3.7，均反映出汇聚板块边缘产物的特征。但雁荡山火山岩的 Ba/La 值变化于 3.34~49.25 之间，平均为 22.86，不同于典型的板块俯冲作用有关的岛弧火山岩［Ba/La 值大于 30（Tamimountet al.，1998 年）］。在判别花岗岩构造环境的 Hf-Rb/10-3Ta 图解（见图 2-9）以及 Rb-（Y+Nb）相关图和 Nb-Y 相关图中，雁荡山岩石样品也主要落入板块内部区或板块内部区与火山弧区交界部位。如图 2-10 所示。

因此，雁荡山火山岩浆活动的构造背景不是典型的岛弧或安第斯型活动大陆边缘，而是带有一定板内构造环境特征，即位于活动大陆边缘靠近板块内部的构造环境。

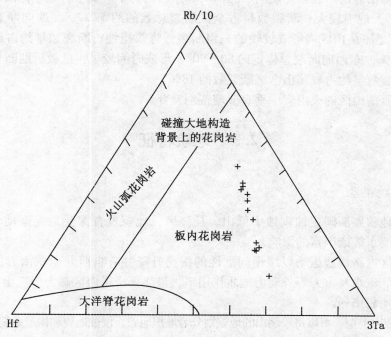

图 2-9　岩石 Hf—Rb/10—3Ta 判别图解（引自余明刚等，2008 年）

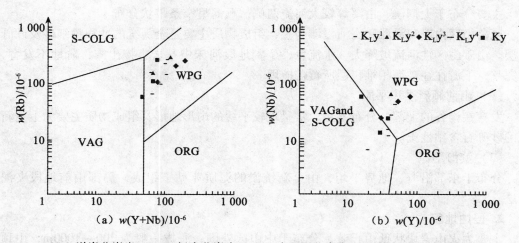

ORG-洋脊花岗岩；WPG-板内花岗岩；VAG-火山弧花岗岩；S-COLG-同碰撞花岗岩

图 2-10　岩石 Rb—（Y+Nb）与 Nb—Y 图解（引自余明刚等，2008 年）

2.2.6　地质构造

根据区域 1：5 万地质图和区域地质调查报告，并结合遥感卫星照片判读和野外调查资料，雁荡山区内断裂以北东向、北西向和东西向为主。其中，北东向断裂的总体走向为 $50 \sim 60°$，规模较大；断裂数量占全区断裂总数的约 57%。北西向断裂总体走向 $300 \sim 330°$，是雁荡山区内形成较晚的一组断裂，为张扭性；断裂数量约占雁荡山全区断裂数的 18%。东西向断裂总体走向 $80 \sim 90°$，形成时间较早，已被后期断裂破坏而断续出露；断裂数量约占雁荡山全区断裂数的 18%。

此外，雁荡山区内火山岩中垂直节理特别发育。

2.3　地貌特征

2.3.1　地貌类型

雁荡山地貌属浙闽侵蚀剥蚀中低山、丘陵区，地貌发育深受地壳运动、构造、岩性、气候、流水等诸因素的影响。

雁荡山区内新构造运动以缓慢间歇性的振荡升降并有自西北向东南方向掀升的特征，在风化、流水及重力等外动力地质作用下，最终形成了西区部为中低山、东部为丘陵和平原的地貌格局。

按地貌成因类型，可以将雁荡山的地貌划分为堆积地貌、侵蚀地貌和构造地貌 3 种类型。

1. 堆积地貌

按成因可以分为河谷冲积平原、山前倾斜洪积平原和滨海海积平原。

（1）河谷冲积平原

主要分布于大荆溪、白溪等较大河流两侧，顺河呈窄条带状分布。

雁荡山区内以河漫滩和高河漫滩为主，组成物质主要是全新统的冲积粉细砂及砂砾石层。由于山区性河流坡降大，水流急，个别地段河床中基岩直接出露，阶地不发育，不完整，下游往往被海相堆积层所覆盖掩埋。

（2）山前倾斜洪积平原

发育在沟谷的上部，分布零星，常呈现较平缓的扇形地形，组成物质主要为上更新统的砂砾石含粘性土。

（3）滨海平原

分布于东部沿海，地势平坦，由全新统淤的泥质亚粘土组成，局部山前地段夹泥炭层。

2. 侵蚀地貌

主要为火山岩块状低山丘陵，分布于中山区外围，海拔一般为 $200 \sim 1000m$；山顶平缓；沟谷纵横，多呈 U 形谷，河流蜿蜒，地形切割深度一般为 $200 \sim 500m$，局部可见两级夷平面。

3. 构造地貌

主要为火山熔岩、石英正长斑岩峰林状中山，分布于雁荡山一带。雁荡山地貌是叠嶂、方山、石门、柱峰、锐峰、洞穴、天生桥和峡谷、涧溪、瀑、潭、湖等微观地貌的组合。由于岩性及构造节理裂隙的影响，在厚层流纹岩、（含集块）角砾凝灰岩中的垂直节理所引起的崩塌作用特别发育，加之雁荡山地区雨量丰沛、气候潮湿，流水侵蚀形成了众多的孤峰、岩柱。

在角砾凝灰岩、集块岩、球（石）泡流纹岩分布区，由于集块、角砾、球（石）泡等与周围岩石的差异风化及节理崩塌，形成了一些零星洞穴，发育了假岩溶地貌。

地面流水的下蚀作用在雁荡山地区表现十分强烈，在悬崖陡壁形成瀑布，以大龙湫、小龙湫最为著名；山麓坡脚则有石流发育成为干谷——白溪。位于雁荡山顶峰附近的雁湖一带，山顶潮湿多雨，岩性为石英正长斑岩，较易风化，形成了低洼的沼泽，其上有薄层灰褐色含腐殖质土层分布。

2.3.2　流纹岩地貌景观

1. 流纹岩地貌景观的类型

在形态上，雁荡山流纹岩地貌景观的特征表现为：纤秀挺立或敦厚挺拔的锐峰，陡峭雄伟且延展如幕的岩嶂，峥峥排列的垂直棱柱沟槽，清流潺潺的山涧 V 形峡谷，如烟如注的岩槛瀑布和广布岩壁上的洞穴。

按成因—形态分类原则，可以将雁荡山流纹岩地貌景观分为剥蚀崩塌型地貌和沟谷流水型地貌 2 类、7 个亚类、17 个类型单元。如表 2-2、图 2-11 所示。

表 2-2　　　　　　　　　　　　　　**雁荡山流纹岩地貌分类表**

地貌景观类		地貌景观亚类	地貌景观类型单元	典型景物或景点
名称	成因及其特征			
剥蚀崩塌型地貌	因岩性差异、断层、节理、流纹层理及球泡或角砾的影响，在主要受外力风化、剥蚀和重力崩塌等地貌过程的作用下，在岩体表面或内部形成的地貌景观。这类景观在体量上差异很大，形态上千姿百态	锐锋	沟谷型锐锋	招贤峰、含珠峰、剪刀峰、天柱峰、双鸾峰、双笋峰、合掌峰、碧霄峰等
			山顶型锐锋	宝冠峰、芙蓉峰、纱帽峰、观音峰、牧童峰、百丈岩、仙岩、铁船峰、乌岗岩、方山的剑岩等
		岩嶂	单面岩嶂	屏霞嶂、铁城嶂、摩霄嶂、五牌嶂等
			双面或多面岩嶂	芙蓉峰周围位于山脊上的岩嶂为双面岩嶂；观音峰、纱帽峰周围的岩嶂为多面岩嶂
		洞穴	风化剥蚀型	朝阳洞附近、方洞附近可见到此类洞穴
			风化剥落型	方洞附近、三折瀑附近的一些洞穴
			瀑水冲蚀—剥蚀型	大龙湫瀑布、西石梁瀑布等瀑脚处的洞穴、朝阳洞
			重力崩塌型	西石梁洞、方洞、莲花洞等
			重力崩塌—堆积型	风洞、十八洞等
		石门	石门	显胜门、石柱门、南天门、响岩门、龙虎门、双岩门、东晓阀、西晓网、连云晓等
		光滑山顶面	剥蚀山顶面	方山台地山顶面

地貌景观类		地貌景观 亚类	地貌景观 类型单元	典型景物或景点
名称	成因及其特征			
沟谷 流水 型地 貌	主要由沟谷流水 对地表基岩的侵 蚀和堆积两个过 程形成的地貌	侵蚀形态 地貌	"V"形峡谷	大龙湫、小龙湫、梅雨瀑等瀑布的下 游河段
			"U"形宽谷	小龙湫、鸣玉溪等的上游河谷段
			垂直沟槽与棱柱	三折瀑附近
			岩槛与壶穴	罗带瀑、梅雨瀑、三折瀑、小龙湫、大 龙湫、含羞瀑等
		堆积形态 地貌	河流阶地	碧玉溪、筋竹溪河谷
			泥石流堆积扇	础头溪沟谷的两侧沟口

注：据胡小猛（2008 年）修改。

（1）锐峰

锐峰是一类高度达数十米乃至上百米、基部面积达数十平方米乃至上千平方米、具陡峭岩壁的岩柱体。锐峰一般分布在两个地貌部位上，沟谷内和山地的顶部。由此，分别被称为沟谷型锐峰和山顶型锐峰。

1）沟谷型锐峰

沟谷型锐峰一般发育于 K_1y^2 地层中，分布在沟谷的坡脚附近，少数位于谷地中央；形态上呈柱状，高挑清秀，密者如峰林（见图 2-11（b））。顺着岩层内的垂直节理风化、流水侵蚀和重力崩塌，结果导致了部分岩体与山体分离，在谷地与山地的过渡带上便产生了这类锐峰。如雁湖景区的"招贤峰"和"含珠峰"，大龙湫景区的"剪刀峰"，小龙湫景区的"天柱峰"、"双莺峰"、"独秀峰"和"卓笔峰"，灵峰景区的"双笋峰"和"碧霄峰"；龙湖景区的"新娘（郎）岩"等。

2）山顶型锐峰

山顶型锐峰一般位于山体的顶部，与沟谷型锐峰相比较，其体量大、敦厚粗壮，呈桶形（见图 2-11（a））。如雁湖景区的"宝冠峰"，方洞景区的"纱帽峰"和"观音峰"，灵峰景区的"犀牛峰"，羊角洞景区的"剑岩"等。这类锐锋是早期区域构造抬升、沟谷下切，相对抬升的岩嶂长时期持续崩塌，导致其所包围的山体不断收缩后的结果，这类锐峰代表了一个地貌发育的历史阶段。其一般发育于出露高度较高的 K_1y^4 岩体中。如果随岩嶂一起抬升的沟谷型锐峰在风化剥蚀作用下至今还没有被完全侵蚀掉，则可能在局部地点还保留着这些早期沟谷型锐峰的残存，也会出现一些小体量的山顶型锐峰（见图 2-11（b））。

（2）岩嶂

岩嶂是由岩壁风化崩塌或流水侵蚀崩塌后退所形成的一类地貌体，方展如屏，其相对高度在 40～120m 之间，宽度可达数百米，主要发育在 K_1y^2 和 K_1y^4 地层中。

根据形态的不同，岩嶂又可以分两种类型：单面岩嶂和双面（或多面）岩嶂。

1）单面岩嶂

沟谷在流水的不断侵蚀作用下会加深加长。其两侧的谷坡在重力崩塌作用下，经常

(a) 大体量山顶型锐锋-观音峰　　(b) 小体量山顶型锐锋-牧童峰　　(c) 单面岩嶂-摩霄峰

(d) 风化剥蚀洞穴-朝阳洞附近　　(e) 基岩锥体-小龙湫瀑布底　　(f) 剥蚀山顶面-方山台山顶

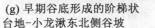

(g) 早期谷底形成的阶梯状　　　(h) 垂直沟槽和棱柱-三折　　　(i) 岩坎和壶穴
台地-小龙湫东北侧谷坡　　　　瀑附近

图 2-11　雁荡山不同的流纹岩地貌景观（引自胡小猛，2008 年）

会形成一些陡峭、具有一定高度和宽度的岩壁。对于山体来说，这种岩壁只是位于其一侧，因此称之为单面岩嶂（见图 2-11（c））。如铁城嶂、摩霄嶂、屏霞嶂、五牌嶂等。

2）双面（或多面）岩嶂

对于相邻两沟谷之间的山地，如果山地两侧的单面岩嶂经过了长期的不断崩塌后退，则山体会变得越来越窄或越来越小，并最终形成陡峭狭长、如墙一样形态的岩嶂，这种岩嶂称之为双面岩嶂（见图 2-11（a））；处于多个沟谷间的山地，如果不同侧面的单面岩嶂从不同方向崩塌后退，则最终会形成山体四周被岩嶂包围的景象，这种岩嶂称之为多面岩嶂，如观音峰、纱帽峰、方山周边的岩嶂等。

　　双面（或多面）岩嶂大多环绕于山顶型锐峰或位于山脊之上。无论是单面岩嶂还是双面岩嶂，当其被流水切穿之后，会形成岩壁陡峭而雄伟高大的"石门"或"门阙"景观。

　　岩嶂的相对高度一般在 40～120m 之间，宽度可达数百米，如铁城嶂、金带嶂等。每一个岩嶂单体，其平面延伸的特征有直线形和弧形之分。直线形岩嶂的延伸方向与区域断裂构造线走向相关；单面岩嶂和双面岩嶂多为直线形。弧形岩嶂是呈弧形伸展，延伸方向与区域丘状山体有关；多面岩嶂都呈弧形。

　　（3）洞穴

　　雁荡山地区内洞穴数量众多，形态各异，成因差异很大。可以分为以下几种类型：

　　1）风化剥蚀型洞穴

　　在节理、断裂及沿此下渗的裂隙水影响下，岩体内部不断被风化剥蚀后所形成的一类洞穴，称之为风化剥蚀型洞穴（见图 2-11（d））。

　　这类洞穴一般呈竖直状，具穹隆形的顶板，且顶板比较平滑。随着洞穴的逐渐扩大和向岩体上部的深入，当剥蚀作用蚀穿了洞顶顶板后，则会形成"天窗"景观。这类洞穴的空间一般高 4～6m，洞口口径 5～12m。朝阳洞附近、羊角洞景区内可见到典型的风化剥蚀型洞穴。

　　2）风化剥落型洞穴

　　当岩体中的球泡或集块、角砾因风化而脱落后，在岩体中所留下的空洞称之为风化剥落型洞穴。

　　风化剥落型洞穴边缘一般不规则，形状近似圆形或椭圆形，个体大小相差很大，小者洞径不超过 1m，大者可达 10m 以上。这类洞穴在雁荡山区域内分布极其普遍，如方洞景区的梅花洞、三折瀑景区的维摩洞等。

　　3）瀑水冲蚀—剥蚀型洞穴

　　形成于瀑布下方基岩之中的洞穴，称之为瀑水冲蚀—剥蚀型洞穴。在上泻水流的不断冲蚀以及岩面频繁干湿变化引起的风化剥蚀作用下，这类洞穴呈水平向向岩层内部凹入。瀑水冲蚀—剥蚀型洞穴深度通常不深，1～3m，但洞口开阔。如大龙湫瀑布、西石梁瀑布等的下方洞穴。在这类洞穴的上部有时可见其往上与重力崩塌型洞穴相连，出现在方洞景区旅游沿线上的洞穴。若洞穴不断深凹并引起上部瀑壁崩塌后退，原来洞穴的底部会暴露出来并受瀑水的直接冲蚀。这一过程的持续作用常常会在瀑脚处形成一种形态类似崩塌倒石堆的基岩锥体（见图 2-11（e））。

　　4）重力崩塌型洞穴

　　受多组垂直节理的影响，岩层内部局部会发生强烈的重力崩塌。由此而形成的洞穴称之为重力崩塌型洞穴。典型的重力崩塌型洞穴为灵峰景区的"风洞"，显胜门景区的"十八洞"。

　　重力崩塌型洞穴一般亦呈竖直状，高度较大，崩塌后的顶板岩石参差不齐；其上部往往与风化剥蚀型洞穴连接在一起。西石梁洞、方洞是重力崩塌型洞穴的典型。若因不断的裂隙水侵蚀和重力崩塌，形成的洞穴甚至穿透了狭长状山体，而洞穴顶部的基岩仍然保留，可以形成天生桥。

5）崩塌堆积型洞穴

崩塌倒石堆巨大的岩块互相叠压所形成的洞穴，称之为崩塌堆积型洞穴。这类洞穴没有固定的形态。

（4）石门

石门，又称门网，两岩屹立对峙，雄奇险，景色绝佳，是雁荡山地貌景观中又一特点。两岩相对的天然石门，石门是在嶂的基础上，由垂直嶂的断裂、节理切割，岩块崩落而成对峙如门的巨岩，一般分布于嶂谷口。如显胜门、石柱门、南天门、响岩门、龙虎门、双岩门、东晓阁、西晓网、连云晓等。

显胜门位于山谷坑底，对峙两岩高 200m，相隔仅 6～16m，崩岩对峙高千尺，显胜天下第一门。门前抬头仰望，天空仅现一线天，门内仰望，天空几乎为峭壁遮蔽。于礼佛台（一块崩落的巨大岩块）观显胜门，可谓是上插青天，下连深谷，实为雄险幽奥之景观。

（5）光滑山顶面

光滑山顶面是一种起伏平缓、岩面光滑的山顶面景观（见图 2-11（f））。雁荡山的一些光滑山顶面主要是由于风化剥蚀作用造成的，称之为剥蚀山顶面。

流纹岩在温度变化的影响下，因热胀冷缩，沿着近水平延伸的流纹层理面易发生破裂。沿着这些破裂面，坡面水流造成片状剥蚀。由于长期这种片状或层状剥蚀作用，在一些水平流纹层理发育的山体顶部，便产生了这种地貌景观。最典型的光滑山顶面是方山台顶面。

（6）流水侵蚀地貌

流水侵蚀地貌包括以下几种类型：

1）V 形峡谷

流水沿区域断裂构造的强烈下切，形成了许多 V 形峡谷。目前正受河流强烈侵蚀而发育的 V 形峡谷主要位于雁荡山地区内河流的中游段、K_1y^2 的岩层中。典型的峡谷有显胜门、小龙湫瀑布的下游、梅雨瀑下游和羊角洞景区西侧。

2）U 形宽谷

在雁荡山地区内河流的上游段，仍保存着众多具有较宽阔谷底和平缓谷坡的 U 形宽谷。在一些溪流中游的深切 V 形峡谷段，谷坡的上半部还残留着多期宽谷谷底和因重力崩塌而后退的较陡谷坡。这些不同时期的宽谷谷底往往形成了多级阶梯状台地。如灵岩景区所见的沟谷（见图 2-11（g））。

3）垂直沟槽和棱柱

陡峭的岩壁在瀑布水流长年溯源侵蚀下不断崩塌后退，后退处便逐渐形成竖直状沟槽，瀑布也随沟槽深陷于岩层之中。而相邻沟槽之间没有被侵蚀或侵蚀后退较慢的部分则成为凸出出来的垂直棱柱。这种垂直沟槽和棱柱相间分布的地貌景观在三折瀑景区的上折瀑附近发育得最好，这里的沟槽陷入岩体中的深度最大可达 120m，棱柱高度一般大于 50m（见图 2-11（h））。

4）岩槛和壶穴

受岩性和断裂构造的影响，在各溪流的源头沟谷段，沟床上往往出现许多几乎直立的岩槛。岩槛造成壮观的瀑布或跌水景观（见图 2-11（i））。据不完全统计，区内大小瀑布有 70 多处。瀑布的高度一般在 60～70m，最高的大龙湫瀑布达 192m，属国内罕见。许多瀑布在水平方向上深深切入岩层之中（上折瀑水平切入距离达 120m），以致处于周围岩体的郁闭之中，从外部视之，若隐若现。如含羞瀑、中折瀑、上折瀑等。

在岩槛下方，由于常年瀑布水流的强烈冲蚀，会形成一个近似椭圆形的壶穴深潭。雁荡山区域内发育最好的壶穴分布在龙湖景区的龙湖—仙溪一线，在龙溪电站大坝下游约 1000m 处的河床上，一壶穴的深度达 40m，而口径还不到 10m。若岩槛发生过多次阶段性后退，在其下方可能形成呈串珠状线形分布的系列壶穴，这在西石梁瀑布下方可以见到。

（7）流水堆积地貌

1）河流阶地

在碧玉溪和筋竹溪，都发育有一级基座阶地，阶地高度约 6m，阶地砾石层厚度约 2m，磨圆度中等，直径 3～10cm。在筋竹溪中，这级阶地只发育在燕尾瀑布的下游河段；上游，这级阶地对应着河漫滩相堆积层。这里是考察河流裂点后退而导致阶地形成的一个典型地貌点。根据邻近区域与这级阶地时代相当的喀斯特溶洞石钟乳铀系测年，阶地的形成年龄为 $33.6\pm2.0～11.5\pm2.0$ka BP。

2）泥石流堆积扇

在雁荡山区域内许多沟谷的沟口，可以见到泥石流扇形堆积体，面积一般不大于 $0.5km^2$。这些泥石流堆积扇是过去多次泥石流活动的结果，其发育所处的地质条件均具有下列三个特征：沟床比降大，平均为 $16.6°$；上游受断裂带影响，基岩破碎，风化强烈；强烈暴雨时，沟谷源头发生的滑坡是爆发泥石流的直接原因。

2. 流纹岩地貌景观的空间分布规律

受断裂构造、层面或界面构造、新构造运动及岩性差异等因素的控制和影响，雁荡山区域内沟谷、岩嶂、锐峰、岩槛与瀑布等景观在水平向和垂直向上的分布都具有一定的规律。

在 NE、NW 和 EW（或 NEE）向断裂构造的控制下，雁荡山区域内的溪流沟谷和发育于沟谷谷壁上的直线形岩嶂在水平向上也主要沿这三个方向发育延伸。碧玉溪、砩头溪、鸣玉溪的上游段、大龙湫瀑布的上游段、黄金溪上游的东支河段和甸岭溪南支河段等都是在 NE 向构造控制下呈 NE 向延伸的。龙溪、筋竹溪、鸣玉溪、小龙湫、黄金溪及其上游的西支河段等，都是在 NW 向构造控制下呈 NW 向延伸。在 EW 向构造控制下，区内一些河流的局部河段呈 EW 向延伸。根据在 Quickbird 卫星图像上的量算统计，雁荡山区域内呈 NE、NW 和 EW（或 NEE）向延伸的沟谷在长度上分别占 65%、22% 和 13%，以 NE 向为主。雁荡山区域内的紫霄嶂、金带嶂、屏霞嶂、五牌嶂、纱帽峰南坡岩嶂等直线形岩嶂，均呈 NE 向伸展；铁城嶂、摩霄嶂、观音峰两侧的岩嶂等呈 NW 向展布。

根据野外的实地调查并结合室内对 1∶10000 地形图、1∶50000 地质图和卫星图像的判读，雁荡山区域内无论是直线形岩嶂还是弧形岩嶂，在垂直向分布上主要集中于以下 11 个高度带：900～800m、760～550m、650～570m、550～500m、470～420m、420～340m、340～250m、240～190m、190～130m、130～80m 和 80～65m。岩槛与瀑布是沟谷中的裂点，雁荡山区域内发育于 K_1y^4 及其以下岩体中的岩槛瀑布在高度上至少可以识别出 9 个明显的带。由高至低，高程（岩槛瀑布的上沿高度）分别为：650±10m、550±10m（两者皆发育于 K_1y^4 岩层中；由于流纹岩产状呈倾斜，同一级的高度在不同地点稍有差异）、470±10m（发育于 K_1y^3 岩层中）、420±10m、340±10m、240±10m、190±10m、120±10m（这五级均发育于 K_1y^2 岩层中）、80±10m（发育于 K_1y^1 岩层中）。9 级岩槛瀑布的高度可以与后 9 级岩嶂的高度相对应。

因流纹岩岩性差异和间歇性新构造抬升运动，导致雁荡山区域岩嶂和岩槛瀑布的垂直向分布具有分带性。通常每一次火山喷发所形成的岩层，根据其岩性组合可以分为 3 个单元层。上部是水平流纹构造特别发育的层状流纹岩。该单元层较软弱，流水易下蚀而形成沟谷；其顶部的岩石因易被片状风化剥蚀，地形上多呈平台。中部是富含球泡角砾的流纹岩或块状致密流纹岩该岩层较坚硬，垂直节理发育，易崩塌形成陡崖或岩嶂；在沟谷处易形成岩槛、瀑布。下部是含大量角砾的熔岩层。该岩层抗风化能力较弱，且透水，易被水流侵蚀；若有下泻的瀑布水流冲蚀，便形成瀑水冲蚀—剥蚀型洞穴，并引起上部坚硬岩层的崩塌。

由于不同期次的流纹岩层依次叠覆，在间歇性区域新构造抬升运动影响下，区内的沟谷会发生阶段性的强烈下蚀作用，这样便于硬岩层中形成多级陡峭的岩嶂和岩槛瀑布，于软岩层中形成多级宽谷。如图 2-12 所示。

从分布规律上看，雁荡山流纹岩地貌景观的独特特征在于：在断裂构造、岩性差异和新构造运动的控制影响下，沟谷、线形岩嶂的水平延伸与构造线一致；岩嶂、岩槛与瀑布的垂向分布呈明显的高度分带。

3. 流纹岩地貌景观的发育演化规律

现代雁荡山地区地貌景观的发育始于这一级夷平面的分裂。同处浙江的新昌万马渡，在海拔 700 ~ 750m 的高度上保留着一级具有红色风化壳的夷平面。风化壳之上覆盖着时代为 7 ~ 8ma BP 的玄武岩层。若据此进行对比，雁荡山这级夷平面发育的结束时代可能是新近纪。

自新近纪以来，由于区域阶段性的构造抬升，这级区域夷平面开始逐渐解体。在风化作用和不断增强的流水侵蚀作用下，地表流纹岩地貌形态朝着一定方向发生演化。根据地貌形态组合特征的不同，可以划分出以下几个演化阶段：

雁荡山区域内的雁湖岗是一海拔高度在 850 ~ 900m 的宽浅谷地，谷地宽约 800m，长达 1500m，局部有积水洼地存在。谷底堆积着厚约 8m 的红色风化壳层，风化壳下伏的基岩为 Ky 的石英—正长斑岩，是古夷平面的残遗。如图 2-13（a）所示。

第 I 阶段（幼年期）：夷平面抬升后，地表坡降加大，流水侵蚀作用增强。但这种侵蚀作用只在抬升后的夷平面边缘地带表现得非常显著，在夷平面内部，侵蚀仍然较弱。这一时期的地貌景观以宽谷和低矮山丘为主；地貌过程主要集中在 A—A′高度上。目前，雁湖岗的宽浅谷地地形就是处在这个发育阶段。如图 2-13（a）、图 2-14 I 所示。

第 II 阶段（青年期）：随着流水下切侵蚀和溯源侵蚀的发展，夷平面被分割解体，形成了许多 V 形峡谷。这些峡谷在水流持续的侧向侵蚀和谷壁风化崩塌作用下，不断被拓宽，并于两侧岩壁上发育有岩嶂地貌，于两侧谷坡附近形成沟谷型锐峰、瀑布景

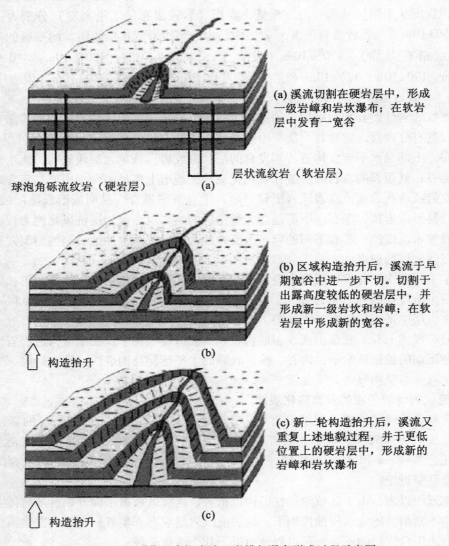

(a) 溪流切割在硬岩层中,形成一级岩嶂和岩坎瀑布;在软岩层中发育一宽谷

球泡角砾流纹岩(硬岩层)　(a)　　层状流纹岩(软岩层)

(b) 区域构造抬升后,溪流于早期宽谷中进一步下切。切割于出露高度较低的硬岩层中,并形成新一级岩坎和岩嶂;在软岩层中形成新的宽谷。

↑ 构造抬升　(b)

(c) 新一轮构造抬升后,溪流又重复上述地貌过程,并于更低位置上的硬岩层中,形成新的岩嶂和岩坎瀑布

↑ 构造抬升　(c)

图 2-12　雁荡山多级岩嶂、岩槛与瀑布形成过程示意图

观;在岩嶂嶂壁之上还广泛发育着各类洞穴,在沟谷中出现众多基岩崩塌体。地貌过程在 B—B 高度上特别强烈。目前,在大龙湫、小龙湫和鸣玉溪沟谷中都可以见到处在这个发育阶段的地貌景观。如图 2-13(b)、图 2-14II 所示。

　　第 III 阶段(壮年期):当区域新的一次构造隆升导致侵蚀基准面的相对下降后,新一轮沟谷的下切和溯源侵蚀会使沟床的高度降低,原先的老沟谷及其中所发育的锐峰和岩嶂也被相对抬升。抬升后的锐峰随着后期的侵蚀崩塌,会逐渐萎缩乃至最终消亡,只有少数仍保留着一些残存,形成小体量的山顶型锐峰,如摩霄峰。如图 2-11(b)、图 2-14-III 所示。抬升后的岩嶂不断崩塌后退会使其所包围的基岩山体逐渐缩小,并最

(a) 古夷平面—雁湖岗

(b) 沟谷型锐锋—鸣玉溪沟谷内

(c) 山顶型锐锋和双面岩嶂—芙蓉峰

(d) 山顶型锐锋的残余—剑岩

图 2-13　雁荡山流纹岩地貌不同演化阶段的地貌景观

终形成大体量的山顶型锐峰景观，如方山、观音峰、纱帽峰等。岩嶂的不断崩塌后退，也会导致在一些山脊上形成双面岩嶂地形。地貌过程在 B—B′ 和 C—C′ 高度上很活跃。处在这个发育阶段的地貌景观，目前可以在区内一些高海拔的地带见到。如图 2-13 (c)、图 2-14Ⅲ 所示。

　　第Ⅳ阶段（老年期）：在侵蚀崩塌作用下，处在高海拔的山顶型锐峰，其体积也在不断收缩乃至最后消失。山体高度逐渐降低，坡度日渐变缓。地貌上以起伏舒展的馒头状山丘和蜿蜒宽阔的谷地地形为特征。地貌过程归于和缓，且向 D—D′ 高度上集中。方山景区的剑岩就是 K_1y^4 岩层中山顶型锐峰的残余。如图 2-13 (d)、图 2-14Ⅳ 所示。

　　如果某一期次流纹岩层在这样的地貌过程中被蚀而消失殆尽，那么其下覆的老岩层会出露出来而开始同样的地貌循环过程。一旦底部出露的是一些易于风化剥蚀、垂直节理不太发育的岩层，则剥蚀作用将使得区域地貌变成缓坡丘陵。如响岭头以南的发育于 K_1y^1 岩层中的丘陵地形。

　　从发育演化规律上看，雁荡山区域流纹岩地貌的最显著特征在于地貌景观具有垂直分带性，从现代沟谷谷底至山顶的地貌形态及其组合变化代表着地貌演化的不同阶段。

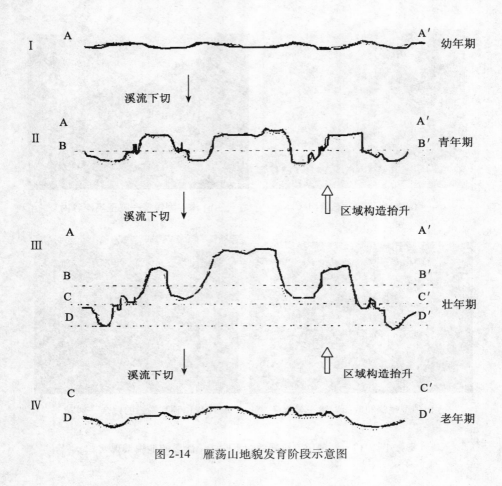

图 2-14 雁荡山地貌发育阶段示意图

2.4 主要地质遗迹与旅游资源及其价值

2.4.1 主要地质遗迹及其旅游资源类型与等级

参照相关地质景观的分类系统，并结合雁荡山地质景观的实际情况，把雁荡山的地质景观资源分为6种类型：火山岩石地层类、地质地貌类、地质灾害类、水域景观类、生态景观类以及科学文化史迹类。

雁荡山地质公园的地质景观景点共统计260处，其中火山岩石地层类33处、地质地貌类167处、（古）地质灾害类2处、水域景观类30处、生态景观3处、地质文化史迹25处。根据景点科学价值、美学价值、历史文化价值以及奇特性、珍稀性、外部环境条件等准则，将雁荡山地质公园的景点分为I、II、III级，如表2-3所示。其中I级景点92处，占35.4%；II级景点50处，占19.2%；III级景点118处，占45.4%。

从不同类型景点所占比例看，雁荡山地质公园是以古火山与火山岩地质地貌景观为主，并具有极高科学价值、美学价值、人文价值的综合型地质公园。

表 2-3　　　雁荡山地质公园的主要地质遗迹及旅游资源的类型等级一览表

类别		基本类型	Ⅰ级景点	Ⅱ级景点	Ⅲ级景点
火山岩石地层		岩石地层单元剖面	上灵岩—方洞—百岗尖；王家岙—七星洞—五峰山；智仁剖面		
	火山、侵入岩相类型	火山喷溢岩流相	天冠峰、灵岩、大龙湫、屏霞峰、朝阳嶂、铁城嶂		
		火山爆发碎屑流相	响岭头北、燕尾瀑、王家岙		
		火山爆发空落相	方洞外		
		蒸汽岩浆爆发基底溢流相	智仁		
		岩浆侵出岩穹相	七星洞、狐假虎威		
		岩浆侵入相	百岗尖、乌岩尖		
	岩流单元及结构构造	岩流单元	朝阳嶂、屏霞峰、天冠峰、天柱峰		
		流纹构造	大龙湫东缘、屏霞峰、铁城嶂		
		球泡构造	大龙湫东缘等地		
		角砾熔岩结构	北斗洞、水帘洞		
		熔结凝灰岩假流纹构造	方洞、百岗尖公路中段、王家岙		
		柱状节理	响岭头北、龙湖两岸		
地质地貌	山体地貌景观	嶂、陡崖	朝阳嶂、铁城嶂、屏霞峰、金带嶂（方洞）、凌霄嶂、五马回槽	游丝嶂、连台嶂	云霄嶂、翠微嶂、摩霄嶂、紫薇嶂、列仙嶂、化城嶂、连云嶂、百丈岩、朝阳洞背
		峰	天冠峰、双笋峰、金鸡峰、合掌峰、天柱峰、展旗峰、百岗尖、乌岩尖、剪刀峰、芙蓉峰、合珠峰、雁荡岗峰、烛头尖	连霄峰、超云峰、犀牛峰、碧霄峰、梅花柱、独秀峰、火焰峰、宝冠峰、玉兔峰、凌云峰、二仙峰、会仙峰、西屏峰、仙台峰仙林峰	五老峰、伏虎峰、骆驼峰、玉屏峰、瑞鹿峰、五指峰、抱儿峰、含翠峰、山冠峰、双穴峰、招贤峰、吹箫峰、连心峰、石佛峰、玉笋峰、玉女峰、五指峰、纱帽峰、常云峰、小剪刀峰、双鸾峰、重楼峰、圈阁峰

类别	基本类型		Ⅰ级景点	Ⅱ级景点	Ⅲ级景点
地质地貌	山体地貌	石门	朝天门、南天门、显胜门、石柱门	响岩门、石门、老虎门	
		峡谷（幽谷）	净名谷	真济谷、卧龙谷、双珠谷螺、旋谷	卷云谷、窄天谷、梯云谷
	造型奇石	象形石	接客僧、观音峰、狐假虎威	大狮岩、新郎岩、新娘岩	朝天鳖、金钟岩、送子观音、鹰嘴岩、老僧拜塔、美女绣罗、朝天鲤鱼、听诗岩、鸡笼岩、一枝香、墨点岩、二仙谈诗、钟鼓齐鸣、顶珠石、青蛙聚会、鼓岩、钟岩、下山猫、千佛岩、少女头像、龙湫背、将军岩、天柱岩、鸡冠岩、虎蹲岩、龙首岩、蜗牛岩、帽头岩、七星岩、红岩
	洞穴	洞穴、天生桥	东石梁洞、观音洞、北斗洞、龙鼻洞、方洞栈道洞群、西石梁洞、象鼻洞、仙桥（天生桥）、北石梁洞、仙姑洞	朝阳洞、将军洞、雪洞、水帘洞、天窗洞、莲花洞、道松洞、仙岩洞、石佛洞	梁合桥、古竹洞、长春洞、云霞洞、七星洞、龙舟洞、碧霄洞、石梁桥、开元洞、维摩洞、夕霞洞、霞嶂洞、三台洞、龙王洞、仙游洞
地质灾害	倒石堆积		灵峰古洞		十八洞
水域景观	洞溪、景观河段		筋竹涧		仙溪
	瀑、潭		上折瀑、中折瀑、大龙湫、小龙湫、燕尾瀑、连环潭、西大瀑、梅雨瀑、罗带瀑、散水瀑	石门潭、凝碧潭、胆潭、下折瀑、湫背潭	上龙湫、湖南瀑、化城瀑、涌翠瀑、下培潭、菊芙潭、梯云潭、含羞瀑、根潭
	湖、泊		龙湖、雁湖、芙蓉湖		仰天湖
景观生态	古树名木		古树名木共有261株，主要有樟、枫香、竹柏、银杏等，其树龄达900多年		

类别	基本类型	Ⅰ级景点	Ⅱ级景点	Ⅲ级景点
科学文化史迹	寺、院、庙	观音洞、东石梁寺、灵岩寺、能仁寺及元代大铁镬	白云庵、净名寺（庵）、罗汉寺	紫竹森庵、真济寺、觉性庵、千佛寺、普明寺、芭蕉庵
	牌坊	南阁牌坊群		
	摩崖石刻	碑刻最早见于大通元年；到唐宋时期有题刻19处，元代2处，明代多处，清代16处，近代题刻多处；主要分布在峰雪洞、观音洞、灵岩龙鼻洞、三折瀑、大龙湫雁湖以及显胜门、仙姑洞、罗带瀑Ⅰ、西石梁瀑等地		
	墓葬		烈士墓、章伦墓	李孝光墓
	景观建筑		方洞铁索桥	朝阳山庄、恭毅纪念馆、果盒（灵峰）
	山水文化	谢灵运、沈括、徐霞客、王十棚等400余位名人在雁荡山留下了足迹、诗文		
	地方名人史迹	章伦、李孝光、朱希晦、何白等		
	地方工艺品	黄杨木雕、竹雕、草编、竹编、十字花台布等		

2.4.2 人文景观资源

雁荡山之开发已有1200多年的历史，留下的人文景观有寺院、亭阁塔、牌坊、墓葬、景观建筑等28处，以及400余处摩崖石刻和名人山水文化史迹。

中国古代历史上多位地理学家在雁荡山留下史迹。被英国科学家李约瑟称为中国科技史坐标的宋代科学家沈括（1031—1059年），基于对雁荡山的考察，提出了流水侵蚀学术思想。施元孚（清代1705—1778年），魏源（清末1794—1857年）等均在雁荡山留下史迹。

诗人、画家、文人点评雁荡山诗词5000余首；记述雁荡山自然景观、生态环境与人文历史志书、游记30余部；集文学、书法、石刻艺术于一体的摩崖石刻400多处，题刻与环境相得益彰。

雁荡山宗教文化已有千年历史，宋代就有18古刹。现留有13处寺庙，其中观音洞、东石梁寺、灵岩寺、能仁寺（元代大铁镬）、白云庵、紫竹林为其代表，寺庙与山水环境和谐，特别是观音洞（流纹岩裂隙崩塌洞）中依岩而建的九层阁楼，展现了中国古代藏而不露的建筑风格。

雁荡山一方乐土，培育一方人士，以王十棚（南宋，1112—1171年）、章纶（明代，1413—1483年）等为代表雁荡山七贤的史迹遗存。南阁牌楼群，为章氏几代人功名、地位而建。在一个山村里，保存古朴的五座牌楼，在全国少见，2001年列为全国重点文物保护单位。

雁荡山及其地区民俗风情。重要节日，民间有抬阁、高跷（板凳龙）、飞渡（悬崖采药）等表演。民间艺术品亦十分丰富，知名的有黄扬木雕、根雕、工艺石刻、竹刻、竹绘、绣帘抽纱绣品、细纹刻纸等。

2.4.3　雁荡山主要地质遗迹及其价值和意义

1. 雁荡山是全球性中生代复活型破火山的天然模型

雁荡山地质遗迹堪称中生代晚期亚洲大陆边缘复活型破火山形成与演化模式的典型范例，雁荡山记录了火山爆发、塌陷、复活隆起的完整地质演化过程，为人类留下了研究中生代破火山的一部永久性文献。雁荡山破火山经断裂切割与抬升，大自然力量解剖、揭示了这座破火山内部构造要素，成为一个天然的破火山立体模型。

2. 雁荡山是研究酸性火山岩浆作用的天然博物馆

雁荡山破火山是流纹质岩浆经爆发、喷溢、侵出及侵入形成的。其产物涵盖了不同岩相的岩石—地面涌流堆积（groundsurge deposit）、火山碎屑流堆积（pyroclastic flow deposit）、空落堆积（air-fall deposits）、基底涌流堆积（base surge deposits）和流纹质熔岩、岩穹、次火山岩等。岩石地层单元、岩相剖面、岩流单元及岩石结构均十分典型。雁荡山破火山几乎包括了岩石学专著图谱中所描述的流纹岩类各种岩石。因而，人们称雁荡山为流纹岩天然博物馆。

3. 雁荡山是板块运动的动力学与岩浆作用过程在岩石学上的真实记录

雁荡山破火山和流纹岩是亚洲大陆边缘巨型火山（岩）带中的杰出代表，具有时空独特性。北自俄罗斯，经日本、朝鲜半岛，南至中国东南沿海，形成的这一巨型火山（岩）带，以发育流纹岩类为特色，故被称为"流纹岩链"。雁荡山破火山与流纹岩类，即为这一巨型火带中具典型性、完整性的代表。雁荡山破火山蕴含了中生代时期古太平洋板块与亚洲大陆板块相互作用以及深部作用过程的重要信息，因而为研究亚洲大陆边缘动力学提供了火山学与岩石学证据。从火成岩大省概念上说，中国东南部火山岩与花岗岩（分布面积大于$15.5 \times 10^4 \text{km}^2$）为全球意义的巨型长英质火成岩大省。雁荡山流纹质火山岩（包括熔结凝灰岩与熔岩）即为其中代表性的岩石组合。因此，雁荡山是古太平洋板块与亚洲大陆板块相互作用的动力学与岩浆作用过程在火山岩石学上的记录和天然深钻。

4. 雁荡山是研究受控于破火山滨海流纹岩山岳地貌学、审美学的丛书

雁荡山具有奇特的自然景观，为东亚亚热带地区滨海流纹岩山岳地貌的典型代表。逐层叠置的巨型流纹岩经长期的地壳抬升、断裂切割、重力崩塌和流水侵蚀作用，形成以破火山地形地貌为基础的层圈环带分布格架，造就了锐峰叠嶂、孤峰门柱、奇岩怪石、岩洞天桥、飞瀑深潭、溪涧幽谷和海湾、岩岛、滩涂湿地等地质景观。雁荡山破火山是火山形成后逾100Ma来该区域地质作用的见证，为人们了解自然、探讨火山岩地貌过程提供了不可多得的教材。

雁荡山自然遗迹的珍稀性，还突出表现在它融科学价值与美学价值于一体。在巨厚流纹岩基础上形成独特的自然景观，有峰102座、嶂22座、奇岩24个、岩洞66个、瀑22挂、潭22个。其自然景观的奇特性，得到自北宋（公元960年）至今科学家、文学家和名人雅士的高度评价。雁荡山之美以奇秀为本，奇秀与险峻、幽奥、旷远皆备；叠嶂、锐峰、奇岩、古洞、门阙为骨骼，飞瀑涧溪为动脉，结构独特，和谐配置，气势磅礴，神奇灵秀，无疑是流纹岩滨海山岳景观中罕见的、优秀的典范。雁荡山景观的多样性和景观层圈环带分布结构给人们震撼人心、舒展情怀的美学享受，具有很高的美学价值。雁荡一山一石具有强烈的启智作用，使人们了解中生代时期惊天动地的火山事件，达到寓学于游。

2.4.4　雁荡山地质公园其他旅游资源的价值和意义

1. 雁荡山是风景名山、科学名山、文化名山、旅游名山

（1）雁荡山是以白垩纪流纹质火山地质地貌为基础的自然公园

雁荡山地质公园内保存有良好的地层、岩相、岩石等火山地质景观，奇特秀丽的嶂、峰、门、洞、飞瀑等地貌景观，1200 多年历史文化淀积及丰富的人文景观，这三者集于一体，使雁荡山从古到今有"天下奇秀"、"海山名山"、"寰中绝胜"的美誉，成为中国风景名山、科学名山与文化名山。特别是奇峰怪石具有昼夜变换造型的特点，目前已发展成为富有审美情趣的夜游名山。

（2）雁荡山是多功能的旅游目的地

1934 年雁荡山已被列为由政府管理的风景区，1982 年被列为国家风景名胜区，2003 年被批准为国家地质公园，2005 年被批准设立世界地质公园，已成为集观光览胜、科考、科普、休闲度假、健身养心、文化追踪、宗教朝觐等多功能的旅游胜地。依托中国经济快速发展的东部沿海地区的区位优势，近 10 年游客人数猛增。

2. 雁荡山文化遗产丰富，历经 1200 多年历史文化的淀积

（1）雁荡山以奇特的景观给历代科学家强烈的启智作用

被英国科学家李约瑟称为中国科技史坐标的宋代科学家沈括（1031—1059 年），基于对雁荡山考察后，提出了流水侵蚀学术思想。施元孚（清代 1705—1778 年）游寝雁荡 10 年，总结了代表我国古代回归自然为理念的游山法。魏源（清末 1794—1857 年）提出的游山学是从游雁荡山受到的启发。

（2）雁荡山奇特景观给诗人、画家、文人、学士以强烈的美感与灵感

自唐、宋以来留下了颂扬、点评雁荡山诗词 5000 余首；记述雁荡山自然景观、生态环境与人文历史志书、游记 30 余部；集文学、书法、石刻艺术于一体的摩崖石刻 400 多处，题刻与环境相得益彰。

（3）雁荡山促进了宗教文化的发展

雁荡山秀丽的环境也吸引了历代僧尼进山建寺，促进了宗教文化的发展，历史上的 18 古刹，其中不乏代表中国古代建筑风格的寺庙。寺庙与山水环境相融合，点缀得宜，展现中国古代以藏为主的建筑设计理念，观音洞即为其中代表。

3. 雁荡山具有生态环境与生物物种的多样性

（1）雁荡山构成了山岳生态系统和滨海岩岛、滩涂湿地等滨海生态系统

雁荡山山岳生态系统包含了特有的植物和猕猴、黄麂、野山羊、獐、大灵猫、穿山甲等动物以及 180 多种鸟类。滨海生态系统有穴居于泥沙中的溢蛏、分布于软泥滩涂的

泥蛤、附物生长的牡蛎、栖于海底的蟳蛑（青蟹）等浅海滩涂生物，提供了观山、游海、品海鲜的旅游产品。

（2）雁荡山森林植被具有多样性

雁荡山植物区系成分处于华东区系与华南区系的过渡地带，森林植被展现多样性。雁荡山有种子植物 1400 余种，其中木本植物 500 余种。雁荡山特色植物有雁荡润楠、雁荡山三角槭、连香树、松叶蕨、蛛网萼、半疯荷、野大豆、菜头肾等均为珍稀濒危植物。雁荡马尾杉、金腺毛蕨、秀丽海棠、雁荡润楠等模式产地在雁荡，具有重要的科学研究价值。

雁荡山古树名木共有 261 棵，年代比较久远的有桧柏（Sabina chinensis（L.）Antoine）；柏木（Cupressus funebris Endl）；银杏（Ginkgo biloba L.）；桂花（Osmanthus fragrans（Thunb.）. Lour）；樟树（Cinnanmomun Camphora（L.）Peresl）；枫香；竹柏（Negeia nagi（Thunb.）O. Kuntze）；古树名木以其古朴秀丽为特色，为雁荡山增添了无限神韵。

4. 雁荡山是中国东部白垩纪破火山地质地貌研究与教育的基地

雁荡山地质地貌启智功能早在 11 世纪对我国科学家产生了作用，雁荡山是沈括流水侵蚀学术思想的发源地。近代中国地质学家基于对中国东部中生代火山地质与岩石的研究，认为雁荡山为白垩纪破火山与流纹质火山岩的典型地区，已成为我国这一学科的教学实习基地。自 1996 年以来已引起国内外专家关注，成为考察研究中国东部火山岩带的经典性地区。

2.4.5 雁荡山地质公园主要的地质景观与旅游资源

根据地质景观的类型及其分布特征，雁荡山地质公园可以分为灵峰、三折瀑、灵岩、方洞、大龙湫、筋竹涧、雁湖、显胜门、仙桥、龙湖—仙姑洞等 10 个景区。现将上述景区的主要景观及特征分述如下：

1. 灵峰景区

灵峰景区面积约 46km^2。灵峰景区是雁荡山的景观精华"二灵一龙"之一，是雁荡山经典景区。景区内有连霄峰、天冠峰、双笋峰等 26 峰，观音洞、朝阳洞、北斗洞等 18 个洞穴，玲珑岩、马鼻岩等 34 岩，共有 131 个景点。这些景点以奇特的、造型各异的洞穴为特色，并可以观察到火山岩的多种火山岩相及其形成的嶂、峰、洞等景观。主要的景观如图 2-15 所示。

沿鸣玉溪而上，山腋两壁，危峰乱叠，日景耐看，夜景销魂。右行入南坑抵真济寺，可以领略幽径独行，溪泉相伴之野趣；左上卷云谷达长春洞，可以感悟古洞畸穴，佛寺道观之清净。翻过谢公岭，不仅有接客僧、石门潭、东石梁洞等景点，登上朝天门，为新开发的朝阳洞背景点，既可俯察灵峰，亦可坐看云起。

灵峰的夜景极具特色，尤为一绝，"移步换形"是该景区的经典特色。古人云："不游雁荡是虚生"，今人云："不游夜雁荡是虚生"。每当夜幕降临，灵峰景点剪出片片倩影，一改白日景象，更显灵峰诗情画意。灵峰（日）——"情侣峰"、"雄鹰敛翅"、"双乳峰"（夜）；犀牛峰（日）——"犀牛望月"（夜）；双笋峰（日）——

"公婆恋曲"（夜）；金鸡峰（日）——"鲸鱼喷水"（夜）；超云峰（日）——"睡美人"（夜）。昼夜变幻造景是雁荡山景观一大特色。

景区内的洞穴按其成因，可以分为直立式裂隙型、平卧式风化剥蚀型和原地崩塌堆积型3种类型。如观音洞是直立式裂隙型的洞穴，洞壁为流纹岩，在垂直张性断裂切割下，岩石破裂，这些碎裂的岩块经风化剥落后，逐步扩大成洞，其洞体的高度远远大于宽度，这是直立式裂隙型洞的特点。北斗洞则是平卧式风化剥蚀型的岩洞，雁荡山巨厚层的岩石，由多次喷溢堆积而成，因每次火山喷溢形成的岩石结构都有差异，受火山喷溢间隔的影响，下层岩石特别容易产生节理和劈理；在水流作用和气温热冷影响下，底部岩石容易发生侵蚀、重力崩塌而形成岩洞。这类岩洞有朝阳洞、将军洞、云霞洞、维摩洞、老虎洞等。灵峰古洞是原地崩塌堆积的典型，古洞上方的山体被断裂切割，岩石大片崩塌堆积，岩石间形成了空隙，遂成岩洞。还有仙桥的天生桥，也是断崖倒塌后堆积而成。

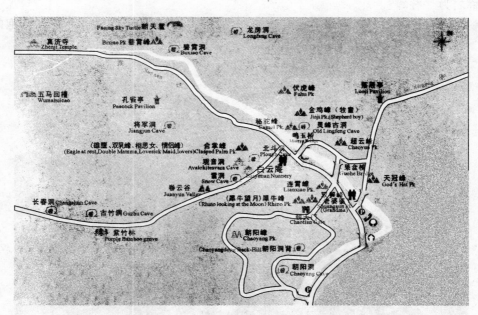

图 2-15　灵峰景区主要景点分布示意图

灵峰景区的怪岩奇崖，奇巧满目，如犀牛峰、骆驼峰、五老峰、伏虎峰、双笋峰、果盒三景、狮峰、金鸡峰、朝天龟、象鼻峰等象形石景观。这些奇石景观的形成，是由岩石内部结构的差异（角砾的数量，岩层的厚度及岩石层的数量）所致，在断裂构造或节理、劈理的影响下，再经后期水流侵蚀、风化剥蚀，形成了栩栩如生的奇岩景致。如象鼻峰、双笋峰就是垂直节理切割岩层形成的；小牧童、金鸡峰是流纹岩石内部差异经风化剥蚀而成的。犀牛峰、骆驼峰、五老峰等是流纹岩、熔结凝灰岩因节理切割和流水侵蚀、风化剥蚀而成。

（1）接客僧

接客僧位于白箬岙。由大荆镇进入雁荡山第一景，海拔197m的峰上有高约150m的巨岩，状如老僧拱手迎客，"兀然山口立，笑对往来客"。接客僧的岩石为K_1y^1的凝灰岩、熔结凝灰岩。因岩性差异性大，经风化剥蚀后，形成象形石。

（2）东石梁洞

东石梁洞位于谢公岭北东1km。有石梁横跨洞左，状如彩虹，又名石虹洞，洞宽达数十米。洞的形成是流纹岩（K_1y^2）经沿节理、裂隙发生崩塌的产物。

（3）石门潭

石门潭，断崖峭壁，屹立如门，汇合雁北十八滩水，穿门而过。潭深30m，面积40000m²，为雁荡第一大潭。潭中产有雁荡五珍之一香鱼，潭西有元代名儒李孝光故里。

（4）朝阳嶂

朝阳嶂位于响岭头北面。横亘逾400m，高百米以上，层层叠叠，方展如屏，故徐霞客称之为"叠嶂"。

朝阳嶂岩石为K_1y^2的流纹岩，经断裂切割成岩嶂。岩流下部为含角砾、球泡的流纹岩，易剥落成为洞穴。如图2-16所示。

图2-16　朝阳嶂

（5）朝阳洞，朝阳洞背

朝阳洞位于朝阳嶂南端，灵峰入口五碑嶂的顶部。洞口向东，状如半瓢，洞顶有泉下洒，颇为幽奇。朝阳洞是发育在K_1y^2流纹岩层内，岩层下部多含角砾、球泡，易剥落，同时发育垂直裂隙（节理），使岩石张裂，岩块剥落，经亿年风吹雨打逐步扩大而成。

朝阳洞背，由朝阳洞沿步道登山而上，沿途有北天台、东天台、中天台三个绝佳的观景点。可以欣赏雄嶂、奇峰、象形怪石。登至五老顶可以俯视灵峰全景，远眺乐清海湾。

由朝阳洞经朝阳洞背可以到达灵峰景点区入口，这是一条登山游览路线。

（6）天冠峰

天冠峰位于灵峰景区入口内。峰高约 120m，宽约 150m，状如礼帽。由 K_1y^2 流纹岩构成。其上部保留了熔岩流动的痕迹——近水平的流纹构造；其下部含角砾、球泡的流纹岩，其中的角砾、球泡易剥落形成小型洞穴，如峰下的响板岩洞。

（7）双笋峰

双笋峰位于观音洞东南。两峰拔地而起，高约 80m，形修长而顶尖圆，像双笋并立。若在观音洞向外观之，两峰又似"供台对蜡"；夜幕下又成为"公婆回首"、"老僧送客"等造型。

（8）金鸡峰

金鸡峰位于骆驼峰顶。骆驼峰顶有一象形石耸立岩端，如"金鸡报晓"，"美女梳妆"。夜晚观之，如"鲸鱼喷水"。栩栩如生的大自然杰作，缘于 K_1y^2 的流纹岩作基座，其上为火山爆发形成的火山碎屑岩，其岩石结构复杂，风化剥蚀，易形成独特造型。

（9）犀牛峰

合掌峰右侧对面山脊之上，有酷似翘首东望的犀牛，夜晚观之有"犀牛望月"一景。犀牛峰，造型逼真，其构成的岩石是火山爆发而成的火山碎屑岩。这种岩石结构复杂，风化剥蚀后易形成凹凸的山石。

（10）合掌峰、观音洞

合掌峰位于鸣玉溪畔。合掌峰是"倚天峰"和"灵峰"合一的奇峰，高约 270m，从一侧观看似两掌合在一起，故称"合掌峰"。

峰间的"观音洞"，高约 113m，宽 14m，深 76m。如图 2-17 所示。佛殿顺洞陡坡构建，九层楼阁，由 400 余级石阶相连，殿内供奉观音、四大天王、弥勒佛等佛像，香火甚为旺盛。洞顶有泉水三束，名为洗心泉、漱玉泉、石釜泉。洗心泉从洞顶左侧石罅中滴入洗心池中，水极清洌。漱玉泉在天王殿之后，如珠似玉地从洞顶洒落。石釜泉在漱玉泉之后，从釜形洞顶石缝中涓涓下滴，似一幅悬挂的珠帘。洞顶岩石裂开一隙，称"一线天"。从观音洞内往外看，半山悬崖左洞壁上有"一指观音"，洞外奇景林立，双笋峰已变成蜡烛峰。现代文学家邓拓于 1960 年来游观音洞时写道："两峰合掌即仙乡，九叠危楼洞里藏，玉液一泓天一线，此中莫问甚炎凉"，形象地道出了观音洞天的胜境。

（11）北斗洞

北斗洞位于观音洞北侧，雁荡山著名道观之一。洞口面对伏虎峰，宽敞高大，冬暖夏凉。洞内有凌霄殿（四层）后殿为大罗殿，天井有八仙楼。洞顶偏左有闪长玢岩脉侵入于流纹岩中，俗称"青龙卧虎"。洞壁见近水平的流纹构造。洞壁的角砾或球泡流纹岩经剥落后形成"金鸟玉兔"、"倒挂青蛙"小尺度造型奇石。如图 2-18 所示。

图 2-17　观音洞

（12）风洞

看见洞口的指示牌，游客都想试试从洞中吹出的是凉风（夏季）？还是暖风（冬

图 2-18　北斗洞

季)？这一现象早在 391 年前徐霞客就发现并记载"洞仅半规，风蓬蓬出，射数步外"。风洞为崩塌产生的倒石堆积物形成的洞穴，洞口甚小，而其内部甚大，其内部空气温度受到"保温"，被称为天然空调器。

（13）灵峰古洞

灵峰古洞位于金鸡峰下，鸣玉溪畔。俗称倒灵峰，此名是有道理的。开圣元年（1023 年）曾建寺，600 多年前发生崩塌，岩块向下滑移、崩落，在山根处架空堆积成洞穴群。这是发生在元代的一次地质灾害的遗迹。洞穴形态怪异，洞洞相连，迂回曲折，深幽奇特。现有云雾、透天、含珠、隐虎、好远、玲珑、凉风等七洞。

（14）五马回槽

五马回槽位于真际谷内。峭壁横列逾 400m，高逾 100m，为裸露的流纹岩，经北东向和北东东向断裂（节理）作用将岩峰切割成状如似断似连的五座峰，其形状如五匹马，东西两端各有独立的石柱，故有五马回槽之意境。

2. 三折瀑景区

三折瀑景区面积 10km²。景区有灵鹫峰、大佛峰等 14 座山峰，鸡笼岩、梅花桩、一支香等 16 处奇岩，3 瀑布等 75 处景点。如图 2-19 所示。

三折瀑处于流纹岩区，溪水流经三曲折成三瀑而名。游人沿弯曲小道而进，首见下折瀑，瀑短潭浅。绕崖拾级上行，林森草密，闻轰隆水声，不见瀑布，转崖豁然开朗，

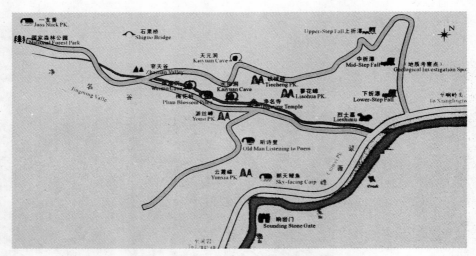

图 2-19　三折瀑景区主要景点分布示意

悬崖曲卷成瓮。中折瀑从百米高处飞泻而下，如万斛银珠洒落入深潭，沙沙作响，奏天籁之音。瀑随风走，忽左忽右，洋洋洒洒，飘荡不定。潭四周可行人。从瀑后外观，瀑如珠帘，日光下七彩飞虹，煞为壮观。上折瀑瀑高约百米，从曲瓮山崖上飘洒而下，气势不凡。

下折瀑瀑高约 50m，瀑壁内凹，瀑下一水潭，直径约 5m。中折瀑瀑高约 120m，瀑下水潭呈椭圆形，短轴 40m，长轴 100m；由于溯源侵蚀，瀑布在水平方向上深陷于岩体之中，深达 80m；陷于岩体之中的瀑布呈喇叭形状，洞顶口径小，下部阔，瀑壁向岩内倾斜。上折瀑是三折瀑中高度最大的，达 130m；同中折瀑一样，瀑布也深陷岩体之中，水平纵深约 120m，竖向上呈喇叭形；从空中下落的瀑水如断线珍珠，晶莹透亮；长期的阴湿环境，也使得瀑下苔藓蔓生，地面翠绿如茵。另外还可见陡峭的崖壁上刻蚀着许多垂直棱柱和沟槽，棱柱高度一般达 80m。

三折瀑的奇妙之处，在于圆瓮状山崖流瀑，为中华少见。有人疑是火山口，经考证，未见火山活动痕迹，是水流侵蚀悬崖移动而成。

（1）下折瀑

下折瀑落差为 50 余 m，居中折瀑之下，瀑壁内凹，为火山喷逸的流纹岩。瀑下有一水潭，直径约 5m。左侧的洞为龙游洞，岩层内角砾剥落，逐步崩塌而形成。

（2）中折瀑

从下折瀑拾级而上，途中溪流多壶穴，壶穴是急流中挟带砂砾石磨蚀基岩河床而产生的圆形凹穴，水流中携带的砾石对坑穴的侧壁进行不断刮擦，使得坑穴壁光滑如镜。

中折瀑的落差约为 120m，崖壁为火山喷溢的流纹岩，可见流纹构造。由于岩石劈理发育、重力崩塌、流水侵蚀，瀑水不断后退呈半桶状。瀑布在水平方向上深陷于岩体之中，深达 80m。如图 2-20（a）所示。

洞壁有很深、很密的裂隙，由劈理形成。中折瀑下有一椭圆形水潭，长轴约 100m，短轴约 40m。如图 2-20（b）所示。

(a)　　　　　　　　　　　　　　(b)

图 2-20　中折瀑

（3）上折瀑

上折瀑在三折瀑中高度最大，达 130m，同中折瀑一样，瀑布也深陷于岩体之中，水平纵深 120m。形成原因与上两者一致，但由于高度较高，在瀑布底部很少积水。

（4）铁城嶂

铁城嶂位于净名谷。铁城嶂"势若长城，色如黑铁"，与游丝嶂对峙，巍然奇诡。铁城嶂为火山喷溢的巨厚流纹岩层。经断裂切割，形成削壁、岩嶂，是雁荡山深谷与叠嶂组合的典型。岩壁上部岩浆流动构造十分清楚，下部发育角砾、球泡流纹岩，易剥落形成洞穴，水帘洞为其代表。如图 2-21 所示。

（5）梅花桩

梅花桩位于维摩洞口，高 3m。该石玲珑剔透，石纹累累、弯弯曲曲，具古梅的铁骨质感。该石是铁城嶂流纹岩层中崩落下来的一个大岩块。从其空洞与围岩可知，该石是一次火山喷溢岩流的中下部岩石，其中含有角砾，剥落后成为小的空洞，而保留了绕过角砾的流纹。如图 2-22 所示。

3. 灵岩景区

灵岩景区位于雁荡山中心，面积 9km²。全景区有天柱峰、展旗峰、玉女峰等 18 峰，屏霞嶂、紫微嶂、列仙嶂、连台嶂等 5 嶂，朝天鲤、听诗叟、钟鼓齐鸣等 17 岩，共有 91 个景点，如图 2-23 所示。灵岩景区又分为灵岩和卧龙谷两景区。进入景区内，迎面而来是丰富的石景，一路即有"钟鼓齐鸣"、"龟兔赛跑"、"青蛙聚会"、"老僧拜塔"、"鹰嘴岩"、"上山鼠"、"下山猫"、"阿凡提"、"朝天鲤鱼"、"墨鱼岩"、"美女绣罗"等象形石，峰石奇趣，佳话久远。如"二仙读诗"旁有"听诗叟"，可谓一石一景一趣。

图 2-21　铁城嶂

图 2-22　梅花桩

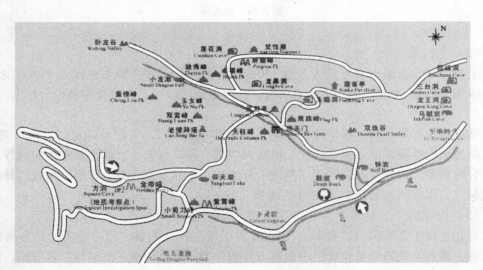

图 2-23　灵岩景区主要景点分布示意图

在灵岩寺旁，天柱峰、展旗峰和屏霞嶂连绵不绝，峰嶂高耸入云，雄浑壮阔，气势非凡。"灵岩飞渡"是游人必看的节目。在天柱峰和展旗峰之间架设钢索，艺人在约200m 的高空上表演踩钢索、翻跟斗、天女散花等动作，奇异惊险，令人咋舌。在灵岩寺后深幽绝谷中，有小龙湫瀑布。瀑布从 80m 高的悬崖上，如蛟龙般奔腾而下，直捣潭底，水花四溅，雾气弥漫，瀑声如雷，声震山谷，蔚为壮观。形成如此高大的悬崖陡壁，是北北东向与近北西向的断裂在此呈"入"字形交会，后经水流冲刷以及风化剥蚀所形成。灵岩寺东侧有著名的龙鼻洞和天窗洞。龙鼻洞高约 100m，深宽约 10m。从洞顶下延一条青石，辉绿岩脉如一条巨龙下绕，将到洞底，垂鼻如瓠，一爪踞地，故名为"龙鼻洞"。"龙鼻洞"是由一组北北东的断裂切割而成的直立式裂隙型洞穴。天窗洞又称天聪洞，在展旗峰北侧壁间，因"洞外有二孔如目，又一孔如口，故名天聪"。天窗洞深不可测，但洞底外通，洞内通明，投石洞内，其声如瓮鸣。徐霞客第二次探天窗洞时，写道："梯而登；不及，则斫木横嵌夹石间，践木以升；复不及，则以绳引梯悬石隙之树。梯穷济以木，木穷济以梯，梯木俱穷，则引绳揉树，遂入圆洞中，呼仲昭相望而语。"天窗洞的奇景可见一斑。天窗洞属风化剥蚀型洞穴。

卧龙谷在小龙湫的上方，须乘电梯上升到近百米高崖，再走悬崖钢构栈道。过栈道，即为龙口湖，碧水深潭，可调节小龙湫之水量。回眸俯瞰灵岩美景，峰嶂叠翠，独秀峰如一支神笔，直指天空；小龙湫如白练悬挂，阳光下彩虹飞舞，尽收眼底。再上，则山深林茂。山谷长逾 10km，是北北东向断裂从小龙湫一直往山里延伸而成的山谷。陡峭的崖壁下，分布有十几个山洞，最大的为"九龙洞"，已被僧尼建庙。在崖洞中，有"石船神水"——船形巨石，昂首挺胸，正向洞外驶出，船形背上有一裂隙，涌出泉水，是周边高山的承压水通过岩石裂隙涌出，长年不断。纵观卧龙谷洞穴，均呈平卧式，洞的长宽高基本相等；观察洞顶，片片岩石崩裂，势欲下坠，地上也可见到掉落的小石屑，这些洞穴在成因类型上属风化剥蚀型洞穴。

（1）南天门（天柱峰、展旗峰）

如图 2-24、图 2-25 所示，天柱峰与展旗峰夹谷相对，而称南天门。石门高约270m，两峰相距 250m。门间飞渡，堪称一绝。天柱峰为沟谷型锐峰，发育在第二期溢流相的流纹岩中。受节理和断裂的影响，流纹岩中沟谷发育，在风化和流水作用下形成锐峰。柱壁上保留了岩浆流动过程中形成的流纹、球泡以及节理。

图 2-24　天柱峰　　　　　　　　　　　　图 2-25　展旗峰

（2）屏霞嶂

岩嶂壁立于霄，色五彩相间，是灵岩幽静环境的锦屏。嶂顶火山喷溢的熔岩流动痕迹清楚可见，如图 2-26 所示。屏霞嶂与小龙湫前的卓笔峰、天柱峰之间有断裂作用。嶂前建有灵岩寺。

（3）龙鼻洞

龙鼻洞位于插龙峰下，洞宽 10m，深逾 30m，高约 40m，洞尽端有石柱连顶，四处透空，因而湿滑，故名龙鼻。如图 2-27 所示。龙鼻洞由于两条断裂作用使岩石开裂，岩块崩落而成。洞顶有闪长玢岩脉侵入流纹岩内。闪长岩脉石质细腻，古人科学地选为石刻之处。洞壁80余处历代摩崖石刻，有"雁山碑窟"之称。沈括、徐霞客等均考察过龙鼻洞，龙鼻洞为省级文物保护单位。

图 2-26　屏霞嶂

图 2-27　龙鼻洞

（4）小龙湫

小龙湫位于灵岩寺西北。瀑布隐于深谷中，瀑水从断崖飞流而下，高约 70m。如图 2-28 所示。水触石后如雾结飞旋漂下。瀑下有深潭。在瀑布的下方有类似崩塌倒石堆形状的基岩锥体，锥体的锥顶指向瀑布落水处。基岩锥体的大小随瀑布的大小而变化，瀑布愈大，锥体也越大。该地貌体通常出现在上部基岩密实坚硬、垂直节理发育，下部基岩软弱处。从成因上分析，由于瀑布的下部基岩较软弱，上部倾进行侵蚀，最终使得下部出现一水平向向岩体内部凹入的洞穴（水流冲蚀型洞穴）。不断深凹的洞穴引起上部垂直节理发育的坚硬基岩发生崩塌而后退，原来洞穴的底部也暴露出来，这样在现瀑布陡崖的崖脚附近就留下了一倒石堆状的基岩锥体。这里是沈括提出流水侵蚀学术思想的发源地。

（5）天聪洞

天聪洞又名天窗洞，嵌于大小展旗峰之间。天聪洞下大上尖，从洞口到洞顶，石路陡峻。将至洞顶时，可见两个大圆洞亮亮的透着光；偏东北方，还有一个耳朵形的大窗洞，有洞中之洞景观。徐霞客第一次来游天聪洞写道："屏风南去，展旗侧褶中，有径直上，蹬级尽处，石或限之。俯或而窥，下临无地，上嵌崆峒。外有二圆穴，侧有一长穴，光自穴中射入，别有一境，是为天聪洞，则嶂左第一奇也。"20 年后（崇祯五年，1632 年），他重游雁荡，冒险进入天聪洞进行考察。主洞由于垂直断裂的切割而成的裂隙崩坍洞。辅洞是由于流纹岩层内岩块崩塌而成的。

4. 方洞景区

方洞景区既是登山览胜景区，也是地质公园科考型景区。从上灵岩村北上，至方洞悬崖栈道，千米云崖天廊，一路奇岩异洞，俯视远眺，尽显幅幅山水画卷，使人感受登

图 2-28　小龙湫

山览胜之愉悦和自豪。西有观音峰，东有纱帽峰，向北可登至雁荡山最高峰百岗尖。上灵岩—方洞—百岗尖，一山一石记录了雁荡山破火山形成与演化的过程及其后期的沧桑巨变。

（1）金带嶂、金腰带

金带嶂位于方洞与仰天湖之间，从上灵岩村、下灵岩村远望最佳。如图 2-29 所示。

在金带嶂西缘的方洞口外，陡崖上，是第三期火山爆发形成的火山碎屑岩最佳处，在陡崖中部夹一层流纹岩。流纹岩呈灰黄色，厚度为 7～8m，其走势近水平，很像是山腰上箍着一条腰带，所以被称之为金腰带，如图 2-30 所示。流纹岩之上是火山（集块）角砾岩，集块、角砾被风化后常形成空洞。

沿流纹岩层开凿了一条栈道，一路奇岩异洞，俯仰绝壁，远眺层峦，**横跨天阙**（铁桥），构成缥缈神奇的山水画卷。栈道（长约 11 00m）的开凿，揭露了火山爆发形成的凝灰岩与岩浆喷溢形成的流纹岩层之间关系的断面，为科学价值与美学价值完美的结合。此处为地质科学考察点。

图 2-29　金带嶂

（2）观音峰

观音峰位于上灵岩村北。观音峰海拔 910m。锐峰，形状如观音大士坐于莲台之上。从方洞入口或上灵岩村观之最佳。

观音峰地貌反映了雁荡山火山第二、三、四期火山喷发形成不同岩石的垂直剖面。"莲座"以下到上灵岩为雁荡山火山第二期喷发的熔岩——巨厚的流纹岩（K_1y^2），莲座为第三期爆发的岩石——凝灰岩（K_1y^3）。其中夹有 1 层厚 2～10m 的熔岩（流纹岩）。"观音座身"为第四期火山爆发的熔结凝灰岩（K_1y^4）。如图 2-31 所示。

（3）百岗尖（百岗云海）

百岗尖为雁荡山最高峰，海拔 1056.6m。由上灵岩村经方洞口外至雁荡山的最高峰——百岗尖，其西为乌岩尖。百岗尖与乌岩尖的鞍部为最佳观景处。岗顶遥望峰峦起伏，溪流如带；晨观日出，五彩缤纷、云海浩瀚、气势磅礴。

百岗尖、乌岩尖岩石是雁荡山火山喷发结束后，岩浆侵入在地下形成侵入岩——石英正长岩。后经地壳抬升，剥蚀出露于地表。

5. 大龙湫景区

大龙湫景区位于雁荡山中部偏西，面积约 28km^2。景区内有剪刀峰、芙蓉峰、常云峰、双髻峰等 15 奇峰，千佛岩、啄木鸟、少女头像等 13 奇岩，连云嶂、化城嶂等 5 嶂，共有 105 个景点，如图 2-32 所示。大龙湫景区以奇峰危崖峭壁、宏长巨瀑、碧水深潭取胜。其中大龙湫被誉为"天下第一瀑"，与灵峰、灵岩合称雁荡山"三绝"。

一进大龙湫景区，迎面即是"千佛岩"、"昭君出寨"、"狐假虎威"、"母子岩"等景观。特别是远观为凶神恶煞的"鳄鱼石"，转过一侧为巍峨挺拔的"剪刀峰"，近看又是"啄木鸟"，再移几步变成"北极熊"，再转则成"桅杆峰"、"一帆峰"，一峰多景，神形皆备。

大龙湫景区因北北东向和北西向二组断裂交会，切割岩层，以及垂直节理裂隙发育，形成了危岩巨峰（剪刀峰）后，又经风化剥蚀作用，雕琢出如"啄木鸟"、"北极熊"等奇石景观。

①—凝灰岩，由火山爆发从空中降落的火
山灰堆积而成；②—火山喷溢熔岩流—流
纹岩夹层，厚 3～4m（金腰带）；③—火山
爆发的火山碎屑流，底部为地面涌流，
具水平层理

图 2-30 "金腰带"

K_1y^2—第二岩石单元流纹岩；

K_1y^3—第三岩石单元凝灰岩；

K_1y^4—第四岩石单元熔结凝灰岩

图 2-31 观音峰

　　曾被称为"天下第一瀑"的大龙湫，处于连云嶂脚，四周危崖峭壁，瀑布从 196m
高的连云嶂奔腾直下，飞扑潭底，十分壮观。大龙湫瀑布又因季节、风向、日照之不
同，在形、色、声上表现出不同的气势。雨季水多，瀑布势如蛟龙，震天撼地，轰霄喷
雪而下，雾气弥漫整个山谷，袭人于百步之外。徐霞客曾两次赴大龙湫考察，写道：
"龙湫之瀑，轰然下捣，岩势开张峭削，水无所着，腾空飘荡，顿令心目眩怖。"而雨
水稀少时，大龙湫瀑布如珠帘，随风飘洒，在阳光照射下，彩虹道道，千变万化，美不
胜收。若是春天，大龙湫又是另一番情景，瀑布从嶂顶飘荡而下，悠悠晃晃，时而像悬
挂乳白色纱帛，时而像块块雪白的棉团下落，随之迅速拉长，化为无数的银蛇或箭头，
向下直冲，快到碧潭，却又化作团团白雾，烟锁雾罩，弥漫山谷。

　　大龙湫的形成原因，是由一条北北东向断裂切割连云嶂所引起，后来，随着连云嶂
的不断抬升，形成落差达 196m 的悬崖陡壁。大龙湫之水又来源于何处？不少人把大龙
湫与雁湖联系起来。其实，雁湖并不与连云嶂相连。徐霞客曾为此实地探险，得出
"宕阴诸水，皆与大龙湫风马牛无及云"的结论。大龙湫之水来源于连云嶂，因为连云
嶂范围并不很大，汇水面积有限，故而只在春夏雨季，大龙湫才具最佳的观赏性。

图 2-32　大龙湫景区主要景点分布示意图

（1）流纹构造

流纹构造位于景区入口处附近。这种岩石有近乎平行的纹理，当有集块、角砾时，流纹绕其而过呈弯曲状，如图 2-33 所示。

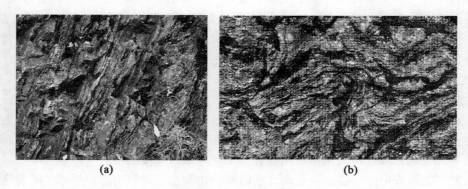

(a)　　　　　　　　　　　　　　(b)

图 2-33　流纹构造

（2）剪刀峰

剪刀峰位于锦溪右侧。沿锦溪进入景区，首先看到一耸立的岩峰。峰上部一分为二，状如指向蓝天的剪刀，故称为剪刀峰，如图 2-34 所示。清代钱宾王说"百二峰形

108

名不同，此峰变态更无穷。"此峰是体验移步换景的典型。随着进入此峰依次出现"剪刀"、"啄木鸟"、"熊岩"、"一帆"、"桅杆"等造型景观，故有一峰多名。

　　剪刀峰岩石为火山喷溢的流纹岩，经过断裂切割，周围岩石崩落成为孤立的孤峰。岩峰有流纹岩柱状节理（裂缝）使岩峰中部裂开。从不同侧面观之有不同的造型，极具观赏价值。

(a)剪刀峰　　　　　　(b)熊岩峰　　　　　　(c)一帆峰

图 2-34　剪刀峰

（3）球泡流纹岩

　　球泡流纹岩位于雁荡山景区东缘（第三十届国际地质大会考察点之一），进入大龙湫景区的路旁。在通往大龙湫路旁岩壁流纹岩中，有层层密布的圆形石球，大的如篮球，小的也有拳头大小，这是石泡流纹岩，如图 2-35 所示。经同位素测年，其形成时间距今有1.17 亿年。当时，雁荡山火山喷发，流纹岩从火山口中涌出，因流纹质岩浆黏度大，岩浆一边沿火山通道滚动流溢，一边围绕矿物质点中心凝聚，就形成了球状石泡。若石泡是空心的，即称为球泡构造。球泡构造是含有气体的岩浆，溢出地表后，熔岩在流动的过程中气体局部聚集，形成有空腔的球泡。其形成越早，滚动距离越长，石（球）泡就越大。石（球）泡流纹岩常分布在火山通道附近，因此是判断火山结构的依据。

（4）流纹岩岩穹（狐假虎威）

　　侵出相流纹岩形成的岩穹，位于大龙湫的东南侧约 200m。此处为近乎垂直的流纹构造，流纹从下而上，由直立到倾斜，这表明岩浆是从这里溢出地表，成为一个岩穹，左边部分被侵蚀，如图 2-36 所示。

（5）大龙湫瀑布

　　大龙湫，位于锦溪分支尽端，龙湫背下，是中国"四大名瀑"之一，为"雁荡三绝"之一。瀑布之水来自海拔 1056m 的百岗尖，下有龙潭。瀑布落差 196m，是中国单级落差最大的瀑布。在瀑布底部，形成了瀑水冲蚀—剥蚀型洞穴。如图 2-37 所示。

　　大龙湫是雁荡山代表性景观之一。湫即潭，相传唐初，开山祖师诺讵罗进山建寺，后坐化于大龙湫。瀑左有忘归亭，西坡有龙壑轩。

图 2-35　石（球）泡流纹岩

图 2-36　流纹岩岩穹

图 2-37　大龙湫

　　岩壁有摩崖石刻 20 余处。瀑布从大龙湫背直泻而下，康有为曰：一峰拔地起，有水自天来。

徐霞客于 1613 年 3 月登上大龙湫背和雁湖考察，查明大龙湫水的源头即大龙湫背，不是来自雁湖，纠正了史书上有误的记载。

6. 筋竹涧景区

筋竹涧属于峡谷段落，因涧内生长筋竹而得名。筋竹涧景区上连经行峡，下入清江。全长 4.15km，两岸峰峦夹峙，树丛茂盛，涧内清幽静谧。锦溪穿行于涧中，时而奔腾湍急，时而静如止水，从而形成悬瀑飞泉，形成初月，峡门、葫芦、漱玉、下培、菊英、连环十八个深浅不一的潭，潭之间有浅滩、夹谷、陡垒，水流清澈。

筋竹涧景区是雁荡山幽谷深潭为特色的景区，因我国山水诗创始人谢灵运为筋竹涧作诗而闻名。燕尾瀑、能仁寺、元代铁镬、连环十八潭诸多景点，是探幽戏水的好去处，也是佛教朝度，史迹追踪之地。

（1）燕尾瀑

燕尾瀑俗称开裆瀑，位于雁荡山火焰山西，能仁寺东北。锦溪之水绕经西龙门触石分流而下，状如燕尾，如图 2-38 所示。瀑下一潭，名叫霞映潭，潭水碧绿，大一亩余，潭中有巨石，形状像大铁锅，侧倚水底，隐然可见。每当晚霞照映时，潭面鲜丽可爱，潭因之得名。因潭水下游的筋竹涧内有东龙潭，故又称此潭为西龙潭。燕尾瀑的岩石为雁荡山火山第一期火山爆发形成的熔结凝灰岩。

图 2-38　燕尾瀑

（2）筋竹涧

筋竹涧是雁荡山景区内由大龙湫锦溪向南延伸的一条涧溪，上游一段称经行峡，中下游一段称筋竹涧。经行峡取名于唐贯休"雁荡经行云漠漠"诗句"经行"。筋竹涧则与我国山水诗创始人谢灵运的《从筋竹涧越岭溪竹》一诗而闻名。

筋竹涧两岸峰峦险峻，奇石错落，水流清澈。悬瀑、飞泉、急滩、深潭、涧水、夹谷、陡崖贯穿整个筋竹涧。筋竹涧的岩石是 K_1y^1 的熔结凝灰岩。

（3）连环潭

连环潭位于筋竹涧中游。涧中有十八潭，潭面长宽各有 10～20m，潭潭相接，形态或曲或直，水流或急或缓，层次丰富。如图 2-39 所示。

（4）能仁寺

能仁寺初建于宋咸平二年（999 年），又称大镬寺，位于雁荡山大龙湫景区锦溪岩畔，是雁荡山十八古刹中规模最大的一座。南宋发展至鼎盛，当时有僧人三百，香客每日千人，成为全国 30 所最著名寺院之一，成为雁荡山一个重要的人文景观。

寺内存有铸于宋元祐七年的大铁镬，镬高 1.65m，口径 2.70m，厚 3cm，重 18500kg。内壁有正书铭文 134 字。900 多年前铸造的浴镬，具有重要的佛教文化与历史价值，并为研究我国冶金史，提供了重要实物依据。如图 2-40 所示。

图 2-39　连环潭　　　　　　　　　　　　　图 2-40　大铁镬

7. 雁湖景区

雁湖景区是雁荡山西大门。雁湖位于雁湖岗顶，海拔 990m。昔时雁湖"方可十里，水常不涸"，湖中芦荻丛蔽，秋雁归时，多栖宿于此，故名雁湖，是雁荡山的生态保育区。原有北、中、东三湖，中湖较大，徐霞客称之为"鸿雁之家"。雁湖从有记载以来，已历千年，近今湖荡淤塞，只留下一口小水塘。在雁湖岗顶眺望东海，水天一色，浩渺无际，是观赏日出和云海的好地方。雁湖岗终年云雾缭绕，所产之茶，列为上品。湖水泄于山之南，分两支：一支出石门，一支出凌云；泄于山之北为显胜门景区诸水。有道是："雁影已随风雨去，涧水亘古空自流。"意境极为悠远。雁湖景区以湖、瀑、谷等取胜，可下观西石梁洞，西大瀑，含珠峰；上登雁湖岗，观云海日出。雁湖岗的岩性为中央侵入体的石英正长岩。

（1）石柱门

沿雁荡山景区入口处西行约 1km，右侧有两岩对峙如门，即石柱门。门高约 100m，宽约 30m，门内景色幽秀。

（2）含珠峰

含珠峰位于石柱门南面。一峰插天，高约 100m，自峰腰至峰顶，中有一条裂隙，沿裂隙岩块破裂，崩落而留下一块珠状圆石，颇为奇特，故名为含珠峰。如图 2-41 所示

（3）西石梁洞

西石梁洞位于含珠峰西 1km。洞口向南，洞口有纹理如芭蕉的大石梁斜倚。洞内有左右两洞，右洞高约 30m，宽约 20m，深约 10m，清代依洞而建木质结构楼房五间。左洞上小下大，上透通而下呈圆锥状，为瀑布冲刷而成。西石梁洞所处岩石为流纹岩，洞是受到北东 40°、北西 280°两组断裂带交汇切割，岩石破裂、剥落而成。洞口石梁上两组裂隙（劈理）十分清楚。如图 2-42 所示。

图 2-41　含珠峰　　　　　　　　　　　　图 2-42　西石梁洞

（4）西梁大瀑

西梁大瀑是一条隐于壁立高崖内的悬瀑，瀑高约 160m，仅次于大龙湫，为雁荡山第二大瀑布。西梁大瀑在一条东西向沟谷的西侧，溪流所在的沟谷沿北西向发育，下蚀到流纹岩单元的上部流纹岩层时，形成西石梁大瀑。宋代王十朋在《西大瀑》中道："灵源东接雁池遥，裂石崩崖下九霄，云断青天倚天剑，月明泉室挂生绡，江声雨势三秋念，雪花冰花五月饶，休勒移文北山去，他年来赴石梁招"。明代旅行家徐霞客在游记中云："其高亚龙湫，较似壮胜，故非岩山第二流也。"现代张叔梅将西梁大瀑与大龙湫相比较，以为"雄奇各自有千秋"。西石梁瀑附近还有曾任国民政府行政院长、立法院长孙科所题的"幽泉"二字，还有蒋叔南所题的诗刻，瀑前溪石上的"西石梁大瀑"五字，字大盈米，笔粗气壮，具有奔放豪迈之气。

8. 显胜门景区

显胜门景区位于雁荡山景区的北部，东起砩头溪汇合处，西至锯板岭头，南起湖南

潭，北至百将岩，总面积44km²。其中有10峰、11岩、2嶂、5洞、6潭、2石、2门、1溜、1溪等景点51处。主要景点有显胜门、南阁牌楼群、章纶墓、会仙峰、含羞瀑、散水瀑和散水岩、鸡屏峰、恭毅纪念馆、仙游洞、沓屏峰、西屏峰、仙岩、陈抟岩、仙杖峰、仙岩洞、石佛洞、湖南潭和龙溜、砩头溪等。

显胜门景区以显胜门最负盛名，两壁陡立，直上云霄，中豁为门，气势峭拔雄伟，向有"天下第一门"之称。会仙峰、仙岩、仙杖峰、仙游洞、仙岩洞、仙人脚印等景致都冠一个"仙"字，颇具玄妙神秘的色彩。具有明代建筑风格的南阁牌楼群，古朴雄伟，是不可多得的人文景观。

显胜门位于显胜门村西南，高约200m，豁口顶部相隔仅数米，如图2-43所示。抬头仰望"自非亭午夜分，不见曦月"有天下第一门之称。门右崖壁上部有著名的石佛洞。此洞为沿裂隙岩块剥落而成。洞内有硅质水溶液淋积成微型柱状体。门内有倒石堆积的"透天十八洞"。门内倒石，证明显胜门是流纹岩岩峰经断裂、风化、流水侵蚀、岩块崩落等而成豁口。

图 2-43　显胜门

9. 仙桥景区

仙桥景区为雁荡山北部的"仙境园"，以仙桥为标志性景点。相传周灵王之子姬晋，学道成仙，骑马过仙桥。仙桥为一天生桥，堪称为火山喷溢的流纹岩中的第一桥。

仙桥（天生桥），位于龙虎门北。由龙虎门北望，海拔约200m的仙亭山上有拱形石桥，桥长 38m，宽 8m，如图 2-44 所示。登桥下俯绝壁万仞，云行流水，如入飘飘欲仙之境。仙桥为我国流纹岩地区发育最完美、最典型的天生桥。天生桥发育在流纹岩岩嶂之上，由于流纹岩层下部富有角砾、球泡而易于剥落，中部发育柱状节理而易破裂而成。

图 2-44　仙桥（天生桥）

10. 龙湖—仙姑洞景区

龙湖—仙姑洞是雁荡山景区最北的园区。标志性景观为十里长湖与曲尺奇洞。景区内山峦叠翠，柱石林立。龙湖周边为雁荡山火山第四期爆发的熔结凝灰岩，发育柱状节理，形成层层叠叠的石柱。

（1）龙湖

龙湖位于雁荡山区景福溪下游。十里长湖，湖岸曲折，水流如龙。两岸山峦叠翠，奇峰耸立，柱石林立，美不胜收。湖左岸山体由五边形、六边形石柱排列成石柱群，如图 2-45 所示。石柱是第四期喷发形成熔结凝灰岩，在高温火山碎屑流成岩后均匀冷却收缩而成的柱状节理。

图 2-45　熔结凝灰岩中的柱状节理

（2）仙姑洞

仙姑洞位于雁荡山景区龙湖北。一峰突起，峰腰悬一洞，为一呈曲尺状奇洞，如图2-46 所示。洞高约 20m，宽约 30m，深约 40m，有东、南两个洞口。洞口临绝壁，入洞须缘梯攀升。洞顶呈穹隆状，洞内明亮而显幽深，洞外层峦叠嶂而显高旷。仙姑洞的岩石为雁荡山第二期火山喷溢的流纹岩，洞的形成与两组相交的断裂有关。

图 2-46　仙姑洞

2.5　地质遗迹的保护

根据雁荡山世界地质公园内地质遗迹分布及其价值特征，《拟建中国雁荡山世界地质公园总体规划》中确定对地质遗迹实行三级保护。其中 I 级保护区面积 $8km^2$，II 级保护区面积 $49km^2$，III 级保护区面积 $120km^2$。如图 2-47 所示。

116

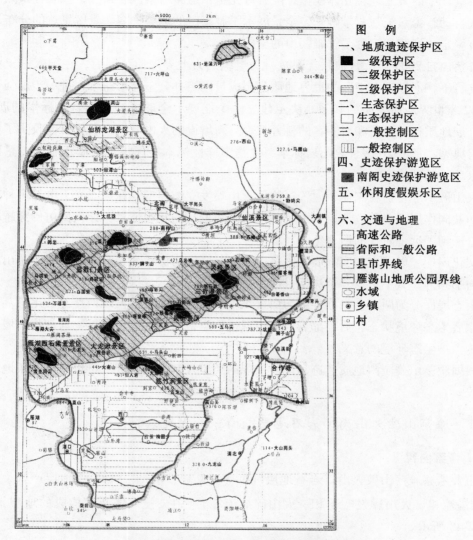

图2-47 雁荡山世界地质公园地质遗迹保护规划图
（引自《拟建中国雁荡山世界地质公园总体规划》）

2.6 考察路线

　　根据雁荡山世界地质公园建设的要求，雁荡山世界地质公园的博物馆已建成并对外开放。雁荡山博物馆占地 1.5hm^2，由影视厅、模型厅、标本展示厅、火山演示厅、文化展示厅和生态展示厅等六部分组成，雁荡山博物馆浓缩了雁荡山历史和文化的丰富内涵。走进雁荡山博物馆，就像走进了一本雁荡山的史书。在考察之前，很有必要先参观雁荡山博物馆。

117

模型厅中的大型地貌立体模型，配有灯光指示道路与景区、景点，代表性景点配有触摸式自动解说系统与背景音乐，全景展示了雁荡山的地貌景观、景区景点的分布，让游客有一定俯视感地观赏了解雁荡山的全貌。

雁荡山自 2005 年 2 月被联合国教科文组织列为世界地质公园后，在国家国土资源部的支持下，通过设在中国的世界地质公园成员网络办公室这个纽带，进一步加强了与全球 32 家世界地质公园的联系，决定建立一个能展示全球典型火山岩石标本的展厅，用于开展地质科学研究和对游客的科普教育。新增设的火山岩标本展厅目前收集了国内外具有典型特征的 20 多种火山岩标本，生物多样性标本展厅将集中展示雁荡山景区内的国家珍稀动植物。

火山展示厅用仿石制作，内置可演示火山喷发立体模型，在声、光、电等多种高新科技的共同作用下，逼真地再现了雁荡山火山喷发时的壮观情景，让人们仿佛穿越时空隧道，回到了远古时代的白垩纪。

文化展厅，以图文与实物展示雁荡山研究与开发历史、名人与雁荡山、雁荡山出版文献与书画等，其中重点介绍沈括、徐霞客与雁荡山。

生态展厅分为两部分，前半部为白垩纪生态，突出区域内发现白垩纪长尾雁荡山化石复原后生态环境状态，后半部为雁荡山现代生态，重点突出名贵植物与动物。展厅主要宣传保护生态环境的意义。

根据雁荡山公园内地质遗迹和地质景观的类型及其分布特征，可以设置 4 条地学考察路线。

2.6.1 雁荡山破火山南部岩石地层剖面——上灵岩村—百岗尖

1. 考察内容

主要考察雁荡山破火山口岩石地层（K_1y^1、K_1y^2、K_1y^3、K_1y^4）、地层产状、岩相（包括溢流相、火山爆发空落相、火山碎屑流相）、中央侵入体及其构成的地貌景观，如图 2-48 所示。

2. 考察路线

上灵岩村：从观音峰西侧—方洞口外停车场—百岗尖。

3. 观察点

（1）上灵岩村至方洞（口外），主要考察雁荡山破火山第二期火山喷溢的流纹岩层，即破火山复活期的熔岩流—巨厚流纹岩层，地貌上形成嶂、峰、洞。金带嶂下部和观音峰莲台以下的岩石均为流纹岩。

①上灵岩村公路南侧山体为低硅熔结凝灰岩（K_1y^1）。

②观音峰莲座以下至上灵岩村为厚度较大的流纹岩（K_1y^2）。

③观音峰莲座为凝灰岩、熔结凝灰岩夹流纹岩（厚度 2 ~ 10m，产状北倾近水平产出）呈莲瓣状（K_1y^3）。

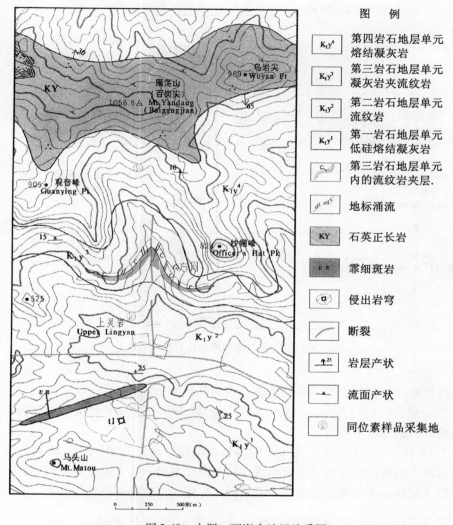

图 2-48 方洞—百岗尖地区地质图

　　④观音峰，观音"坐身"成锐锋，为第四期爆发的熔结凝灰岩（K_1y^4）。

　　（2）方洞口外停车场，西望观音峰，观察雁荡山破火山第一、二、三、四期喷发产物的地貌形态，如图 2-49 所示。

　　（3）方洞口外岩壁露头，观察由下而上依次为：火山爆发空落凝灰岩—流纹岩夹层（约 4m，近水平微向北倾）（K_1y^3）—火山碎屑流的底部为地面涌流凝灰岩，发育水平层理（K_1y^4）。

　　（4）方洞栈道，栈道的岩壁，即断面，主要为凝灰岩和一层流纹岩，两者接触面在栈道中段最清楚。

　　（5）洞房里景点，由山谷步行，或从公路上远看，出露 K_1y^3 凝灰岩，地貌上为小

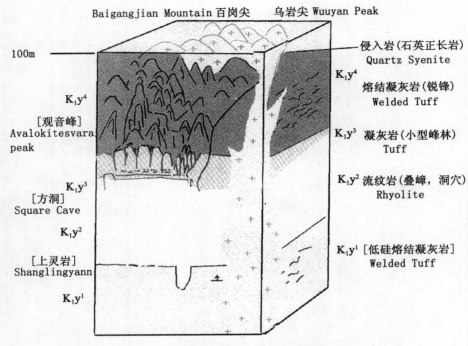

图 2-49　不同期次火山作用产物及其形成的地貌

型峰林，经近东西向断裂切割、风化呈现"墙式"地貌。

（6）沿公路至沙帽峰西缘，公路（东）边的露头。主要为 K_1y^4 熔结凝灰岩，可见其中熔结角砾构造和流动构造。

（7）百岗尖—乌岩尖鞍部，北望南阁到显胜门峰、嶂地貌景观，为雁荡山中部风景带，这是由于东西向断裂切割发育而成。并与南部灵峰—大龙湫景观带相平行。百岗尖—乌岩尖为雁荡山火山喷发结束后，岩浆侵入作用的产物——石英正长岩。

2.6.2　雁荡山火山东部岩石地层剖面——王家岙—七星洞、五峰山

1. 考察内容

考察雁荡山 K_1y^1、K_1y^2、K_1y^4 岩石地层及其产状；火山喷溢和火山爆发形成的岩相、岩流单元结构，如图 2-50 所示。特别有意义的是观察岩穹的构造。可以采集各类岩石标本。

2. 考察路线

乘车由大荆镇到洒州堂之西王家岙村。然后可以沿通往七星洞小路，到达七星洞，再至五峰山。或沿小路南侧的山脊到达五峰山。

3. 观察点

（1）王家岙村附近小型采石场。岩石为低硅熔结凝灰岩，标本上可见到塑性浮岩屑（浆屑）的流动构造，显微镜下尤为典型。该处岩石经同位素 Rb—Sr 等时线法测定

Ky	石英正长岩 Quartz syenite
ζλπ	斜长流纹斑岩 Plagiorhyolite porphyr
ζμ	英安玢岩 Dacite porphyrite
α	安山玢岩 Andesite porphyrite
	侵出岩穹 Extrusive dome
	火山通道 Volcanic conduit
	断裂 Fault
	流纹产状 Flow plane occurrence
	破劈理及产状 Cleavage occurrence
	岩层产状 Rock bedding occurrence
	同为素样品采集地 Isotope sampling site

Qh	坡积、冲积含砾沙土、亚砂土、砂砾土 Talus&alluvial gravcl bcaring sand,subsand ,asnd-gravcl
Qp	虹激、坡积、冲积含砾亚砂土、砂土、亚粘土 Diluvial,lalus&alluvial gravel bearing subsand,sand,subclay
K_1y^4	雁荡山第四岩石地层单元熔结凝灰岩 Yandangshan 4th Lithostratigraphic Unit wcldcd tuff
K_1y^3	雁荡山第三岩石地层单元凝灰岩 Yandangshan 4rd Lithostratigraphic Unit tuff
K_1y^2	雁荡山第二岩石地层单元流纹岩 Yandangshan 2nd Lithostratigraphic Unit low siliceous welded tuff
K_1y^1	雁荡山第一岩石地层单元低硅熔结凝灰岩 Yandangshan 1st Lithostratigraphic Unit low siliceous welded tuff

图 2-50 王家岙—七星洞地区地质图

为 128Ma，属雁荡山破火山第一期火山活动的产物（K_1y^1）。

（2）王家岙向西沿小路步行，小路两侧有各种流纹岩，如流纹状流纹岩，块状流纹岩，角砾流纹岩，球泡、球粒流纹岩，等等。如图 2-51 所示。反复出现各种流纹岩是与熔岩流动单元有关。一次喷溢岩流称为一个岩流单元。雁荡山有 4~5 次喷溢，形成 4~5 个岩流单元。上述各种流纹岩处于岩流单元上、中、下各部位。这套流纹岩属于 K_1y^2，为雁荡山第二期火山喷溢而成。

从小路向南西观望，有一山脊，其地层明显呈层状，向西（破火山中心）倾斜，其突出部位一般为岩流单元上部的流纹状流纹岩，据此可以判断有几个岩流单元。

（3）进入七星洞之前，沿途先观察岩壁上的流动构造，注意其产状变化。远望七

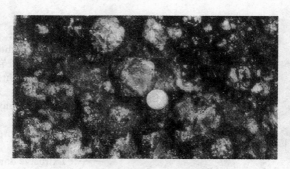

图 2-51　球泡、球粒流纹岩

星洞，注意其流纹构造呈弧形。

（4）七星洞，该洞原为岩穹（见图2-5）。洞壁流纹呈陡直弧形。洞是在岩穹的基础上，经断裂作用破裂崩坍而成。因洞内有7个小洞窟而得名。7个洞窟是由于流纹岩含有球泡、角砾易于崩落而成小洞窟。由于水的作用，硅质溶液沿细小裂纹渗透，淋积而成美妙的图案。

洞初建于清光绪二年（1906年），洞口裂如石门，有联记其胜"仰揽明月星河皎皎瑶池近，俯视晓月云海沉沉蓬岛低"。

（5）五峰山，自七星洞至五峰山为山路。登上五峰山为雁荡山破火山第四期火山爆发的火山碎屑流，冷却后形成熔结凝灰岩（K_1y^4），其年代测定为117Ma。

2.6.3　智仁球粒流纹岩与基底涌流凝灰岩

1. 考察目的

主要考察球粒流纹岩与基底涌流凝灰岩。

2. 考察路线

由大荆镇到智仁后转西行公路南侧山体采石场。

3. 观察内容

（1）沟底红色砂岩层

红色砂岩"倒贯"到流纹岩（K_1y^2）裂缝之中。

（2）采石场

采石场为涌流凝灰岩，主体为各种层状凝灰岩，出现类似沉积岩的水平层理，乃至波状或交错层理，粒序层，单层厚10～30cm，具有在湍流中快速堆积的特点。岩石中碎屑主要为火山碎屑物：岩石碎屑、矿物碎屑，少量为陆源碎屑。这种涌流凝灰岩为蒸汽岩浆爆发的产物。

2.6.4　大龙湫—方洞—灵岩—三折瀑—响岭头路线

1. 考察目的

大体了解雁荡山流纹岩地貌景观的形成和雁荡山火山喷发的主要岩石与断裂构造、

风化剥蚀作用的关系。

2. 考察路线与考察点

（1）大龙湫东园（球泡流纹岩、流纹状流纹岩）

雁荡山景区入口处，剪刀峰（流纹岩弧峰形成与移步换景），龙字天书崖（残留岩穹），大龙湫（紧贴流纹岩断崖的瀑布）。

（2）方洞口外

方洞栈道（岩石地层单元层序）。

（3）灵岩

天柱峰、屏霞峰、龙鼻洞（嶂、峰、洞成因与流纹岩的关系）。

（4）中折瀑

瀑布形成与岩壁流纹岩结构构造。

（5）灵峰

天冠峰、合掌峰、观音洞、北斗洞（裂隙崩塌洞）、灵峰古洞（倒石堆积洞）。

上述考察点的内容已在 2.4 节中述及，此处不再赘述。

第3章　方山—长屿硐天（东园区）

　　浙江省温岭方山—长屿地质公园，位于浙江省温岭市中西部，主要包括方山和南嵩岩地区的火山岩地质遗迹与历史文化景观、长屿硐天古采矿（石料）遗址和地面的自然景观与人文景观。公园总面积25.58km²。如图3-1所示。

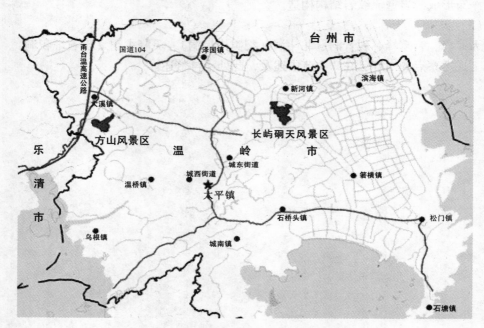

图3-1　长屿硐天、方山交通位置图

　　1962年，杭州大学完成了1/500000黄岩幅区域地质调查工作。1976年，浙江省水文地质大队完成了1/100000温岭—黄岩平原农田供水勘探。1979年6月，浙江省航空物探队完成了1/500000浙江南部地区航空物探。1979年9月，浙江省区域地质调查大队完成了1/200000温州、黄岩、洞头幅区域地质调查。1980年，浙江省水文地质大队完成了1/200000区域水文地质普查。1992年5月，浙江省物化探勘察院完成了1/200000浙东南区重力勘察。1992年9月，浙江省第五地质大队完成了海岛地质矿产调查。1995年11月，浙江省区域地质调查大队完成了1/50000温岭县等4图幅的区域地质调查，并对方山—南嵩岩、长屿硐天等景区旅游地质资源作了初步调查评价，提出了保护与开发的建议。

　　系统的景观调查与旅游规划工作始于2000年。2001年，北京大学城市规划设计中

124

心完成了《温岭长屿硐天旅游发展总体规划》工作。2004 年，浙江省全省旅游资源调查工作对公园其他旅游资源调查取得了丰富的基础资料。2004 年，浙江省地质调查院开展了拟建温岭长屿—方山地质公园综合考察，其后并入国家地质公园申报雁荡山世界地质公园，于 2005 年初申报成功。2006 年开展了矿山公园综合考察工作，组织申报国家矿山公园，并于 2010 年被批准设立国家矿山公园。

位于新河镇的长屿硐天，是一处古采石遗址。据史料记载，自南北朝以来，人们就开始在长屿这里采掘火山凝灰岩石板石材，长屿也因此而成为举世闻名的“石板之乡”。1500 余年以来，历代采石不衰，一直延续发展至今，留下了 28 个硐群，共计 1314 个形态各异的硐窟，串连相叠，幽深曲折，宏伟险奇，变幻莫测，其规模之大，结构之复杂，世所罕见。1993 年 3 月，被浙江省人民政府批准为省级风景名胜区。2005 年被批准为国家重点风景名胜区。

位于大溪镇的方山、南嵩岩，属雁荡山之余脉，是一个以典型的火山岩地貌景观为主体而形成的风景区。山体主要由流纹质火山岩构成，气势雄稳，如桌如台，被誉为“空中花园，清幽福地”。景区内，集危崖绝壁、奇峰深谷、飞瀑溪涧、田园风光于一体，是浙江省人民政府批准设立的省级风景名胜区。

3.1　长屿硐天国家矿山公园

长屿硐天是一座历史悠久的建筑石材矿山，至少经历了 1000 余年的采石活动，并延续至近代、现代仍保持高产量的开采。长期的开采，不仅遗留了结构独特的采石遗址，还在周边形成了一个广泛运用长屿石材的、具有悠久历史文化内涵的村落群，它们包括大量的古代矿业遗迹、历史文化古建筑、古器物、古技术、民俗民谣和民间匠人与宗教文化等。

长屿硐天在古代就由当地居民自发地开展了局部性的环境治理与景观利用，至少在明代已开发成为当地游览观光、宗教信仰与文化活动的风景名胜地，并在后代的开发中，矿山环境与风景名胜相互依存和谐发展，成为古代利用与治理矿山的典型范例。长屿硐天不仅是一座矿山，还是一处国家级风景名胜区，是雁荡山世界地质公园的组成部分，2010 年 5 月，被批准设立国家矿山公园。

随着社会经济的发展，对传统长屿石板的需求量减少，长屿的采石活动现在已基本停止。矿山遗留的千孔百窍已成为威胁人身安全的隐患，并且土地资源难以有效地利用，亟待进一步发扬古人利用遗址的理念，治理矿山环境，保护具有突出的历史文化价值与美学价值的采石遗址和相关人文景观，把长屿采石遗址建设成为著名的硐天世界。

3.1.1　概述

1. 地理位置及范围

长屿硐天矿山公园位于浙江省温岭市东北部的新河镇，距温岭市区约 15km，距台州市区约 30km。地理坐标为北纬 28°25′10″ ～28°27′05″，东经 121°24′35″ ～

121°27′40″；东界为丁乔—新田—塘前—李家—陆家—龙山，南界为高山尖—284.9
高地—306.0 高地—卧蚕岗—金银山—狮子岩岗头，西界为 307.7 高地—坟山—
212.4 高地—竖山—岙口，北界为里岸—长屿中学—白莲堂—长屿村—前东湾；面积
为 10.09km²。

甬台温高速公路与铁路、104 国道通过温岭市，可以直达杭州、上海、北京、武
汉、南京、西安、广州等 40 多个大中城市和市县。水路有礁山港、永安港、沙山等可
供外轮停靠的码头，外海货运轮可达 1000t 级，通航香港、日本等地；内河码头有永
安、松门、箬横、新河、泽国、大溪、温桥、太平等，通航黄岩、椒江等地。长屿硐天
矿山公园距台州路桥机场约 25km，温州机场 120km，甬台温铁路温岭站 20km。交通十
分便利。

2. 公园的功能分区

长屿硐天矿山公园可以综合为"一轴五区"的景观结构，"一轴"为矿业遗迹景观
核心区；"五区"分别为"矿业展览区"、"地貌景观游览区"、"历史文化区"、"宗教
文化区"和"生态休闲区"，"五区"围绕"一轴"而展开，具有各自的特点与功能。

（1）矿业展览区

矿业展览区分布在矿山公园中部，围绕整个矿山公园矿业遗迹核心轴两翼展布，面
积 2km²，分布有 28 处硐群，1314 个形态各异的硐窟，是整个公园矿业遗迹景观最集
中、最完整、最系统分布的区域，是整个矿山公园矿业遗迹景观的核心，是整个长屿硐
天硐窟奇观的精华所在，矿业展览区全面完整地展示了长屿硐天悠久的采石历史、采石
文化、采石技术和采石工艺。

（2）地貌景观游览区

地貌景观游览区位于矿山公园西南部的石脚桶、卧蚕岗、金银山、狮子岩岗头和野
人坑等地。以地质地貌景观为特色，分布有众多的火山岩地貌景观和水体景观，也是人
们观赏自然景观的理想场所。

（3）历史文化区

历史文化区由里岙村、山园、新园和大岙等自然村组成。这里是长屿千百年来采石
历史文化的发祥地，同时也是传承这一历史文化的主体；村落与采石历史和采石文化有
很深的渊源，历史文化底蕴深厚，成为矿山公园不可分割的一部分。至今保留有大量的
石文化建筑和石文化雕刻工艺品，以及采石后人传承的采石技术和采石工艺，是重要的
非物质文化遗产地。

（4）宗教文化区

采石文化与宗教文化有着很深的历史渊源，矿山公园内以废弃硐窟修建的宗教祭祀
场所有 10 余处。矿山公园宗教文化区主要集中在八仙岩景区的核心地带，是当地及周
边民众重要的宗教祭祀场所。

（5）生态休闲区

生态休闲区分布在矿山公园石船坑山谷地带，谷底地势平坦，园林景观粗具规模，
树木与草地茂盛，景色诱人，是夏季休闲的理想场所。

3.1.2　自然地理特征

1. 气候条件

长屿硐天矿山公园属中亚热带季风气候，热量丰富、雨量充沛，四季分明，日照和水资源量丰富。常年主导风向为南偏东风。年平均降雨天数为 165 天，多年平均降水量 1702.1mm，年平均蒸发量为 1292mm。年平均气温 17.4℃，极端气温-6.6℃及 40.6℃。主要灾害性天气有台风、暴雨、干旱等，冰雹、龙卷风等局部性灾害也时有发生，多年平均大风日数为 8.1 天。

长屿硐天矿山公园所在区域多硐穴，硐内外温差较大，冬暖夏凉。冬季最冷月硐外温度-4℃，硐内温度为 10℃；夏季最热月硐外温度 34℃，硐内温度为 24℃，是优良的适游小气候。

2. 地形地貌

长屿境内西南高、东北低，属于延绵起伏的丘陵。矿山公园内约 8.05km² 的丘陵分布在西南和东南缘。由于新构造运动的影响，西南部的剥蚀平原被抬高，经侵蚀切割形成丘陵岗地，局部切割较强烈，形成危岩峭壁；相对高差约 22m，多形成瀑布。瀑布的横剖面多呈狭窄的 V 字形，坡度为 30°～60°。

西南部主峰狮子岩岗头海拔为 390.8m，其余一般为 100～250m 之间。矿山公园的东北缘地势低平，海拔 2.5～3.0m，为海陆交互相的冲海积平原，是温（岭）黄（岩）平原的组成部分。

3. 土壤与植物

矿山公园丘陵地区风化层深厚，土壤类型主要为红壤土类，保水保肥能力强，适宜林木生长，北部平原有少量水稻土等。

矿山公园的植被覆盖率为 81.5%，绝大部分为马尾松林，其余为常绿阔叶、常绿或落叶阔叶混交林和落叶阔叶林、灌木草丛植被、经济林等。低丘缓坡（海拔低于 100m）以混交林、松木林、毛竹林及经济林为主，土层深厚、肥力较好处有阔叶林分布；海拔 100m 以上的坡地以马尾松、黑松等针叶林和灌木为主。常绿阔叶林主要有木荷、栎类、山合欢、冬青、虎皮楠等。

矿山公园内近年来实施了封山育林，现在大多已成林，大部分为马尾松林、其余为常绿阔叶林、常绿或落叶阔叶混交林和落叶阔叶林、灌丛草丛植被、经济林。现有林区可以分为矮林草区、灌木蕨针叶林区、灌草针叶林区、疏林区、黑松灌草林区和栽培植物区，主要分布在丘陵地区。

3.1.3　地质特征

1. 区域地质特征

长屿硐天位于亚洲大陆东部边缘中生代巨型火山带的中段，自晚侏罗纪（距今约 150Ma）以来，太平洋板块向北西方向持续俯冲与走滑，导致俯冲带地壳熔融，生成壳源为主的酸性岩浆，在早白垩纪强烈活动，向上运移至地壳浅部或喷出地表，形成西太平洋火山岩带。

长屿硐天矿山公园位于西太平洋火山带东南沿海火成岩省区，以白垩纪大规模流纹质岩浆活动及构造活动形成的古火山构造与北东向断裂构造为主体的地质特征。

在早白垩纪时距今约 130—150Ma，长屿地区至少经历了 5 次火山喷发，形成了一个大型的古火山构造——晋岙古火山构造。晋岙古火山构造自温岭市区太平镇东北的石夫人至长屿一带，以环状断裂为界，面积大于 90km²。经后期的风化剥蚀，现为海拔 200～300m 的丘陵，四周为海拔 5m 以下的平原；矿山公园位于该古火山构造的北缘。

2. 地层条件

（1）第四系海积—沉积层（Q）

自更新世（约 1.75Ma）以来，受海平面变化和新构造运动的控制，长屿硐天矿山公园北缘的平原区堆积了松散的海积—冲积地层，岩性主要为深灰色淤泥质亚粘土与亚粘土互层，局部夹粉砂土、亚砂土，最大厚度达 200m。靠近丘陵的沟谷地段，则相变为砂砾石层、砂土层等。

（2）下白垩纪火山喷发—沉积地层（K₁）

5 次火山喷发和 1 次构造盆地活动形成的火山—沉积地层。从上到下依次为：

①大尖山段，火山碎屑流相流纹质晶屑玻屑熔结凝灰岩，厚度大于 73m。

②长屿段，在晋岙火山口附近为降落、滑塌堆积的集块角砾岩，远离火山口至长屿一带相变为火山碎屑流相与降落相的流纹质含角砾晶屑、玻屑凝灰岩等，局部夹沉凝灰岩和酸性熔岩，厚度约 220m。

③高浦岙段，火山碎屑流相流纹质玻屑熔结凝灰岩等，厚度约 180m。

④下保山段，火山碎屑流相英安质晶屑玻屑凝灰岩等，厚度约 230m。

⑤芝岙段，陆相沉积的灰紫色、紫红色砂岩、砂砾岩、泥岩等，厚度约 70m。

⑥莞田段，沸溢相流纹质晶屑、玻屑熔结凝灰岩，厚度约 230m。

火山岩地层多数保持了原始产状，倾角 10°～15°；总体上以晋岙火山口为中心，内侧向晋岙倾斜，外侧则向外围倾斜。

3. 侵入岩

火山喷发的晚期，深部的岩浆侵入到近地表，形成了流纹斑岩、英安斑岩、石英霏细斑岩和花岗斑岩等 10 个大小不等的潜火山岩；规模大者面积达 1km²，规模小者直径仅 100m，这类火山岩可能多是沿火山通道侵入。晋岙村附近发育有较大面积的流纹斑岩、珍珠岩，而周围分布有大面积的火山集块角砾岩，表明石夫人—晋岙一带是晋岙古火山的主要喷发中心与岩浆上升的通道。

4. 地质构造

晋岙破火山位于温岭城东北石夫人至长屿一带，以环状断裂为界，裂体呈圆形，面积大于 90km²，破火山口内西山头组火山岩构成高程为 200～300m 的丘陵，四周为高程在 5m 以下的河网平原地区。破火山口由西山头组下、中、上三部分（即三个岩性段）自内向外，形成从低向高依次分布、围斜向内倾的盆状形态。在破火山口内散布有 10 个流纹斑岩、英安斑岩、石英霏细斑岩和花岗斑岩等大小不一的潜火山岩，规模大者面积达 1km²，规模小的直径仅百米，这类火山岩可能是循火山通道侵入，特别是晋岙村附近的流纹斑岩，大面积散布火山集块角砾岩，向外火山碎屑块度变小，逐渐变为角砾凝灰岩或凝灰岩，表明石夫人—晋岙一带为古火山喷发中心。

早白垩纪火山活动结束后，北东、北北东、北西方向的断裂与节理、裂隙发育在火山岩中。其中北东向断裂规模较大，延伸较远，其力学性质为压性及压扭性。

5. 矿床地质特征

根据区域地质调查研究，长屿地区至少经历了五次火山喷发与一次构造盆地活动，形成的火山—沉积岩地层可以分为 6 个岩性段，其中长屿段的流纹质含角砾晶屑、玻屑凝灰岩为长屿石材的贮存层位。长屿段大面积分布于长屿及其南侧的丘陵地区；大尖山段多分布在海拔 200m 以上的丘陵顶部，岩性坚硬且脆性。

在 5 套火山岩中，唯独长屿段凝灰岩成为自古代延续到现代的采石对象，缘于长屿段独特的岩性特征。肉眼观察与镜下鉴定表明，长屿段岩性为浅灰色流纹质含角砾晶屑、玻屑凝灰岩、多屑凝灰岩等。火山碎屑主要为晶屑、岩屑与玻屑，含量为 60% ~ 90%。其中晶屑成分为肉红色或浅灰色的正长石，大小约 2mm；玻屑有微弱的土化，结构较疏松。角砾为早期的火山岩，大小不等，呈棱角状，含量 10% ~30%。往南至晋岙一带，角砾增大为火山集块，含量相应增多。

结构较疏松、质地均匀的（含）角砾凝灰岩，脆性与硬度都较低，具有易开凿的特点，为长屿石材的开采提供了先决条件。对裸露于地表有较长时间、但风化程度较低的角砾凝灰岩，相对于新鲜岩石而言，颜色变成浅灰黄色，致密度与硬度都有所增大。岩石的这种特征似乎为古代石匠所认识，他们选择了这种在地表能变得更坚硬、但在地下开凿时又相对质软而疏松的岩石。对引起这种岩石岩性特征的变化因素的研究至今尚缺乏，很可能是岩石中含有沸石等矿物，因沸石在地表的脱水可以导致岩性特征的变化。在长屿一带，长屿段凝灰岩厚度达 220m，为长屿采石提供了第二个条件，为开采出规模宏大的采坑提供了可能。在后期的构造运动中，长屿一带没有遭受明显的挤压，导致岩石破碎，是形成长屿硐天的第三个地质条件。上述三个地质条件使长屿含角砾凝灰岩成为古人能开采的建筑用石材矿床。此外，在长屿地区能形成规模如此宏大的采石遗址，还与长屿毗邻通航的河道、交通运输便利有关。

在长屿地区能形成厚度巨大的（含）角砾凝灰岩，是因为在早白垩纪这一地区曾经发生过一次特殊的低温岩浆喷发作用。这次喷发具有低温、强烈爆发的特点，强烈的爆发作用产生了大量的火山碎屑，而岩浆爆发时的低温则使其不发生熔结作用，没有以形成致密的玻璃质、难以开采的火山岩。长屿段的火山喷发方式属于布里尼式喷发，即极端猛烈的爆破式喷发，以强有力的气体爆炸释放和高的火山碎屑喷发柱为特征。岩浆粘度大、爆发强烈，大多形成高 10 ~55km 的喷发柱；火山碎屑含量常达 90% 以上，其中围岩碎屑占 10% ~25%，喷出物都是高粘度的泡沫化浮岩、岩屑、晶屑和火山灰，很少有岩浆的喷溢。由于长时间、大体积的喷发，火山口易发生塌陷形成破火山口。形成了广泛分布的空降浮岩堆积和巨厚的火山碎屑流及次生的火山泥石流。这种火山喷发方式的过程通常为：清除火山通道—岩浆泡沫化—猛烈爆发出浮岩和火山灰—火山通道壁岩块坠入、堵塞火山通道，如此反复作用，形成复杂的火山结构。

经区域岩相分析，代表长屿段的火山喷发产物总体积约 $6km^3$，古火山口位于晋岙一带,后期被流纹岩、珍珠岩充填。火山口周围主要为布里尼式喷发柱下部气冲区降落的粗粒级集块、角砾;部分火山集块、角砾发生滑塌形成火山泥石流。这些粗粒级碎屑构成一个底面约30km^2、高近500m的火山碎屑锥。火山锥体外围分布着呈席状展布的火山碎屑流堆积物——火山灰及角砾夹灰云涌流堆积的玻屑凝灰岩等,覆盖面积大于70km^2。长屿的(含)角砾凝灰岩属于火山口外围岩相。

3.1.4 长屿地区的采石历史

1. 区域采石背景

长屿硐天地处浙东南沿海,北距杭州约300km、距宁波约200km、距绍兴约200km、距徽州约400km,南距温州200km、距福州约400km。曾隶属于宋、明兴盛时期的台州府(临海)管辖。历史上这一区域的社会经济曾经非常繁荣,采石用于民居、城镇、道路、津桥建筑非常普遍,遗留的采石遗址较多。

浙江古代的采石场大多始于隋唐,兴盛于宋、明、清,少数始于晋代。古代采石主要分为露天开采、半露天开采与地下开采三种方式。

露天采石遗址主要分布在基岩裸露的山坡表层,规模一般较小,主要以开采石板为主,少部分开采条石及料石,这些古代采石场是迄今已知最古老的采石遗址类型,以绍兴柯岩和东湖、宁海伍山等地为代表。其中绍兴的古采石场可能在越国建城时就有开采,可靠的记载则始于两晋南朝梁代。梁武帝笃信佛教,大造寺庙,造寺庙所用石料就采自箬簧山和吼山。到隋开皇年间开始规模化开采。越国公杨素镇守越州,为巩固城防,"采羊山之石以筑罗城"。采石后"留下秃岩一块,高八十余丈",这就是现今的柯岩云石。半露天开采与地下开采遗留的石窟目前发现很多,说明历史上曾非常盛行这种开采方式,但这类采石始凿的年代都比较晚。

地下开采仅见于龙游石窟,采硐埋于地下,为长方体状的采空区,与地表的一个小口相通,通常储满水,经初步考证,龙游石窟大约凿成于明代。

半露天采石遗址通常形似葫芦或覆钟,多数是露天开采结束后的采石场上方或地形陡峭的山崖边,选择一个合适的位置自地表向地下采石。入口一般面积较小,随着开采深度的加大,向下开采的面积逐渐扩大。在近地表资源趋于枯竭,或因山坡露天开采表层剥离工程量巨大而自上向下水平分层开采;有的因采坑太高太大而采用横向分阶段向下逐级开采,一般分二至三个阶段后期开采遗留的采硐,往往因通风、行人、运输需要等问题与早期的采硐贯通,采硐的联通形成了石棱、石柱、岩墙、石梁等景观。浙江省内半露天开采的遗址随处可见,如长屿硐天、黄岩石板仓、缙云仙岩等,其中以长屿硐天的开采规模最大。

2. 长屿的采石历史

《嘉靖太平县志·地舆上》载:"长屿,在县东北二十五里,山自紫高、铁场来,率粗厉雄猛"。《嘉靖太平县志·地舆三》载:"屿不甚大,却最有名,并石仓、黄监或统称长屿。"《嘉靖太平县志》载:"长屿黄监山产石,堪为桥梁、柱础,……"。"长屿石仓山有攻石之工。"长屿能载入史册,是由于长期的采石活动所致,至少在明代就已被认为是石材的仓库了,并且当地居民多石匠;所采石料多用于桥梁、民居等建筑。

在民间，长屿被誉为台州的"石板之乡"，山中石材资源丰富，石质洁白，是建房、铺路、架桥和工艺雕刻的优质材料，产品誉满省内外。

据史籍记载，先秦两汉时期，长屿为瓯越之地的中心区域。《汉志》称："越地卑湿，民以渔猎山伐为业，……魏晋以还，民稍稍盛，然水利未兴"。说明当时黄岩—温岭地区的居民，在周代是极其落后的渔猎山伐土著。公元前512年，徐国灭亡，徐偃王逃亡到长屿以西的今大溪一带建立徐偃王城，把北方中原文明带入台州地区。公元前334年，越国大败于楚，越摇王迁入台州建立闽越国。到汉代，中央王朝在台州设东瓯国，当时这一地区仍比较落后，多战乱，开始进入封建社会。但汉武帝时，东瓯王率民回迁中原，台州地区在东汉又处于人烟稀少的落后状况，并一直持续到西晋。到魏晋时期，北方战乱，人口南迁，这一地区才开始复兴，同时带来了北方先进技术与文明，隋唐之后逐渐繁盛。可见长屿的采石活动最早不会早于魏晋时期。

与长屿采石、用石有关的最早记载始于宋代。据《嘉靖太平县志》记载，北宋元祐年间（1086—1093年）提刑罗适修筑了黄望、周洋、永丰三闸。宋淳熙九年（1182年），朱熹提举浙东在温岭境内筑迁浦、金清二闸。上述水利工程所用石材均为采自长屿的流纹质晶屑、玻屑凝灰岩。南宋时期，因全国政治经济中心的南移，江南社会的快速发展，大兴灌溉、水利、交通、建筑等工程，导致长屿采石活动的兴起。据《嘉靖太平县志》记载，此时境内有埭（即堰、坝）14座，闸12座，桥5座。这些古桥闸堰多数在长屿北侧富沃的温黄平原南端，所用石材均产自长屿采石遗址。

汉代之后，浙江境内于魏晋时期居民增多，于隋唐开始繁荣。有关魏晋时期长屿地区是否有过较大规模或长时期的开采，《温岭县志》辑录的《朱熹奏状》中有这样的记载："臣体访到本州黄岩县，界分阔远，近来山谷最多，一州四县皆所仰给，其余波尚能陆远以济新昌、嵊县之阙。然其田皆系边山濒海，旧有河泾堰闸，时以启闭，方得灌溉，收成无所损失，近年以来，多有废坏去处，虽累次开淘修筑，又缘所费浩瀚，不能周遍。"在朱熹之前，已有堰闸水利工程。而这些水利工程是否由石材所筑、并出自长屿，有待考证。

宋元战乱导致经济衰退。宋以后，政治中心北移，经济文化活动减弱，以杭州为中心的周边地区大受影响。元至明初，长屿地区人口减少，发展滞缓，可以推断采石活动因此而减弱。到了明代，长屿地区又开始繁荣，长屿采矿遗址所在的新河镇，旧称迁浦，距长屿约8km，宋代遗留的北闸为长屿的角砾凝灰岩。明洪武二十八年（1395年）置新河所（属海门卫），修筑城墙，墙高二丈三尺，周围五里。当年建城浚河，引南鉴之水进西门出东门，故此城称新河。明成化年间（1465—1487年）设太平县，经济繁荣。据《嘉靖太平县志》记载，当时境内有闸2座、桥79座。明嘉靖年间开始流传的民谣"黄岩蜜局雁荡松，太平石工天台钟"，赞誉当时温岭石匠技术的精湛。而产生高超的石匠技术，与当时大量的采石、用石活动是分不开的，可以推断在明代曾经存在一个采石的高峰时期。

清代再次兴起兴建水利工程有较多可靠记载，《光绪太平县志》记载有闸27座，桥115座。此外，清代留下了大量的石窗、石兽等石雕工艺品以及石盆、石碾等生产、生活用具，石材都采自角砾凝灰岩。显然，清代的采石技术有了进一步的发展。

民国以来，尤其是 20 世纪 50 年代以后，现代技术融入古老工艺，加上设备的逐步改善，长屿地区的采石活动达到了最高峰，石矿的开采强度大大增加。采硐迅速向山体内部延伸，在深处形成了错综复杂的采坑硐群。

3. 长屿采石历史阶段的划分

通过对遗址内的地衣测年和古墓的^{14}C 同位素测年分析，可以将长屿采石历史划分为以下 5 个阶段：

（1）南北朝—隋唐的石材识别与条石开采期

大约距今 1500 年前，石材的易凿性质已被识别。至隋唐，在双门硐—净明硐一带、道源硐等地，有一定规模的采石活动。所采石料以条石为主，少数为石板，采石遗址规模多为 5m 以下的小型露天阶坎式采坑，采坑孤立分散。

（2）宋代条石开采高峰期

距今 1000 年左右，因水利工程需求，在双门硐—净明硐一带、道源硐等地，有较大规模的采石活动，所采石料主要为条石，其次为石板。采石遗址为 5～10m 的中型、小型的露天阶坎式采坑、露天直穴式采坑，而且与早些年代的采坑呈簇群及继承关系。

（3）明代条石与石板开采高峰期

宋末至元代，因战乱等原因，采石活动基本停止，在明代初期开始，采硐开始成为文化活动场所。在明代中后期，新河建城、温岭建县等事件表明，长屿一带逐渐繁荣兴盛起来，采石活动出现一个高峰期，代表采石板技术成熟标志的覆钟式采坑的出现。这个时期所采石料为石板与条石，开采规模扩大，以至于现今的采石遗址形成了一些池穴式的景观。

（4）清代石板开采高峰期

距今 150～350 年，因城镇、寺院、民居、水利、交通、日常生活等需求，采石活动在长屿的丘陵地带全面展开，所采石料多为石板，少量为条石等。采石遗址主要为 10m 以上的中型露天直穴式采坑、半露天覆钟式采坑。同时，早期采石遗址因留有峭壁硐穴大多在此时开始被利用成为宗教与旅游活动的场所。

（5）近现代高速开采期

民国以来，尤其是中华人民共和国成立以后，因民居、道路等建设需求和开采技术的进步，采石活动在长屿呈高速发展。20 世纪 60—70 年代以后，采石爆破技术的应用，使采石效率大大提高，采石成本降低，加之当时人口增长迅速，长屿地区石板房盛行，又推动了采石业的发展，因而达到了长屿采石的最高峰。这个时期出现了以 50～100m 为主的大型井下覆钟式采硐，而在民国则多为大型的露天直穴式采坑、半露天覆钟式采坑。此时的井下采硐、采坑多以平巷连接，形成错综复杂的硐穴群。

进入 20 世纪 80 年代后期，由于石板房的抗台风、抗震能力较差，逐渐被砖混结构的房屋替代，石板销售市场萎缩，加上石板矿的资源枯竭等原因，采石活动逐渐减少。20 世纪 90 年代以后，温岭地方政府对采石业进行严格控制，县矿、社矿相继关停。特别是 2005 年长屿硐天申报世界地质公园以后，村集体及私营的小石矿陆续全部关停。

3.1.5　矿业遗迹及评价

1. 矿业遗迹类型及分布

国家国土资源部地质环境司编制的《中国矿山公园申报工作指南》（国土资 发〔2004〕256 号）把矿业遗迹分为矿产地质遗迹类、矿业开发史籍类、矿业生产遗址类、矿业活动遗迹类、矿业制品类和与矿业活动有关的人文景观类等 6 类。

根据上述分类方案，并结合长屿硐天采石遗址的实际，可以将长屿硐天矿山公园的矿业遗址分为矿业生产遗址、矿业活动遗迹、矿业制品和非物质矿业活动遗产等 4 类。其中矿业活动遗迹、矿业制品等小型遗迹数量众多，大致百件或上千处，生产遗址、矿业活动遗迹等则有 34 处（项）之多。如表 3-1 所示。

表 3-1　　　　　　　　　　矿山公园矿业遗迹景观资源一览表

遗迹类型	遗迹名称	遗迹数量（处）
矿业生产遗迹	下硐群、上硐群、阴阳硐群、回音硐群、鹤峰硐群、双门硐群、暑寒硐群、华玄硐群、水云硐群、碧玉潭硐群、蔼云硐群、观夕硐群、烟霞硐群、宁夏硐群、毛姐硐群、中硐群、县矿硐群、凌霄硐群、八仙岩硐群、道源硐群、鹰嘴岩坑硐群、灯明硐群、净明硐群、双仰硐群、李家坑硐群、水莲硐群、壁岩下硐群、桐坑硐群	28
矿业活动遗迹	古运道、矿石运输缆车、长屿石埠	3
	打销痕（数百处）、凿铮孔（数百处）、柱岩孔（数千处）、采石工具（钢钎、铁锤等）数十件、遗留石板数百件	数千处
矿业制品	石质器物、民用建筑构件等	数百件
非物质矿业活动遗产	长屿采石工艺、长屿矿工号子、温岭石雕工艺	3

（1）矿业生产遗址

1）总体特征

长屿硐天矿业生产遗址（即采石遗址）表现出极大的规模和复杂性。采石遗址主要分布于石船坑两侧的两条北东向小山梁（史籍所述的黄监山与石仓山）的两侧山坡上，面积 2.0km²。这一规模宏大的采石遗址由 1300 多个采坑、采穴、采硐组成，这类采石遗址的个体形态各异；其大小随时代渐进而逐渐增大，形态也更复杂。通过对现代采坑的简单测绘和对古代采坑的路线观察、目估清点，古代（隋唐—清代）采坑达 300 多处，现代采坑达 1000 多处。现代的采坑规模巨大、数量众多，根据采坑面积与抽样统计个体高度，粗略计算采空区体积达 $600 \times 10^4 km^3$ 之巨。

采坑形态保持一致，采石的技术方法基本保持稳定。采坑形态可以分为三种类型，分别是阶坎式、直穴式与覆钟式。从规模上看，采坑的个体规模从古代到现代逐渐增大，说明开采的规模随着社会经济的发展而逐渐扩大。在规模上可以分为小型（5m 以下）、中型（10m 左右）和大型（50m 左右，重叠开采可达 100m 高）。随着社会的发展和生产力的提高，采石的开拓能力也相应得到提高，表现为采石伸入地下的深度逐渐加大,据此分成露天开采、半露天开采和井下开采3种类型,井下开采的遗址由现代开采形成。

采坑表现出类群分异并各有其分布空间。长屿古代采石遗址的采坑个体群分成4个类群:即早期的露天小型阶坎式(第一类群)、中期的露天中型阶坎式—直穴式(第二类群)、晚期的半露天中型覆钟式(第三类群),现代的井下大型直穴式和覆钟式(第四类群)。

2)类群分述

①第一类群——早期的露天小型阶坎式

第一类群位于突出而完整的露天岩壁上,由水平和竖向两组采石面组成,呈簸箕状露天采坑。露天阶坎式采坑常由多个阶坎在一起,或呈线形一字排开,或上下错落排列。一般规模不大,采石面宽度在5m以下,多为1~3m,为小型采坑;采坑多呈分散孤立状分布。岩壁上留有铁钎凿出的竖向凿线痕,石板撬起形成的断面呈横向纹理。

这类采坑主要分布在山体地表及位置较高部位,形成的时代较早,多为宋代以前的采石遗址。在双门硐、寒暑硐群、观夕硐群、烟霞硐群、净明硐群、道源硐群、八仙岩硐群、李家矿硐群均可见这类采坑遗址,数量约95处。

②第二类群——露天中型阶坎—直穴式

露天直穴式采坑一般沿倾角较缓的岩壁垂直向下开采,保留有较完整的竖向采石面。部分竖向采石面外倾形成底部面积较开口稍大的采坑。采坑长宽一般为数米至数十米,其深度为几米至十几米,多为中型采坑。凌霄硐及道源硐一带分布有较典型的露天直穴式采坑,现多积水成石塘。

这类采坑一般形成于宋代及明代,多处可见中型直穴式采坑切割早期形成的露天小型阶坎式采坑。采坑呈簇群分布,并有簇群分布的特征,遗址数量约150处。

③第三类群——露天中型直穴式—半露天中型覆钟式

半露天覆钟式采坑是这类采坑的重要特征。覆钟式采坑口小腹大,形如覆钟。一般从山侧崖壁开始纵向开采、横向不断拓宽,进入山体后继续向四周及下方伸进,形成硐连硐、硐叠硐的覆钟式采坑群。覆钟式采坑的高度一般为10m左右,大型叠硐式采坑的高度可达百余米,硐底直径可达数十米,规模多为中型采坑。采坑四周岩壁一般较平整,均匀分布着大量水平凿线痕或斜向凿线痕。近现代采坑因工艺的改进,在岩头一侧的岩壁上留有柱岩孔。

覆钟式采坑的层叠并列形成了复杂的结构。采坑相连、贯通而构成的石柱、石梁是长屿硐天代表性的景观。半露天覆钟式采坑具有良好的采光与音响效果,观夕硐利用了这一特点建立了岩硐音乐厅。

这类采坑主要形成于清代与民国时期,采坑多呈簇群继承特征,分步范围广;多处可见本类群采坑截切第一类群、第二类群的采坑。本类群采坑数量约70余处。

④第四类群——井下大型直穴式及覆钟式

这类采坑主要为井下大型直穴式采坑及覆钟式采坑,以覆钟式采坑为主。采坑多位于山体内部,一般是向山体内部横向拓进,形成水平的巷道,然后向下开采。随着向下开采深度的增加,开采面不断扩大,形成或如古钟、或如覆钟、或如桶壁等大中型采坑。井下开采形成较大工作面后，一般向下垂直开采，形成大型直穴式采坑。当硐底石板出运不方便时又开辟新的巷道，采出新的硐体。如此反复，在山体内部形成纵横交错、硐硐相连的大规模井下覆钟式及直穴式硐群。凌霄硐、水云硐等是井下覆钟式硐群的典型代表。硐内曲折连环、深幽莫测；硐内空气流通，温润潮湿，冬暖夏凉，多个硐体因岩壁渗水汇集成清水潭，形成硐中有潭、潭中印石的刚柔相济的硐天奇观。

井下覆钟式及直穴式采坑是现代采石遗留的硐体，规模一般为 50～100m，多为大型采坑，数量多；采坑之间多有平硐相连、呈链状分布，多数硐群内均可见该类群采坑遗址。粗略估算这类采坑数量在 1000 处以上。

3）主要的硐群景观

数量众多的采坑（矿硐）主要以成群成带地分布在长屿龙山头至石仓山一带。据不完全统计，目前已知硐群 28 个、石窟（采坑、岩硐）约 1314 个。其中有 300 多个属于隋唐、宋明及清代至民国的露天采坑、半露天采坑，有 1000 多个是现代采石遗留的井下采硐及平硐。28 个硐群（见表 3-1）分属八仙岩景区和双门硐景区。如图 3-2 所示。

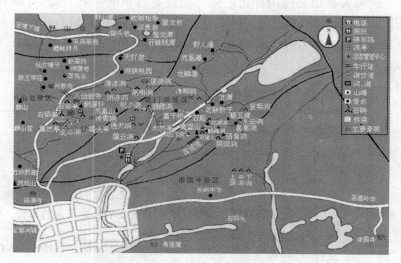

图 3-2   主要硐群分布图

远眺龙头山和石仓山，满山地表布满硐口，高低错落的采坑矿硐彼此连通，犹如无尽的地下迷窟硐群。内部主体均由现代大型采坑组成，众多的采坑岩硐层叠穿连、相互交截而形成悬梁、垂拱、巨柱，形成了结构复杂、规模宏大、景观奇特的矿山遗址。

长屿硐天区域内 28 个硐群中，除双仰硐群因崩塌未作统计外，其余 27 个硐群参考申报世界吉尼斯资料，硐室总面积为 $29.8 \times 10^4 m^2$，硐群容积 $568 \times 10^4 m^3$；根据景区实际测量数据，通过 GIS 重新量算后的硐室总面积为 $32.4 \times 10^4 m^2$，采坑高度算术平均值约 18.4m，矿硐容积约 $596.2 \times 10^4 m^3$；若加上前期、中期形成的露天采坑，硐群总容积超过 $600 \times 10^4 m^3$。长屿硐天的采坑（矿硐），单个采坑面积小者为数十平方米，大者

$1000 \sim 2000 \mathrm{m}^2$，一般为 $100 \sim 1000 \mathrm{m}^2$；单个采坑高度低者 $2.5 \mathrm{m}$，高者可达 $80 \mathrm{m}$，一般为 $15 \sim 30 \mathrm{m}$。

长屿硐天硐群相互连通、形态各异、气势宏伟、构造复杂。构成了国内稀有的矿硐景观。大多数硐群均有平硐或采坑于不同高度彼此连通、平硐与采坑之间的连通，在平面上千变万化，高低变化无常。采坑形态各异，按形态称之为硐室、硐窟、暗井等。在许多近地表采坑，因多台阶、大规模立体开采，形成许多石梁、天桥、硐天、石窟长廊等景观。这些景观组合曲折回环、上下错落有致。而在山内低层或山谷深处中的采坑，有的如钟、如桶、如盆，有的积水成深潭，水色澄清碧绿，晶莹如玉，在暗淡的日光或灯光下，显得更加幽深奥秘。

（2）矿业活动遗迹

矿业活动遗迹主要是指矿业活动过程中找矿、采矿、冶炼、加工运输等遗存的工具、器械、遗痕，遗迹采掘、通风、照明、排水供水及安全措施等。

由于长屿硐天属于采石遗址，矿业生产、加工过程较为简单，因此遗留的矿业活动遗迹相对较少，主要为采石凿痕，而运输及加工过程中的遗迹较少。

目前，长屿硐天矿山公园内保留的采石遗迹有打销痕（数百处）、凿铮孔（数百处）、柱岩孔（数千处）、采石工具（钢钎、铁锤等多个）、遗留石板（多处）等，这些采石遗迹多分布在采石矿硐内。运输及加工过程中的矿业活动遗迹主要有古运道、矿石运输缆车、古石埠（码头）等遗迹资源。如表3-2所示。

表 3-2　　　　　　　　　　　长屿硐天主要矿业活动遗迹一览表

名称	位置	特　征
古运道	龙山头北东侧	早期的回音硐群、朝阳硐群中主要的运输石板的主要通道。道路有石板铺砌而成，宽 $1.0 \sim 1.2 \mathrm{m}$，现保留的长度约 $300 \mathrm{m}$。现已废弃，局部已遭破坏。古运道是古代矿业活动的重要见证。
矿石运输缆车	双门硐群东侧山坡	是双门硐群一带现代井下开采石板的重要地面运输工具。矿石运输缆车不仅反映了矿业活动中运输工具的革新，更是现代矿业活动的重要标志。
长屿石埠	长屿村	石埠两侧均有石板筑砌，呈"7"字形，东西长约 $500 \mathrm{m}$，南北长约 $400 \mathrm{m}$，是早期双门硐矿区唯一的石板外运的码头，现已废弃。

（3）矿业制品

长屿硐天矿山公园内典型的矿业制品，主要是采出的石材加工制成的石质器物、民用建筑及构件等众多的石文化景观，这类矿业制品主要分布在景区内的观夕硐、水云硐及长屿、新园等村落。

1）石质器物

长屿石材被当地居民广泛制造、生产生活器具，这些石质器具可以分为生活用具、生产用具及器物，目前保留的石质器具有数百件。

生活用具包括石盆、石桌、石凳、石磨、石锁、石哑铃、石杠铃、旗杆石等，是普通百姓家中常用的器皿。今长屿一带乡村居民家中还常使用生产用具，如石碓、石槽、石碾子等。

长屿石材还用于制造封建社会使用的礼制器物，如抱鼓、牌坊、香炉等器物。

2）民用建筑及构件

从明清至民国时期留存的木石结构民居中，可以常见用长屿石材加工而成的柱础、地栿、台阶、铺地石板、石窗、照壁等，数量约数百件。目前，长屿及附近村庄仍保留了 161 栋不同时代的石板屋，其四墙、间隔、地面、窗、甚至屋顶均用石板构建而成，其中石窗的样子最多，根据现存石窗图案的风格推断，可以上溯至明代。

目前长屿一带的新建民居还有使用常用石材，一般用于梁柱、柱础、地栿、窗坎、台阶、铺地石板等。

温岭一带是明清时期抗倭要地，这一带的城门、城墙、碉楼等防御设施部分采用石材建造。

（4）非物质矿业活动遗产

长屿硐天矿山公园内非物质矿业活动遗产有 3 种，即长屿采石业工艺、长屿矿工号子、温岭石雕工艺。非物质矿业活动遗产以口述传承，是长屿一带人们在长期的生产劳动过程中形成的智慧结晶。

1）长屿采石工艺

长屿地区石板材的开采有一整套完善的、循序渐进的采石工序和工艺。通过现代采坑与古代采坑中采石痕迹的对比发现，近千年来这一采石工艺并无大的变革，一直沿用"钢钎加榔头"的手工生产工艺，自古代传承至现代，主要工序与工艺具有稳定的延续性。

长屿石匠采石并没有技术与理论指导，在现有的采矿方法与工艺中，并无配套的采矿技术可供查考，史籍上也无完整详细的记载，完全是传统的采石方法和技术，但这种传统的采石方法和技术是千百年来当地劳动人民在生产、生活中逐渐形成的一整套石材生产加工工艺，充分体现了劳动人民的勤劳智慧与创造力，是典型的非物质遗产。

这套沿袭至今的采石工艺并没有科学的文字记载与保存，是完全依靠一代代老石匠言传身教得以延续至今。掌握这种采石技术的老石匠主要居住在长屿、新园等周边几个村，目前健在的尚有 500 余人，年龄多为 50～70 岁；因长期从事采石活动，均患有不同程度的矽肺病，且大多已失业，故这套古老的采石工艺可能因此而失传。

长屿采石的工序与工艺可以概括为以下几个环节：开面→摆方向和试采→打岩头→打断→打销→柱岩及画线→凿铮→开销出板等。

①开面。古代开面多为露天、半露天作业，一般沿自然裸露基岩进行开采，开面工作量小，开面范围多在 5m 左右。地形平坦的部位，开面作业基本金额省去。

现代开采多在井下，开面工序非常重要，开面的高度一般为 2m 左右，以便于施工为宜。开面的范围也是后期工作面开采的范围，一般宽 25m，长 20～50m。主要工序有打眼、放炮、通风、排险和出渣。这个工序循环结束后，还要对顶板进行一次全面系统的敲帮问顶、清除危岩的工作，这项工作是保证以后安全生产的一道重要工序。

②摆方向和试采。摆方向实质上是找准石板开采的方向。长屿地区的凝灰岩无层面或层理，但在开采时有一定的软弱面，通常是火山碎屑的压结面。只有沿这些软弱面的

方向开采，石板才能顺利采出；变换了方向后开采效果变差甚至根本无法形成板材，这是能工巧匠们的主要经验技术之一。确定了开采方向后就进行试采，试采的目的其一是检验摆方向，其二是为下一步全面开采做准备。

现代的井下开采，试采成功后，还需按生产、安全要求安装机电设备和提升运输设备。

③打岩头。打岩头是开采的前期工作，对工作帮一端进行打岩头，打岩头是整块岩板的起始开裂的关键工作。只有在岩头位置（工作帮端）产生平整、连续的裂缝，才能进一步采下整块石板。

打岩头的工序首先是凿孔坯，在距离工作帮 20～25cm 的位置由岩面向下凿孔，孔的直径一般为 3～4cm，孔深是根据开采板材的厚度而定，若板材的厚度为 10cm，则凿孔坯的深度为 10～12cm；孔坯布置成一条直线，孔间距为 5～7cm。凿孔坯结束后，使用铁锤与铁楔从孔坯往工作帮方向锤出裂缝。打岩头是板材生产的关键技术，一般只有经验丰富的石工才能完成这道工序。

④打断。对非工作帮进行打断，使非工作帮与四周围岩脱离，在最后打销出板时使石板脱离围岩按要求采出，并保证石板采出后岩壁的光滑平整。打断的凿痕也自然地留在了非工作帮岩壁上。

打岩头、打断和后续工序——柱岩 3 道工序的作业痕迹留在了四周的岩壁上，是长屿硐天采石遗址与景观的主要组成部分。

⑤打销。在孔坯眼底部向"后落头"方向锤击产生裂缝的工序称为打销，在打销的同时要时常击打岩面，要仔细辨别发自岩石内部声音的变化，以此为主要依据来确定打销工作是否已完成。

⑥柱岩及画线。柱岩工作还是在工作帮进行。打岩头工作结束后，为使部分岩石与下部岩体不能过早分离（过早分离会导致这层石板开采失败），在工作帮的岩壁上凿一小孔，用短柱子做斜撑，使打岩头部分岩石在往上移动时受到约束，确保气体及粉尘不能进入因打销已破坏的板材层面中，使下一步开采工作顺利进行。画线工作是按照板材的规格尺寸，在工作岩面上预先划定石板尺寸大小，也是下一步工序作业位置的依据。

⑦凿铮。凿铮工作是从工作帮开始向非工作帮方向凿孔打销的过程。按照画线，孔位布置依从密到稀的顺序进行；在凿铮的同时，也要不断击打岩面，根据所发出的声音确定工作孔打销工序是否完成，同时可以确定下一个凿铮孔的位置。如此循环进行，直至结束。至此，工作面上数百至上千平方米的石板就与下部岩体基本整体分离。

⑧开销出板。取出柱岩斜撑，开销取出打岩岩条，按照板材尺寸取材。古人用人力抬运石板或条石出场；现代用架空索道从矿坑中提升板材至运输大巷，直接装入机动车、运出石硐。

至此，开采工作面的采石工序循环结束，清场后即进入下一个工作循环。

长屿采石工艺是历代长屿人民在长期采石过程中形成的采石技术，是长屿采石文化的精髓，是一项重要的非物质遗产，具有重要的科学与文化价值。

2）长屿矿工号子

长屿矿工号子是长屿人民长期从事采石劳动而逐渐形成于传唱的劳动之歌。矿工号子目前仍保存在长屿一带的老石匠和石工中，靠口述传承。2009 年，长屿矿工号子被列入第三批台州市非物质文化遗产名录，长屿采石工人干晓青已进入台州市非物质文化遗产——长屿矿工号子传承人行列。长屿矿工号子是长屿采石人历代传唱的文化硕果，其遗产价值已被世人瞩目。

矿工号子分为采石号子和抬石号子两种。采石号子的歌词内容多于采石有关，大多反映石工繁重的劳动强度、艰难的生活，曲调别具一格，大多为微调式；抬石号子是搬运沉重石料时为统一步伐而吟唱的，一领群和，曲调低沉、速度缓慢，多为羽调式。

抬石号子主要是为了鼓舞力量、步伐整齐，唱词单调，没有具体的内容。起步、停步、平坦路、崎岖路等都有不同的吆喝声。

采石号子内容比较丰富，长唱短和的号子给石工们带来更多的力气和生活的情趣。采石号子有《打石头调》、《十字花》、《报花名》等。

3）温岭石雕工艺

温岭石雕是指以分布于温岭的花岗岩、青石、长屿凝灰岩为主要原料、以仿古建筑和大型建筑为主要内容的一种民间传统手工雕刻技艺。石雕艺术大体有装饰石雕和建筑石雕之分，是中国南方石雕的代表之一，温岭石雕以建筑石雕见长而流传至今。

温岭与河北曲阳、福建惠安、山东嘉祥被并称为中国四大石雕之乡。温岭石雕已收录于浙江省第三批非物质文化遗产名录，代表性传承人有李春友、潘禹祥、潘雨清等。

温岭石雕制品与工艺品有石牌坊、石桥、石人、石兽、碑碣、摩崖等。温岭至玉环一带采用所采石板、石材雕刻成各种石雕工艺品，加工成各种石质生活器物、石质工具等，形成了独特的石文化。

目前，品种保存比较完整的石雕制品与工艺品主要有长屿硐天现存的石狮、明代温岭建县之初的石龙柱、明代石浴缸、石屋、温岭古石窗、明代石屏风、石观音、石弥勒、石碗、石锁、石磨、石墓志、石马槽、石脸盆、石井圈等，这些石质工艺制品都是温岭石文化的典型代表，也是温岭石文化的象征。

2. 与采石遗址关系密切的历史文化遗产

历史上，台州是温（岭）黄（岩）平原上的主要城市，在对外通航上具有重要地位，也是全国著名的产粮区。此外，台州在古代文化、战略位置方面也占重要地位。

先秦时期，台州是瓯越民族的聚居地，主要活动于仙居、玉环等地，他们掌握了磨制石器的制作技术和制作陶器的技术，开始种植水稻。但是长屿等沿海地区多水泽，采集、渔猎仍然是主要的经济活动方式。

秦汉至南朝，在台州建立了东瓯王朝。在汉武帝时期北迁至江淮后，先后在此设回浦县、章安县，这一时期战事频繁。直到魏晋时期，人口、经济得到了较快的发展，但主要集中于当时的县治周边地区。经历了六朝时期的第一次发展后，台州在隋唐时期步入了快速发展的阶段，特别是县治外围的平原农业得到了大发展，人口与村落大幅度增长，导致对石材的持续与长期的需求，长屿硐天的采石活动当始于这一时期。这一时期使用常用石材建造的古建筑虽没有得到考证，但长屿遗址对这一时期历史的研究无疑非常重要。五代之后，台州进入了鼎盛的封建社会发展时期，温黄平原的农业得到了巨大的发展，成为全国重要的产粮区。水利、城镇、村落的发展，产生了大量的石质建筑，遗留了丰富的历史文化古迹。

长屿所在的新河镇，是历史文化名镇。新河古城始建于明代，明洪武二十八年（1395 年），置新河所（属海门卫），修筑城墙。新河本是河名（又名迁江），当时建城浚河，引南鉴之水如西门出东门，故称新河。旧时，南鉴诸水与迁江、金清港统称迁浦，该区域水网交织、土地肥沃、农耕发达，古有"温黄熟、台州足"之说。新河镇遗留的文物古迹数量，居温岭市之首。

（1）长屿石材使用形成的历史文化遗产

历史上，长屿石材的使用主要在温黄平原南部，即新河古城及周边地区，亦即现今的温岭市新河镇和路桥区金清镇一带、面积约 300km² 的区域。区域内水网密布，航运发达，交通便捷；金清港历史上曾经是黄金水道，是台州六县内河运输的中心枢纽，又是温岭海运的吞吐口。长屿石材主要通过金清水系外运至新河周边金清水系水运能及的区域。

长屿的采石历史与新河及周边平原地区的社会经济发展密切相关。两宋时期，温黄平原农业快速发展，长屿石材广泛用于农田水利建设，兴建闸、桥等。宋代现存遗址主要为 4 座古闸，分布在新河镇南鉴及金清水系主要河道上。明代长屿石材用材范围有所扩大，明初新河所（驻军营地）建城、明末嘉靖年间因倭患需建城墙、碉楼等防御设施等都需使用常用石材。长屿石材已广泛用于石雕，金清水系流域民间至今保留了不少明代石雕的遗存。清代，新河经济发展达到了高潮，金清港便捷的航运使新河成为商贸繁荣之地，现存的历史文化遗产大多为清代所建，或为清代重建，这些古遗迹广泛分布于上述 300km² 的区域，并以古民居、古街、古桥为主。

1）新河闸桥群

新河闸桥群由麻糍闸（位于新河镇南鉴村）、中闸（位于新河镇中闸村）、北闸（位于新河镇城北村）和下卢闸（位于新河镇城北村）等 4 座闸桥组成，为第六批全国文物保护单位。新河闸桥群始建于宋朝，以后各朝屡有修建遂成规模，形成闸桥群。新河闸桥是闸与桥的结合，上可通道、下以通水。桥墩和桥台上分别凿有两条槽，槽宽 16 ~ 22cm，深 11 ~ 13cm。洪水泛滥或需蓄水时，在槽中插入木板，两槽之间填土，建起闸门。闸桥为二孔或三孔，桥墩为石伸臂梁式结构，用仿拱形的条石或一级、或二级叠梁悬挑而出以承桥梁，桥墩在水流的上下游各设分水尖，桥台为石壁墩式。

新河闸桥群所用石材以条石和石板为主，条石大小以长 3m、宽 0.5m 者居多；石板以长 3m、宽 1.5m、厚 0.3m 者居多。石材的岩性为流纹质含角砾晶屑、玻屑凝灰岩，石材细腻。颜色呈灰色，角砾大小以 1 ~ 3cm 居多，大者可达 8 ~ 9cm。

从岩性特征及石材特点分析表明，新河闸桥群所用石材上的凿痕、石材大小等均与长屿石矿传统的采石工艺方法与石材大小相近。

2）大量的古石桥

温岭古石桥遍布全境，部分桥梁因河流改道或淤塞而废弃，部分桥梁至今仍在使用。长屿北侧平原，水网密布，小桥无数，许多为具有历史文物价值的古桥。其中有资料查证的古桥有 59 座。古桥全为石材筑成，都为长屿所产的流纹质（含）角砾晶屑、玻屑凝灰岩。桥梁大多为两孔或三孔，跨度与长度较大的以金清大桥（省级文保单位）

为代表。石材以条石和石板为主，工艺相近，条石砌墩、石板铺面。

金清大桥俗称寺前桥，位于新河镇城南村，始建于明代，清乾隆四十年（1775 年）重修，原为平桥，嘉庆初年倒塌。嘉庆年间改建为五孔石拱桥，跨金清港，长 64m，宽 4.6m，高 12m；中孔净跨 10m。桥上两侧置望柱、栏板，柱头圆雕狮子、荷花、莲蓬等。大桥采用卯榫结构，石材拼接前先凿出石榫头，建造时两头卯榫插孔对接而成。金清大桥是当时浙东南沿海一带的大型拱桥，也是温岭历史上最长、最重要的桥梁。大桥至今保存完整，是温岭市迄今唯一的省级重点文物保护单位。

金清大桥位于当时繁华的集市中心、水陆交通要道。金清大桥所跨之金清港是当时台州最繁忙的黄金水道，是台州六县内河运输的中心枢纽，又是温岭重要的海运吞吐口。金清大桥下船只往来频繁，"新河所，所四门，门门走马；寺前桥，桥五洞，洞洞行船"，正是当时的真实写照。

金清大桥从保存年代之久远、拱桥卯榫结构之牢固、桥面雕饰之精美等各个方面，都是古代桥梁的典范。金清大桥的意义不仅在于桥的本身，更是见证新河古镇从蛮荒—繁荣—衰落的历史，见证了古代农耕社会的真实场景和当时商贾往来、舟车穿梭的繁盛。

3）大量的古民居与建筑构件、生产生活器具

在新河古镇及周边地区保存了大量用长屿石板建成的古民居、建筑构件、古井、石质器具等，同样也见于长屿硐天矿山公园附近的村镇中，包括百姓家中常用的器皿：石盆、石桌、石凳、石哑铃、石杠铃、旗杆石等；生产用具：石碓、石槽、石碾等；民居构件：柱础、地栿、台阶、铺地石板、石窗、照壁等；这些石器是温岭石文化的典型代表，也是长屿石文化的重要组成部分。

（2）长屿遗址的历史文化价值

长屿硐天保存良好的固定采石遗址能与新河闸桥等历史古建筑互相印证，成为古代石材建筑艺术的见证，这些古代采石遗址及历史古建筑的保存对这些文化遗产突出价值的完整性具有重要意义。

长屿硐天采石遗址与北侧平原上的古闸、古桥、古街区、古村落与生活器物等共同展示了台州明清时期村镇农耕社会的场景，在中国东部具有代表性。从保存遗产系统性来看，具有突出价值，特别是反映古代石材业的生产、运输、使用等方面，是非常罕见的历史文化遗存。

3. 矿业遗址评价

（1）总体评价

矿山公园包含了矿业生产遗址、矿业活动遗迹、矿业制品、非物质矿业活动遗产等 4 个类别的矿业遗迹。主要包含数量众多的采石遗址，3 项非物质采石活动遗产，161 栋历代石板民居，数百件石质生活器物，3 处石板运输设施，数百件采石工具。其中采石遗址由 1300 多个历代采坑采硐构成 28 个群体，在采石遗址上保存了数千处历代刻凿痕迹。

1）采坑的开采方式、形态多样

长屿硐天保存了自 1000 多年以来的历代采石遗址景观，由 300 多个隋唐、宋、明清至民国的露天采坑与 1000 多个现代井下采硐组成，密集分布在 2.0km² 的低丘山地上。宋代及之前所采石材以条石为主，遗留采坑形态主要为阶坎式，之后逐渐转变为以

采石板为主，遗留采坑及采硐形态为覆钟式与直穴式。采坑与采硐的大小从古代的数米逐渐扩大到数十米，采空硐体最高达 177m。

2）采石规模宏大

从采石规模上，以硐采为主的采石遗址中，长屿硐天以其拥有 28 个硐群、硐室总面积约 $29.8×10^4m^2$、硐群容积 $568×10^4m^3$，成为"世界上最大的人工石硐"（吉尼斯纪录）。

3）采石历史悠久

长屿硐天采石遗址大约延续了 1500 年的采石历史，是一个复合了隋唐、宋、明、清、民国及现代采石遗迹的独特矿山遗址，不同时代的采石遗迹保存完整，是考证中国东南部地区采石历史演变的最重要地点。

4）石材用途广泛

长屿硐天的石材在古代被大量用于民居、道路、桥梁、水利、城镇、军事防御设施等建筑工程以及制作生活器物，在长屿硐天矿山公园内保存 161 栋历史石板民居和数百件生产、生活器物。在长屿硐天矿山公园北侧的新河古镇周边约 $300km^2$ 范围内，除了大量民居和生产、生活器物外，更有 59 座明清两代古桥与 4 座宋代闸桥，以及古街、河埠等，形成了丰富多彩、高度集中的石文化景观，其中包括了国家级文物保护单位新河水利闸桥群、省级文物保护单位寺前桥和大量县级文物保护单位，这些古建筑全部由长屿石材建造，长屿硐天的采石遗址与采石工艺成为研究这些历史文化遗产不可或缺的材料源头，能够与这些古建筑相互印证，成为中国古代石材建筑技术、特别是石质水利工程与桥梁工程建筑技术的见证。

长屿硐天的保存于展示对保护这些文化遗产突出价值的完整性具有重要意义。同时，长屿洞天与这些文化遗产及生产、生活器物等作为一个整体，展示古代台州的石材开采、运输、使用的全过程，以及与社会经济发展的关系，完整而突出地记录了中国东部古代农耕村镇的社会历史场景，具有作为世界遗产保存的突出价值。

5）采石工艺传承完好

长屿硐天保存了自古代至今的手工凿采石板的工艺，并令人惊叹地发展到能采起面积达数百平方米的巨大石板。这套采石工艺分成开面、打岩头、打销、打断、柱岩、凿铮、出板等工序，步骤复杂且合乎固体材料力学原理，每一个步骤都体现了古代劳动人民的朴素、智慧和技术。掌握这套采石工艺的约 500 名能工巧匠们仍然生活在遗址周边的社区村落中，他们对遗址上的每一道刻痕凿孔，无论是古代的还是现代的，都知晓其刻凿方式和功用，并能够进行演示。丰富的采石痕迹，清楚地证明了古代采石工艺传承至今的脉络。这套相对复杂的传承自古代的非物质矿业活动遗产对展示我国农耕时代对石材开采和加工的高超技艺具有重要意义，从稀有性角度看属于珍稀级矿业遗迹。

6）采石景观奇特，开发利用时代久远

长屿硐天矿山公园内所有硐群均由平硐或采坑于不同高程层层串连，高低变化无常，采坑形态各异。多台阶、大规模、立体开采，形成众多的悬梁、垂拱、天桥、巨柱以及硐天、石窟、长廊等景观，组成了曲折回环、上下错落有致、结构复杂、规模宏大、景观奇特的采石矿山遗址。

　　许多采石景观早就被古人利用。长屿硐天在明代就已被开发成为宗教、文化、观光活动的场所，遗留了道源寺、净明寺等依硐而建的众多宗教寺庙和历史古建筑，以及摩崖石刻、诗赋词等文化遗迹，承载了多种文化的内涵。

　　通过近几年的发展，至今已成为著名的国家级风景名胜区、世界地质公园、国家矿山公园，长屿硐天已成为自古代延续至今的人类治理废弃矿山最成功的典范。

　　综上所述，长屿硐天的价值主要体现在以下几个方面：

　　①稀有性。对比国内著名的采石场，长屿硐天是迄今已知唯一的同时保留有隋唐、宋、明、清代至民国及现代采石遗迹的采石遗址。历代采石遗址因生产力的不同而采用露天开采、半露天开采及硐采等多种形式，是唯一的多时代和多形式复合、并形成奇特景观的采石场。同时，长屿硐天因采石延续至今而成为固定采石工艺的唯一保存地。

　　对比国内外著名采石场，长屿硐天是规模最大的硐采采石场，采空区面积与体积于1998年被吉尼斯纪录为"世界上规模最大的人工石硐"。2007年，长屿硐天被评为最有特色的国家级风景名胜区。

　　②典型性。在浙东已发现了大量的古代采石遗址，长屿硐天拥有浙东角砾凝灰岩采石场所有的遗迹类型，是浙东角砾凝灰岩采石遗址最典型的代表；在中国东南部广泛分布的历代古采石场中，在采石方式、时间、形态上，长屿硐天都有非常重要的典型性。而从古代延续至今人类利用与治理矿山的角度看，长屿硐天堪称世界的典范。

　　③观赏性即美学价值特征。长屿硐天规模宏大、硐体复杂，硐套硐、硐叠硐、层出不穷，"虽由人凿、宛若天成"。

　　长屿硐天的可观赏性主要表现为宏大、复杂、奇特3个方面。宏大具体表现在硐群的规模，是国内其他采石遗址所无法比拟的；复杂主要体现在硐群的内部结构，硐套硐、硐叠硐，非龙游石窟、花山迷窟等采石遗址的形态结构的单一；奇特主要表现在硐体构成的景观上，漫长的采石历史中，石工们一锤一凿把山体雕琢成由许多石梁、硐天、天桥、石窟、长廊等景观，这些景观的组合曲折回环，上下错落有致。有的透空如天窗，有的峭壁横切似长廊，有的硐窟上下层叠成"楼阁"，有的硐中积水成潭、深不可测，有的硐壁裂隙渗水与矿物质的沉积，形成奇妙的天然"壁画"，堪称硐天一绝。长屿硐天采石遗址的可观赏性在国内同类采石遗址中独树一帜，极具观赏价值。

　　④科学价值。长屿硐天采石遗址及采石工艺所表现出来的能够开采数十平方米至数百平方米大型石板的高超技艺，无论是在古代还是在现代都是非常罕见的。这对浙江东部独特的（含）角砾凝灰岩，历代石工通过实践摸索出一套完整的采石工艺，从开面打开起始裂缝，逐步控制裂缝张开至整块石板完整地脱离基岩，都具有严格的工序与要求。在古代甚至近代，这套采石工艺都是石匠世家的不外传之秘密，代表了中国古代农耕社会采石技术的最高水平。

　　采石工艺的继承与发展，是采石科技进步的具体反映，对系统研究我国的石文化的科技发展过程具有科学意义。采石类型的演变也反映了一定历史时期内生产方式和社会经济的发展程度，对研究历史时期社会生产力水平及采石科技水平具有重要意义。

　　⑤历史文化价值。长屿硐天的采石历史至少可以上溯至隋唐时期，之后经宋、明、清及民国的历代开采，各代均保留了不同样式的采石遗迹。而长屿所产石材或石制品被

广泛用于矿山公园北侧曾非常繁荣的温黄平原，保存了大量历史文化遗存，其中有国家级文物保护单位，省级文物保护单位与县级文物保护单位等，这些历史文化遗迹体现了古代台州的农业、水利、交通、经贸、城镇、民居及市井生活等社会各个角落。长屿硐天及丰富的相关历史文化遗产是中国古代采石与用石业历史上最辉煌的篇章之一。

⑥系统完整性。长屿硐天矿山公园划定的区域边界清楚，北侧界址标志明显，南侧以分水岭为界，排除了来自周边的潜在不利影响，核心的史迹保存区没有居民，保证了矿业遗迹的完整保存。矿山公园内保存了300多处形态多样的古代采坑及1000多处形成奇特景观的现代采硐，包含了数千处采石痕迹与数百件采石工具；在矿山公园周边地区，有历代矿业制品被大量应用的社区村落，还有数百名掌握传统采石技术的石匠。所有这些都系统完整地反映了历代采石工艺与技术的演变、历代石制品的广泛应用以及采石遗址本身在规模、景观、形态等方面的典型意义。

此外，通过法律法规的制定与实施，矿山公园内已禁止砍伐狩猎、退耕还林，有效地保护和优化了矿山公园的生态环境。在世界地质公园和国家级风景名胜区的建设过程中逐步外迁原住居民、扶持少量采石活动以保存采石工艺与培育石雕产业等，使矿山公园非物质矿业活动遗产的完整性得到了加强。

（2）景点评价

通过对长屿硐天采石遗址矿业遗迹资源的评价，同时考虑矿业遗迹价值、可观赏性及开发利用条件，评价出1级资源点16处，2级资源点9处，3级资源点9处。如表3-3所示。

表3-3　　　　　　　　　　矿业遗迹资源（景点）评价等级一览表

类　型	资源等级			合计
	1级	2级	3级	
矿业生产遗迹	下硐群、上硐群、阴阳硐群、回音硐群、鹤峰硐群、双门硐群、暑寒硐群、华玄硐群、水云硐群、碧玉潭硐群、蔼云硐群、观夕硐群、烟霞硐群、宁夏硐群、毛姐硐群	中硐群、县矿硐群、凌霄硐群、八仙岩硐群、道源硐群、鹰嘴岩坑硐群、	灯明硐群、净明硐群、双仰硐群、李家坑硐群、水莲硐群、壁岩下硐群、桐坑硐群	28
矿业活动遗迹		古运道、矿石运输缆车	长屿石埠（码头）	3
	打销痕（数百处）、凿铮孔（数百处）、挂岩孔（数千处）、采石工具（钢钎、铁锤等）数十件、遗留石板数百件			数千件
矿业制品	石质器物、民用建筑构件等			数百件
非物质矿业活动遗产	长屿采石工艺	长屿矿工号子	温岭石雕工艺	3

3.1.6 矿山公园内其他景观资源

根据《方山—长屿硐天国家级风景名胜区主体规划（2007—2025）》与《方山—长屿硐天省级地质公园综合考察报告》中对各景点、地质遗迹资源分级、分类评价的结果，长屿硐天矿山公园内有 20 处地貌与水体景观，其中 6 处为 2 级景观、12 处为 3 级景观；有 14 处人文景观和 5 处生物景观，其中 7 处为 1 级景观、8 处为 2 级景观、4 处为 3 级景观。大多数为市县级地质遗迹、文物保护单位和旅游资源，价值意义主要体现在生态环境优良、历史文化价值以及地貌景观的奇特上。此外，在长屿硐天矿山公园周边还有 9 处自然景观、人文景观，具有较高的景观、历史人文价值。

1. 地质遗迹景观

（1）野人坑瀑布群

野人坑瀑布群位于长屿硐天矿山公园双门硐景区，为山谷上游汇水在同一条沟谷中形成的三级跌水（瀑布）景观。瀑布群自上而下由野人瀑、凤凰瀑和龙鳞瀑组成如表3-4 所示，三瀑布的间距为 800m。

表 3-4 野人坑瀑布群景观及等级一览表

名称	位置	特　征	等级
野人瀑	野人坑 203.6 高地西侧山谷中	由上游山谷流水汇集后沿近竖直岩壁下跌而形成。竖直岩壁为流水沿岩石中发育的近东西向节理剥蚀形成。瀑水沿岩石间溢出，似万卷素绢悬空而下，高约 15m。山体的植被覆盖率高，空气清新、水体洁净。	3
凤凰瀑	野人坑 305.6 高地东侧山谷中	由山谷流水汇集后沿近竖直岩壁下跌而形成。竖直岩壁为流水沿岩石中发育的近东西向节理剥蚀形成。凤凰瀑高约 20m，一道飞瀑从天而降，正好从形似凤凰的颈部飞流急泻而下。凤凰颈两侧各有一巨石阻挡，形成双向飞瀑，似凤凰展翅。	2
龙鳞瀑	野人坑 232.1 高地西侧山谷中	由山谷流水汇集后沿近竖直岩壁下跌而形成。瀑布的抱壁呈 U 字形，落差近 15m。瀑布下泻处的岩石中发育有两组节理，使岩石被冲蚀成一片片形似龙鳞的岩块；瀑底形成了龙鳞潭。	2

瀑布形成区普遍发育有近东西向节理，流水沿节理下蚀与溯源侵蚀，形成了近 U 字形沟谷与瀑布。瀑布群所在山谷两侧植被茂密、空气清新、水质洁净，其下泻的瀑水是部分下游居民的饮用水源。瀑布群及其附近区域生态环境优良，是游客探险和休闲的最佳场所。

以野人出没汲水之处而闻名的野人瀑，给人一种神秘感令人前往；凤凰瀑，似凤凰展翅娇艳而美丽，水花飞溅，沁心爽脾；因岩石中的两组节理将岩石切割成形似龙鳞的片石得名的龙鳞瀑，水流石上，在阳光的照耀下，银光闪烁，似神龙出山。

（2）火山岩地貌景观

长屿硐天矿山公园内火山岩地貌景观主要分布在石船坑、石脚桶一带，主要有角砾凝灰岩、熔结凝灰岩形成的突岩、石柱等造型地貌景观。由于上述岩石的抗风化能力强，导致基岩表明光秃、植被稀少，局部连成一片形成阶梯、石墙等地貌类型。其成因主要是岩石中的构造裂隙（主要是节理和劈理）发育和岩性差异，经长期的风化剥蚀、地面流水的侵蚀及重力崩塌，形成了千姿百态的景观。众多的造型景观与周围优良的生态环境融为一体，相映成趣，共同组成了一幅幅大自然优美的画卷。

主要的突岩景观有仙女哺子、猴王学经、双龙抢珠、虎迫绵羊、八戒探首、望夫岩、海狮顶球、老猴教子等。主要的石柱景观有狮子岩、鸡冠岩、石道人、神鹰岩等。主要的崩塌石硪景观有天打岩、石船等。

2. 其他景观

长屿硐天矿山公园还保存了丰富的人文及其他景观，如表3-5所示。

表 3-5　　　　　　　　　　　　　　公园内主要其他景观一览表

名称	位置	主要特征	等级
八仙岩寺	凤凰山中部	八仙岩寺依托八仙岩洞，地域宽阔，气势宏大。寺内峭壁高60～70m，占地1500m²，有寺院和住室。寺院由城王殿、卧佛、大雄宝殿、罗汉洞等组成。内有一口水井，因井水矿物质含量高、密度大于一般的水，硬币能浮于水面上。	1
净明庵	石船坑净明洞	净明庵位置幽僻，是温岭有名的尼庵。洞内正中为大雄宝殿，始建于清康熙年间，重建于20世纪80年代。大雄宝殿后有一透天洞，洞高约20m，面积约80m²。于1991年用整块岩石悬雕了济公石像，高8m，宽6m。	1
道源硐	塘呑里中岗	道源硐最早开发于明末，硐内建筑于清光绪十五年重建，现为温岭市道教协会会址。硐前五峰山为其屏障，因旧时有志之士在此修炼得道，故名道源硐。	1
岩洞音乐厅	观夕硐群内	岩洞音乐厅总面积为2000m²，能同时容纳近700人入座，欣赏民乐队的精彩演奏。游人无论在音乐厅的哪个角落都能听到同频自然立体声。2002年4月28日，长屿硐天岩洞音乐厅举办了"中国首届岩洞音乐厅"音乐会。	1
古樟新生	山园村西北侧村口	有300多年树龄的古樟，在根部长出4棵粗30～40cm、高15m的樟树，树冠占地120m²，立于东南西北，互相对称。	1
玉叶梧桐	道源洞	每逢三月，梧桐发芽生长，叶柄呈红色，嫩叶呈淡绿色。四月变为淡黄色，五月才转为青绿，非常特殊罕见。	1
双门硐摩崖	双门硐内	有"亦一洞天"、"峭壁重扉"、"云月往来"、"酷暑绝迹"4处摩崖，多出于民国初期。为市级重点文物保护单位。	2
观音壁	观夕洞口	陡立岩壁上雕有多处观音像，雕像高约3m，雕工精细。栩栩如生。	2
兴教讲寺	小呑村西侧	兴教讲寺始建于前唐，距今有1000多年历史，几经兴废。原为三进式院落，两旁为厢房。四周古木参天，环境幽静。	2

长屿硐天矿山公园许多硐体都被利用作为宗教场所，依硐室建有庙宇或供奉有佛

像，体现了天人合一的建筑思想。道源硐、八仙岩硐、北斗硐、净明硐、高明硐等岩硐有着悠久的宗教渊源和一定的知名度，历史建筑精美且与硐群巧妙结合。还有多处能工巧匠雕塑，亦有自然天成的生物景观。其中双门硐摩崖为县级重点文物保护单位。

在长屿硐天矿山公园周边还有 8 处自然人文景观，即位于长屿村的王府遗址、崇国岙内的崇国讲寺、金桥村西南山脚下的燕裡庙、屿头河头殿的青莲庵、金桥村的金佛桥、丁岙村东面的戴复古墓、崇国岭铁场西侧山头的台儿山烽火台和野山的花芯水库，其中的戴复古墓和崇国讲寺为市级重点文物保护单位，具有非常高的历史人文价值。

3.1.7　主要考察内容

根据地质遗迹和景观分布状况，长屿硐天矿山公园一般可以设计 2 条考察线路：①双门硐游线：观赏古矿硐、古开采石板遗迹、地质崩塌遗迹、唐宋古运道等。考察路线为双门硐景区大门—石船—净明硐群—灯明硐群—碧玉潭崩塌遗迹—水云硐群—华玄硐群—县矿硐群—鹤峰硐群—双门硐摩崖—回音硐群—唐宋古运道—阴阳硐群—上硐群—中硐群—下硐群—楼岙。②观夕硐—八仙岩游线：观赏硐窟与石文化、宗教文化游线。考察路线为双门硐景区大门—石文化博物走廊—观夕硐群—烟霞硐群—净明硐—道源硐群—长屿含角砾凝灰岩露头—高明硐群—八仙岩硐群—凌霄硐群。

长屿硐天景区的大规模开发始于 1995 年，陆续对凌霄硐、八仙岩、观夕硐和双门硐等几大硐群进行开发与完善，形成整体硐天景区。现已开发的大小石硐 126 个，硐内面积达 $2.3 \times 10^4 \mathrm{m}^2$。并相应配建了景区总入口、停车场、游客中心等配套设施，同时结合危险岩处理，对岩硐及周边环境进行改造整治，景区开发建设粗具规模。根据硐群景观具有较大趋同性的特点，结合公园的开发利用现状，以考察以下景区（点）为宜。

1. 观夕硐

如图 3-3 所示，观夕硐为千年采石留下的最宏伟的硐群，有 348 个硐体，硐内面积为 $5.38 \times 10^4 \mathrm{m}^2$，容积为 $131.21 \times 10^4 \mathrm{m}^3$。目前已开发有九曲含珠桥、硐天弥勒、硐内行舟、硐天宝碗、水滴石钱、汉代古樟、天下悬空井、观音壁等景点。观夕硐内有九曲含珠桥，桥下有清澈见底的泉水。由于硐群雄奇，开发合理，被授予"浙江省优秀景点建设"称号。

观夕硐硐口狭小，入内则豁然开朗。一潭碧泉上架着回环曲折的小桥，桥头有石雕大明珠，因名九曲明珠桥。迎面巨岩上刻着中国著名雕塑家、中央美术学院钱绍武教授书写的"观夕硐"三个大字。

从弥勒佛像后拾龙鳞级而上，便可至硐中小河。河中有小舟，每舟仅容两人，河道曲折似迷宫。弃舟向左而行，豁然开朗，便是国内绝无仅有的岩洞音乐厅，如图 3-4 所示。岩洞音乐厅总面积为 $2000 \mathrm{m}^2$，能同时容纳近 700 人入座欣赏民乐队的精彩演奏。游人无论在音乐厅的哪个角落都能听到同频自然立体声。2002 年 4 月 28 日，长屿硐天岩洞音乐厅举办了"中国首届岩洞音乐厅"音乐会，同年 10 月 21 日德国北莱州交响乐团在此成功举行一场别开生面的"莱茵河之声"岩洞音乐会。

图 3-3　观夕硐外景

图 3-4　岩洞音乐厅

顺石级而上，便可见一处宽敞的石厅。厅中有一巨石雕刻成的大碗（硐天宝碗），如图 3-5 所示。大碗直径 2.12m，可装水 2t 多，碗中有龙头龟身的吉祥物，已被列入世界吉尼斯纪录。从石厅左转，到达另一石厅。此厅存放着巨型石刻古钱币，石青色，内径为 0.8m，刻有"政和通宝"四字。从岩顶隙中渗出的清泉涓涓而下，刚巧穿过钱币中央，因此古钱币中央终年泉水满盈。

图 3-5　硐天宝碗

2. 水云硐

水云硐位于长屿硐天矿山公园双门硐景区西侧。是历经千百年开矿采石后留下的硐群景观，由 52 个硐体组成，其中透天硐 6 个，水硐 8 个，总面积约 $1.5×10^4 m^2$，气势磅礴。1997 年因采石场发生崩塌，崩塌面积约 31380m²。山体沿西南走向的断层面陷落形成倒石堆，如图 3-6 所示，岩块大者直径数百米。硐体崩塌时，周围 1km 以外的区域也有强烈震动感，硐内气体和潭水被挤出硐腔，在硐外形成强大的气浪和冲击波，将沿山谷往南的树木、房屋等物体尽数摧毁。2000 年后被治理开发成中国石文化博物馆。

图 3-6　崩塌岩块

中国石文化博物馆系水云硐景区的重要组成部分，为我国最大的硐穴博物馆。博物馆内展示了长屿地区自然地理、火山地质、概况，长屿采石遗址与浙江省主要采石遗址的对比，长屿的采石历史、采石遗址类型、采石工艺和石文化等文字、图片资料。博物馆主体由奇石馆、艺术馆、生活馆、采石馆、休闲馆、名人字画馆等展馆组成。第一硐厅"硐天福地"深广雄伟，岩壁长年渗水积彩，形成了梅桩、柳枝两幅天然壁画，如图 3-7 所示，高逾 100m，自然形象，形似梅兰竹菊，极具观赏性。壁画的形成是因地表的岩石遭受长期的风化，Fe、Mn 等元素形成胶体，后经地下水搬运至岩石的裂隙中发生化学沉积，形成数量众多、宽度不等的染色晕。当采石面切过这些染色晕时，就揭露出了形态万千的"天然壁画"。拾级而上，便是奇石馆和艺术馆，奇石馆内各地奇石齐聚一堂，艺术馆内展示着当地石雕艺人的作品，有石狮、石马、石人、石猴等各种石雕工艺品，尤其是那些石窗、石屏上的精美雕刻，有七仙女、鸳鸯戏荷、风穿牡丹、玉女散花、嫦娥奔月、梅兰竹菊等，体现了温岭源远流长的石雕艺术，无不使游客啧啧称奇。周围另有生活馆、采石馆、休闲馆、名人字画馆，风貌各异。

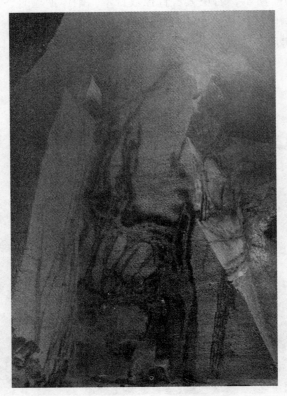

图 3-7　硐内的"天然壁画"

3. 凌霄硐

如图 3-8 所示，凌霄硐于 20 世纪 90 年代开发，是长屿硐天矿山公园内最早开发的硐区之一。

(a) 外景

(b) 内景

图 3-8　凌霄硐

凌霄硐由 8 个硐体组成，硐厅面积逾 6000m^2，最高处达 32m。景区以硐室内众多的自然造型和人工雕塑展示为主，以各种立体造型结合声、光、机、电，反映中国社会数千年的发展历史及神话传说等。石硐内全景分史前漫游、人间、天堂 3 个部分，设有时空世界、浩气千秋、天堂瑶池、惩恶扬善、石硐天灯苑等系列展馆。

4. 八仙岩

八仙岩因山巅崖壁上有酷似八仙聚会的造型岩石而得名，是早期开发的以自然景观与寺庙景观结合的景区。八仙岩景区以天然石洞为依托，形成了以道、佛、儒三教为一体的游览体系，硐群深广，硐外险峻；以岩景、石景为主，以石硐为依托的道教等人文景观为辅。景区内亭台楼阁落错有致，石级雨道连接着八仙岩寺、石梁寺、凌霄硐等景点。其中八仙岩寺巨崖如削，大雄宝殿倚壁而建，构筑奇巧，寺内佛像做工精湛，栩栩如生。岱石庙硐顶峭壁高百余米，"石破天惊"四字数里外能见，庙内塑有汉代大儒董仲舒神像，供人千秋瞻仰。如图 3-9 所示。

5. 双门硐

如图 3-10 所示，双门硐位于长屿硐天矿山公园独秀峰下、明代进士长屿人李诗璲曰："独秀峰下翠作堆，幽楼如入小蓬莱。山中瑶草无人识，硐里桃花空自开。"清代长屿诗人亦有一首五言绝句："深山不受暑，莫如双门硐。我来风相迎，我去风相送。"这二首诗是对双门硐的绝好写照。长屿硐天无数硐窟景点均是清幽奇美，犹如仙境，石船溪、野人瀑、龙鳞瀑是保持着完美的自然风貌，景色极佳而且各具特色，引人入胜，是集青山秀水自然风光和宗教文化、石文化景观于一体的观光景区。双门硐与八仙岩隔山而邻，是借助石窟硐府因势而建的道教活动场所，开发历史悠久。长屿景区内与之类似的还有上方硐、道源硐、上中下硐、净明硐等。

图 3-9　八仙岩外景

图 3-10　双门硐外景

双门硐分内外两硐，因此得名。双门硐面积约 120m^2，内硐入口处有上下两石门，内硐高数十米，硐顶透天，形似无底玉锅倒扣于此；高旷无比，三清石雕造像位于正中，两侧刻有八仙过海、七仙女等浮雕。内硐书"神仙洞府"四字，外硐四壁悬崖也刻有"亦一硐天"、"峭壁重扉"、"云月往来"、"酷暑绝迹"四处摩崖石刻，大多出自民国初期，为市级重点文物保护单位。

3.2 方山—南嵩岩

方山—南嵩岩地处温黄濒海平原边缘的低山丘陵，位于温岭市大溪镇境内。经纬度坐标为东经 $121°13'45'' \sim 16'30''$，北纬 $28°24'20'' \sim 26'10''$；其边界为：东界：缠死岭头—后溪—闸头；南界：岩头尖—纱帽岩—帽岭头；西界：羊角洞—三界桥—上洋；北界：水坎头—坎头—桃夏张。面积约 $10km^2$。

1995 年，方山—南嵩岩被批准为浙江省级风景名胜区；2004 年，与长屿硐天一起被批准为长屿—方山省级地质公园；2005 年，经联合国教科文组织批准，成为雁荡山世界地质公园的重要组成部分。

3.2.1 概述

方山地质遗迹主要有方山流纹质火山岩台地地貌、火山岩阶梯形地貌和南嵩岩火山岩峡谷地貌等。

1. 方山流纹质火山岩台地地貌

地貌学中，把沿着水平的坚硬岩层发育起来的平坦地形称为台地。台地边缘往往因坚硬岩层被断裂切割发生崩塌而形成陡崖。台地被分割成孤立的平顶山体称为方山。方山就属于这一类地貌景观，山顶的平坦地形和四周的崖壁是沿一层坚硬的近水平的火山岩发育而成的，表现为一个面积约 $0.8km^2$、厚约 50m 的巨大岩饼平缓地铺展在约 400m 高的山顶上，并微微向北西倾斜。这层坚硬的火山岩，形成于约 121Ma 前的早白垩纪。当时方山是一座破火山，这座破火山在最后阶段喷出了厚度较大致密坚硬的岩石。

方山熔岩台地是由山峰顶部的层状玻璃质火山岩帽发育而成的以裸岩陡崖为特征的地貌。这种地貌与丹霞地貌惊人地相似，也具有"顶平、身陡、麓缓"的特征。但其岩壁以棱角鲜明区别于后者的圆滑。在我国已建成的 13 个以火山地质遗迹为主体的国家地质公园中，多数为新生代火山地质遗迹。像方山这样的单纯由中生代火山岩构成风景秀丽的地质公园并不多见。其开阔台地和丰富的地貌景观，在我国火山岩风景区极为罕见，也正是对以峰、障、岩洞景观为特色的雁荡山奇绝风光的最佳补充。

方山因形态而得名，自山下仰望，只见巨岩横空，壁立千仞，巍峨磅礴，如一方城居于山巅。如图 3-11 所示。

图 3-11 方山

进入方山景区，首先看到的是壁立千仞的悬崖景观，在崖壁上可以观察坚硬的流纹岩层，其中夹有 2～3 层厚度不大的凝灰岩，仿佛是方山的"腰带"。崖底崩石成洞，林木茂盛极为幽静，是古人读书清修之处。崖下建有方山书院、观音堂等建筑。徘徊之间，有小瀑布自崖顶落下，飞散成珠，沾衣不湿，沁人心脾。当微风吹拂时，瀑珠随风倒卷飞舞，被誉为梅雨飞瀑。自悬崖底部拾阶而上，一路可以观赏沿节理崩塌产生的各种微地貌，如霄斗洞、文笔峰、五象岩等，一路多见危岩耸峙。登临山顶，忽见开阔的平坦台地，缓丘浅谷，从容铺陈，奇松疏立于蕨丛灌木之上，清泉流淌于裸岩潭穴之间。云霄寺踞于方山之巅，始建于明初，后几遭暴风摧折，屡建屡圮。现存的建筑分三进院落布置，主轴线上依次为大门天王殿、大雄宝殿、大悲楼，为清嘉庆年僧人可方集资募捐重建。后于寺西山岗建有 21.5m 高的石构和平宝塔，可攀梯登塔，远眺四周群山。浅谷中的水库如天上的湖泊，清澈明净。台地东北沿裂隙带发育了一条峡谷，筑坝蓄水后状若天河。

2. 坎头火山岩阶梯形地貌

火山岩阶梯形地貌主要是由软硬相间的岩层互层的火山碎屑岩组合和台阶状地貌的发育而构成，在阶坪和台坡上发育了各种优美造型的景观和裂隙洞、裂隙谷等。主要分布在石鸡娘水库、狮峰—纱帽岩一带，是对方山熔岩台地景观的很好补充。

3. 南嵩岩火山岩峡谷地貌

南嵩岩地区为峡谷地貌景观，位于方山东数千米，面积 3.2km²。峡谷地貌景观分布在嵩溪—龙犟水库大坝一带，呈上游窄、下游宽总体近似三角形的山谷地带中，总体上为一条狭长沟谷，而其两侧山坡上则是一道道陡崖峭壁和千姿百态、栩栩如生的造型景观。如图 3-12 所示。谷中碧水清澈，曲折溪流，幽谷飞瀑。白垩纪的构造运动在南嵩岩的火山岩中产生了北东走向的垂直断裂和裂隙构造，沿着这些破裂面的长期流水侵蚀和崩塌作用形成了峡谷。峡谷的纵深达数千米，崖壁高度都在 60～100m；谷底碧水灵动清澈，被誉为清幽福地。自谷口的嵩岩潭起，沿嵩溪而上有龙犟门、龙犟峡、龙犟瀑、情侣瀑、龙犟水库、影霓潭等景观。坐落尽头的是嵩岩讲寺。嵩岩讲寺藏于深山幽谷之中，隐于茂林修竹之间，为元延祐年间僧伽秋月所建，又名水月禅院。

方山—南嵩岩的自然地理特征与长屿地区基本一致，不再赘述。

图 3-12 南嵩岩

3.2.2　地质特征

1. 地层

方山景区内出露的地层自上而下依次为九里坪组和茶湾组。

（1）九里坪组（K_1j）

九里坪组位于方山破火山中。下部主要为流纹质角砾玻屑凝灰岩，流纹质岩屑玻屑凝灰岩和流纹质含角砾玻屑熔结凝灰岩夹少量沉凝灰岩和砂砾岩，厚度381m。上部主要为碎斑流纹岩夹流纹质玻屑凝灰岩，厚66m。

在方山顶部碎斑流纹岩中所采样品的 Rb-Sr 同位素测定，火山岩的年龄为121Ma，属白垩纪早期火山活动的产物。

（2）茶湾组（K_1c）

茶湾组位于方山破火山的周边张椿岩、毛立坛、水坦一带，呈环状分布。岩性为红色砂砾岩、砂岩、角砾岩，上部夹有流纹质含角砾玻屑凝灰岩，顶部有一层厚36m的辉石玄武安山岩。厚度246m。

2. 地质构造

方山破火山位于大溪镇南约5km的方山—张椿岩一带，面积约 $16km^2$，呈椭圆形，北东—南西向展布，西侧为湖雾—大溪断裂所切割而显得不完整。岩层呈半环状展布，产状围斜内倾，有边缘—内部—中心，地层与岩性分布依次为：茶湾组沉积相碎屑岩夹少量火山岩、九里坪组中下部碎屑流相流纹质熔结凝灰岩夹空落相火山碎屑岩、九里坪组上部喷溢—沸溢相凝灰熔岩、碎斑流纹岩，北部还有潜火山相的流纹斑岩侵入。

破火山的前身是以茶湾期沉积为标志的火山构造洼地。所谓火山洼地，是指火山喷发发生在早期沉积盆地内的一种火山构造类型。在火山洼地边缘可以见到火山喷发前沉积盆地阶段的沉积岩层，火山岩平坦覆盖在早期形成的沉积岩之上，构成一个平台。方山火山洼地的形成，经历了盆地沉积间歇性的火山爆发，强烈的火山喷发，岩浆溢流和侵入，以及火山活动停熄后的构造变动和抬升，垂直节理发育，火山岩历经上亿年的风化、剥蚀和崩塌，形成现今典型的方山火山平台地貌景观。

由于园区内广泛分布中生代晚期火山岩，而这类岩石的特点是硬且脆，因而构造运动遗留下来的形迹以破裂为主，类型有断裂、劈理、节理等，褶皱构造少见。断裂多为北东—南西方向延伸，其次有北西—南东向和东西方向断裂。

方山西侧的湖雾—大溪断裂是一条规模较大的断裂，但大部分为第四纪沉积物所覆盖，从露头可见，断裂长约7km，北东20°方向延伸，断裂面倾向北西，倾角60°～80°，断裂带中岩石破碎成角砾状，断面在横向和沿走向均呈缓波状，较光滑，并发育有挤压透镜体，同时见有斜向擦痕，显示该断裂北西侧上升，而南东侧下降，具有压扭性特征。

3.2.3　方山景区主要地质遗迹

1. 方山流纹质火山岩台地地貌

方山是典型优美的流纹质火山岩台地地貌遗迹，因形态而得名"方山"。方山地貌遗迹位于温岭市大溪镇，中心位置地理坐标为东经121°14′20″，北纬28°25′20″；范围为东到蛇沌坑水库（天河），西到霄斗洞，南至羊角洞，北至团箕岩；面积约 0.8km²。厚约 50m 的岩石平台平缓地分布于相对高差约 400m 高的山顶之上，并微微向北西倾斜。平台顶部缓丘圆滑，极目可远望群山与东海，给人荡胸开阔之感。平台四面被 50m 高的悬崖围限，并被节理切割形成各种造型景观，从下仰望，巍峨磅礴之势赫然横目。

　　流纹质火山岩台地地貌遗迹具有 3 个地质成因要素：其首要成因要素是流纹质岩帽的地学现象随处可见，从四面悬崖可见 50m 高的绝壁上发育 2~3 条厚达数十厘米的水平"腰带"，说明这是一个平缓的地质体。"腰带"之间是 2~3 层流纹质熔岩，每一层都是一次火山喷溢产生的岩流单元，流动过程中产生的蚯蚓状流纹和岩流底部的角砾都清晰可见。而"腰带"则是空气中的火山灰在熔岩溢流间隙期，降落堆积形成的产物。这一现象的最佳观察点位于方山西侧羊角洞一带。第二个成因要素是沿节理发育的各类正负地貌则大量发育，从顺节理带凹进的岩洞，到各种造型的板状、柱状峰丛，进一步发育成峡谷、悬河，丰富多彩仿佛是一个博览园。第三个成因要素是崩塌堆积体在方山也发育得非常良好，悬崖四壁的坡麓堆积了大量的巨大滚石，构成了各种造型地貌，也搭架起各种通幽曲径。

　　在方山，这些成因要素发育良好，系列完整性几近完美，被大量的优美独特的观赏景点所表现。温岭方山以其典型性和系统完整性，表现出高度的科学价值，同时兼具优美性，实属国内罕见之地貌遗迹。

　　方山景区主要的地质遗迹景观如表 3-6 所示。

表 3-6　　　　　　　　　方山流纹岩台地主要的遗迹景观一览表

序号	名　称	位　置	简　述
1	羊角洞流纹质凝灰熔岩	羊角洞小路边	致密坚硬的流纹质凝灰熔岩，由破碎的长石和石英构成碎斑结构。基质为玻璃质，因形成时从火山口流出而发育细密条带状、发丝状构造。自灵霄宝殿沿景区小路到将军庙都有出露，但羊角洞下流纹构造最清晰。
2	方山平台	方山顶	沿着流纹岩层面发育的一个面积约 0.7km² 的平台地貌。平台位于 460~380m 高程上，总体向北西倾斜，倾角约 5°。平台上因自然风化形成各种圆滑的缓丘、凹地、浅潭。由于向北西倾斜的流纹岩有一定的分层性（5~20m 一层），使得方山平顶整体上表现出一定的阶步特征。
3	方山"腰带"、天河"腰带"	方山四周悬崖陡壁上	像帽子一样戴在方山顶的约 50m 厚的流纹质岩层，由 3~4 个岩流单元构成。岩流之间被数十公分厚的玻屑熔结凝灰岩分隔。这些玻屑熔灰岩相对呈浅色，略内凹，形成明显的带状体似腰带。
4	南天门劈理	羊角洞一将军庙	流纹质凝灰熔岩中大量的近东西向的直立裂隙面，规则密集如刀切。这些裂隙是羊角洞一带近东西向峰、嶂、洞形成的控制因素。
5	剑岩节理	剑岩东至 375.1 高地	流纹质熔结凝灰岩中发育的 2 组直立裂隙面，分别为近东西向和近南北向。分布在平坦的岩石面上，如天然棋盘。坚硬致密的流纹质岩帽基本上沿着这些节理崩塌。

序号	名 称	位 置	简述
6	仙天门节理	仙天门外	流纹质凝灰熔岩中发育的3组直立裂隙面，分别为近东西向、近南北向和北东向。仙天门附近的各种峰、嶂等景观都是沿这些节理崩塌而成。
7	万象嶂	方山南侧整体悬崖	方山南侧悬崖的总体景观，悬崖高逾50m，北西向延伸长逾600m，略曲折展开成一天然岩屏。因岩壁上直立节理切割形成大量下垂呈象鼻状景观，而得名万象嶂。万象嶂须从剑岩附近远观，是方山整体雄浑山势的典型代表。
8	镇山嶂	方山西侧整体悬崖	方山西侧悬崖的总体景观，悬崖高50m有余，蜿蜒曲折展开，凹处形成幽谷。可远观方山磅礴气势，也可入幽谷近仰方山绝壁高与天齐之巍峨。因岩壁有"镇山"二字而得名镇山嶂。方山四面悬崖形成的各种嶂状景观是流纹质岩平台地貌的基本表现。
9	济虎洞	方山北侧悬崖	沿节理带崩塌形成的内凹岩龛。
10	南北斗洞	方山北侧悬崖	沿节理带内凹的岩龛，经人工水平向内挖掘而成。洞口大小约4m×4m，深达数米。
11	峭斗洞	方山西侧悬崖脚	沿节理带内凹的岩龛，经人工水平向内挖掘而成。洞口约3m×3m，深约5m。洞底裂隙中有少量泉水泄出，成一小潭，谓之"右将军洗墨池"。峭斗洞所在位置为镇山嶂一幽谷，内凹成半弧，名峭斗。
12	羊角洞	位于方山南侧悬崖	劈理带内破碎的岩石崩落而成，洞下部宽达数米，小部尖入一条劈理缝，状如羊角而得名。洞内裂隙泉滴出，称羊角水，洞口仅容1~2人可入之小观，称玉蟾宫。
13	透天洞	位于方山西侧悬崖	沿北东向节理带发育而成的狭窄裂隙，实为一由洞崩塌而成的狭谷雏形，因两侧极狭，由谷底上望，如洞底观天，因名透天洞。方山四周各洞都沿劈理崩塌而成，虽有人工挖掘的迹象，不掩崩塌作用首先沿劈理、节理发生，并形成内凹—狭谷雏形的地质现象。
14	白龙峡	云霄寺南—天湖北东	为沿北西走向的节理带发育而成的约400m长的小峡谷状冲沟，宽30~40m。源头接近奇峰宫，向下游渐深达15m，至方山悬崖顶白龙瀑裂点之上尚形成一小潭，被称为上白龙潭；潭水泄出即为白龙峡溪。白龙峡溪水跳跃于裸露基岩上，如白练布于岩山，乡民谓"白龙娘娘晒鳞"。白龙峡展示了狭谷雏形向源侵蚀成冲沟的现象。
15	天河	方山顶东侧	为沿北西向节理带发育的狭谷，长300m，宽30m，深25m，因两侧为直立悬崖而壮观。北西端略低，1967年建坝成水库，设计坝高16m，库容$4 \times 10^4 m^3$。天河是沿劈理带崩塌作用的最终结果，进一步发育是平台的分离和孤峰的形成。
16	南天门	方山顶南侧	沿南天门劈理带发育的长约100m，宽约30m峡谷。两侧为直立悬崖，高约25m。从方山南侧上顶须经此峡谷，人行谷底，仰望两侧峭壁，巍然高耸，如屏对峙，宛如自然天门，谓之南天门。

续表

序号	名　称	位　置	简　述
17	剑岩	方山南西	为一流纹质凝灰熔岩构成的 50m 高之孤立岩峰，四面绝壁。是方山平台地貌崩裂缩小的最终典型。
18	上天湖、下天湖	方山顶南西侧	在方山平顶曲折开阔的凹地上建立的两个小水库。分别设计坝高 16.5m 和 17.5m，库容 $4.62×10^4 m^3$ 和 $5×10^4 m^3$，上下天湖镶嵌在平滑光洁的裸露岩丘之间，显得清爽明丽。
19	云水潭	方山顶北侧	透天洞狭谷顶端的小水库，面积约 $700m^2$。
20	天眼潭	方山顶南东端	方山平台之上小冲沟内 2 个相连的圆滑浅潭。直径数米，深数米，蓄水半米，水清见底。有"清泉石上流"之意境。对于缓慢的碎解和粘土化作用而言，数米厚的流纹质岩是一个坚硬的均质岩层。在这种地质体之上的小冲沟中常见天眼潭这样的碗状凹坑。天眼潭是方山平台上自然形成的小水潭的典型代表。
21	天泉	方山顶南端	方山顶部土壤中渗出的泉水，流量极小。
22	冬瓜背	方山顶北东侧	天河边上，狭长的圆滑岭背，形似冬瓜而得名。两面陡壁，一边临水，一边临空。岭背长 200m，宽 40m，北西走向。
23	乌龟岩	方山顶北东侧	方山平台上圆缓小丘沿层理发育的造型景观，小丘长 150m，宽 100m，高出平台约 15m。
24	牧羊岩	方山顶北东侧	从观音堂观察乌龟岩之造型景观。
25	骆驼岩	方山顶南天门	100m 长的圆缓峰顶与其一端的离立孤峰构成的造型景观。
26	美女照镜	方山顶南天门	骆驼岩之离立孤峰，高约 10m，造型状如一女子紧靠在沿节理面发育而平整如镜的岩壁上，故得名。
27	玉兔岩	方山顶南天门	450.3 高地平缓峰顶突起的数米高的岩石，形似兔而得名。
28	凤凰生蛋	方山顶南天门	沿近东西向劈理带发育的刃状尖峰群，夹持着一已风化成椭球体的数米长的巨石。巨石似蛋，一尖峰似凤而得名。出露面积约 $50m^2$。
29	葫茹岩	方山顶南天门	凤凰生蛋的尖峰群从西往东观察之造型景观。观景延伸至一只容数人的突出的平顶小峰上，三面临空，山风凌厉。
30	群象进山	方山顶南天门	沿近东西向劈理带发育的刃状尖峰丛，峰顶平坦，肖似低首前行之大象。峰丛间的裂隙下通到悬崖底，为狭谷之雏形。
31	牛郎峰	冬瓜背南东端悬崖边	一数米高离立孤峰，肖人又肖蜥蜴。
32	夫妻岩	冬瓜背南东端	两块突起的独立石，相向私语似夫妻而得名。又状如一对巨蛙，相戏而不知悬崖下巨蜥之窥伺。
33	五象岩	方山北侧悬崖	100m 宽的悬崖被垂向节理切割，产生的群象并立的景观，又称群象岩、五象嶂。嶂壁书有"圆梦"二字。
34	文笔峰（情侣峰）	方山北侧悬崖	五象嶂下一数米高的孤峰，自仙天门望之，状如巨笔，号文笔峰。自天河水库坝望之，被一垂直节理劈为二，如相拥之情侣，又得名情侣峰。
35	象鼻岩	方山平台南西端之悬崖	方山南西端崖壁突出，崩塌作用形成一岩柱，上下与平台相连，中间分离，状如巨象垂首。
36	跳涧	方山平台西端	突出独立石，自崖脚仰视，如动物欲越涧而过。

续表

序号	名　称	位　置	简　述
37	幽角	方山西侧悬崖脚	巨大的崩塌岩石搭架的幽暗空间，岩块大小通常为 5~10m。周边林木茂密，梅雨瀑飞飘洒，环境幽静。有一崩塌巨石上铭刻一联：峭壁迎秋晖，危岩散梅雨。
38	猩猩岩	方山西侧悬崖	两节理之间一小山峰的呈头形，岩石表面色泽明暗如猩猩的脸。
39	金鸡岩	羊角洞东北，桃溪源头	巨大的崩塌岩石，因形态肖似伏地生蛋的母鸡，而得名，当地俗称"石鸡娘"。

2. 坎头火山岩阶梯状地貌

坎头火山岩阶梯状地貌是发育在方山流纹质岩平台之下的火山碎屑岩中的岩石地貌。表现为一个高 20~40m 的陡崖沿水平方向曲折延伸达 1km。仿佛一个巨大的天然长巷，令人叹为观止。

该遗迹位于方山之北及北东坡麓，大溪镇坎头村之南西山坡。起点为石鸡娘水库，向北西延伸 1km 后消失。但到方山之北的塘头岗山，又断续出现。不计中间消失的部分，总长度可达 1.7km。

坎头火山岩阶梯状地貌遗迹的成因地学要素清晰，在塘头岗山、石鸡娘水库一带可见这套火山碎屑岩由陡崖处坚硬的流纹质岩、上下的玻屑凝灰岩和沉积岩等组成。在陡崖阶坡、阶坪上发育了一些造型景观和裂隙洞、裂隙谷等。

坎头火山岩阶梯状地貌主要遗迹有：牛鼻洞、金鸡岩、仙人濯足滩、水帘天窗、渔翁岩、螳螂捕蝉、弥勒佛影等景观。如表 3-7 所示。

表 3-7　　　　　　　　坎头火山岩阶梯状地貌遗迹景观一览表

序号	名称	位　置	简　述
1	桃溪	方山东侧山脚之沟谷	长约 1km 有余的山间小溪，长年流水，溪水清澈，流量小；中游建石鸡娘水库，水域面积 $1.1×10^4 m^2$。桃溪沟底基岩裸露较多，少沙砾，岩性为软硬相间为火山岩、沉积岩等。
2	仙人濯足滩	桃溪中游	桃溪所经岩石为水平层状的岩石，中有一段，约百米长，全石为底，宽 10~20m。床底是由流水沿层面冲蚀形成，光滑平整，令人喜而濯足。
3	水帘天窗	桃溪下游	桃溪下游的一个小瀑布，落差约 10m，飞洒如帘。因瀑布左、右、后三方岩壁合围，于瀑布下仰望，仅见一方蓝天，水帘掩之，故得名。瀑布下一小潭，约百米见方，名龙潭。
4	龙王嶂	桃溪下游	坚硬火山岩层因崩塌作用而产生的城墙状延伸的悬崖，崖高 20~40m，延伸长达 1km。龙王嶂是坎头火山岩阶梯状地貌的主体景观，也是广泛发育于中国东部中生代火山岩中的阶梯状地貌的典型。
5	牛鼻洞	桃溪下游	龙王嶂岩壁中部有一层石泡流纹质岩，石泡直径 5~10cm，坚硬但易于脱落。石泡的大量脱落形成各种孔洞景观，类似牛鼻，故得名。

续表

序号	名称	位置	简述
6	渔翁岩	桃溪口	龙王嶂突出的陡崖，高耸于龙潭之上，如"姜太公向龙潭垂钓"，旁侧有石如鞋状，称石鞋。渔翁岩整体景观耸峙奇妙，令人惊叹。
7	螳螂捕蝉	方山西侧	252.0 高地火山岩因节理和层理的雕刻，肖似一螳螂，头、足与身躯都分明，令人叫绝，是火山岩区造型景观的典型。
8	团箕岩	位于仙天门东北，观音堂后	位于 363.0 高地之山峰，峰顶平缓，约 400m²。自顶而下，为四面裸露之 30m 高的岩壁，下大上小，通体浑圆，形态似团箕而得名。岩壁平滑，有"空朦奇石、与天同寿"的摩崖石刻。团箕岩以整体雄健浑厚见长。与流纹质岩平台地貌虽相似，而实不同。耸峙在方山旁侧，与方山流纹质岩平台地貌之尖锐的崖壁形成对照。
9	弥勒佛影	团箕岩	团箕岩崖壁之一面，山性浑圆，大肚突出，形似弥勒佛。
10	石猿拜天门	方山北侧	突出独立石，面向仙天门，状如仰拜之石猿。
11	老猿教子	方山北侧	突出独立石，一大一小，相向作语，状如教子之老猿。
12	天柱峰	方山北侧	并峙于团箕岩旁侧的又一山峰，峰顶仅百米见方，四面浑圆之绝壁，壁高达百米。

3. 南嵩岩火山岩峡谷地貌

火山岩劈理地貌遗迹，是方山景区内最具特色的地貌景观。南嵩岩火山岩峡谷地貌遗迹沿嵩溪而上至龙翠水库大坝脚下，分布在一个上游窄，下游宽，总体近似三角形的山谷地带中，表现在山下为一条条狭长沟谷，而其两侧山坡上则是一道道陡崖峭壁和千姿百态、栩栩如生的造型景观。

南嵩岩火山岩峡谷地貌遗迹位于温岭市大溪镇，中心位置地理坐标为东经121°15′41″，北纬 28°25′21″，地理范围为东至大旗岩下的蝙蝠洞，西至 214 高地，南至龙翠水库大坝，北至扑船岩；面积约 0.2km²。

南嵩岩火山岩峡谷地貌构成区内遗迹的地层为白垩纪，系九里坪组，其岩性下部以凝灰岩、含角砾凝灰岩为主，上部为流纹质含角砾熔结凝灰岩、集块岩，岩层厚度较大，岩石坚硬脆性且抗风化。构造裂隙（断裂、节理）较发育，其中断裂构造以北北东向为主，并控制了区内的溪流沟谷的分布。节理以北东向和北西向（倾向 130° 和240°）两组垂直节理为主，沿嵩溪两侧的陡崖分布，并控制着千姿百态景观的形成与分布。主要景点有：扑船岩、群仙聚会、壁岩、八戒岩、天狗把关、龙虎斗、大鹏鸟、骆驼峰、龙翠峡、龙翠门、蝙蝠洞等。

南嵩岩火山岩峡谷地貌遗迹的形成与分布主要受构造裂隙的控制，由于岩石受断裂挤压破碎以及流水的不断侵蚀下切，从而形成峡谷、溪沟、洞穴等负地形地貌；而在裂隙发育地段，岩石常被切割成直立的柱状体，从而形成陡壁、屏风式的峰墙以及如削如攒、平地而起的孤峰等正地形地貌。主要景点有：龙翠峡、龙翠门、壁岩、将军把关、龙虎斗、大鹏鸟、骆驼峰、蝙蝠洞等。

南嵩岩火山岩峡谷地貌第三个成因要素是崩塌堆积。由于岩石受劈理的切割、风化，造成部分岩石破碎、崩塌，这些体积巨大的岩块，沿嵩溪及两侧的山坡大量分布。有的相互堆积形成倒石堆，在巨石重叠的空隙间往往形成洞穴，有些巨石岩块经节理的切割和岩性差异风化，往往形成各种形态各异、造型美观的象形石。主要遗迹景观有：青蛙石、游舫岩、朝靴岩、道冠岩、三龟朝圣、佛岩洞、一线天等。如表3-8所示。

表3-8　　　　　　　　　　南嵩岩火山岩峡谷地貌遗迹景观一览表

序号	名　称	位　置	简　述
1	扑船岩	嵩岩潭北西	岩石受节理切割形成陡壁，再受岩性差异风化，形成岩石，高（长）约30m，宽约10m，中间呈弧形，两头略尖，宛如悬挂的小船。
2	群仙聚会	嵩岩潭南西	岩石受差异风化形成数个凸出的人物造型景观，矗立在岩壁上方，宛如群仙在聚会。
3	壁岩	龙翠门北西侧	岩石受节理切割和岩性差异风化，形成连片的陡壁景观。
4	一线天	蝙蝠洞西侧洞顶处	在蝙蝠洞西侧的洞顶上，被一大滚石堵夹，留有一处空隙，从洞内向外望去呈仅为一孔的"一线天"。
5	白蛇下凡	大旗岩北西	岩石受节理切割及岩性差异风化，形成头尖向外凸出，宛如蛇头。
6	佛岩洞	嵩岩潭边	岩石受节理切割破碎形成转石，并互相叠置形成石洞，洞穴呈不规则的半月形，深约8m，高2～3m，宽1～4m不等。
7	蝙蝠洞	大旗岩北西	为沿断裂风化剥蚀形成的洞体。洞长约30m，宽0.5～4m，高5～10m，洞体呈波状弯曲延伸，因平时有蝙蝠出没而得名。
8	将军把关	龙翠门北东溪谷边	巨岩巍巍仡立在嵩溪边的小山头，像是一个身穿铠甲的魁梧武士的上半身，碧宇晴空之下，如门神般威武地守卫在龙翠峡的大门。
9	八戒岩	龙翠门上方的山顶上	岩石受节理切割和岩性差异风化，形成弧形向外凸起，酷如猪八戒的大肚。
10	朝靴岩	龙翠门北山坡上	岩石受节理切割破碎，形成一双宛如倒挂着的朝靴，高约3m，宽2.5m。
11	游舫岩	朝靴岩上方	受节理切割形成的巨大转石，由于受岩性差异风化的影响，从嵩溪沟谷向上望去酷似一艘游船，长约10m，高4～5m。
12	龙翠门	龙翠门水库下游北东侧	岩石受断裂切割破碎，流水不断下切，溪流到此变窄，两边岩石环拱如门，岩壁上流水侵蚀下切的痕迹清晰可见，是珍贵的地质遗迹。反映在岩壁上错落有致地缠绕着十多条一米多宽的凹槽，宛如神话中的蛟龙遨游时，擦过岩壁留下的痕迹。因其奇特的形状而称为龙翠门。
13	龙翠峡	龙翠门上游	岩石受断裂切割破碎，以及流水的不断下切，形成一条长约30m，宽1～2m的狭长深谷，两边为直立的陡壁，犹如快刀削成。峡口有横写的草书石刻"峻流幽汇"。
14	黄龙遂虎	龙翠门两侧山顶上	两侧分别凸出的巨石，一边犹如一条张着大口的黄龙和一边蹲着的猛虎，正在进行着一场龙虎大战。
15	大鹏鸟	龙翠门南东山顶	岩石受节理切割破碎和岩性差异风化，形成山顶凸起的岩石宛如一只大鹏。
16	骆驼峰	龙翠门南东侧的山顶上	从龙翠门向南东的山顶上望去，对面山顶凸起的岩石，酷似一头肥硕的单峰骆驼。
17	道冠岩	醒狮亭北东侧小山头	由数块巨大的岩石堆积而成，从高处往下望去，犹如道士的帽子，故称"道冠岩"，从下往上观望又为"三龟朝圣"。

4. 梅雨飞瀑

梅雨飞瀑是方山流纹质岩平台四周一系列小瀑布群的总称。这些小瀑布的总体特点是水体流量小，自平台边缘的冲沟裂点落下，飞散成珠而下，沾衣不湿，沁人心脾。当略有微风时，空气吹到方山陡崖受阻上升，瀑珠遇到这股上升气流即倒卷飞舞，顿成奇观，被誉为梅雨飞瀑。当风雨大作时，瀑布水量增大，但遇到变得非常强劲的上升气流，照样倒卷飞舞，气势陡增，如白龙之飞舞，为罕见之奇观。

感受梅雨飞瀑之天降霰珠、倒卷飞舞之奇观，须到方山西坡悬崖底看飞云瀑、梅雨瀑（潭）、白龙瀑（潭），三瀑水量依次变大。观察飞瀑之源头与裂点须到平台顶之玉笋瀑、玉女瀑、龙王瀑。云水瀑、无名瀑。如表3-9所示

表3-9　　　　　　　　　　　　　　　梅雨飞瀑景观一览表

序号	景　点	位　置	简　述
1	飞云瀑	方山悬崖西侧之南端	平台上一小冲沟形成的流量极小之瀑布，仅有少量雨丝飞洒，谓之飞云瀑。
2	梅雨瀑（潭）	方山悬崖西侧	云霄寺南一曲折冲沟形成的小流量瀑布，人站瀑下，感梅雨飞落而不湿衣。瀑下一潭，碎石为底，少许水，谓之梅雨潭。
3	白龙瀑（潭）	方山悬崖西侧	白龙峡冲沟下端的瀑布，为方山八瀑中流量最大者。瀑下白龙潭，石为底，水浅可见底，泄出成小溪。潭广约50m^{2}见方。潭边建一石亭，名两宜亭，可坐观瀑景。
4	透天瀑	位于透天洞边	自透天洞边狭谷中泄出之小瀑布。
5	玉笋瀑	位于天河	滴入天河之小瀑布，流量极小，瀑布处悬崖因水蚀而内凹，内凹的岩壁上有水平的层纹，整体状如一枝画于岩壁上的竹笋。
6	玉女瀑	位于天河	滴入天河之小瀑布，流量小，瀑布处悬崖因水蚀而内凹，内凹的岩壁形似一少女而得名。
7	龙王瀑	方山悬崖东侧	一小冲沟形成之流量较小之瀑布，枯季无水，滴入龙王谷。冬季可观悬冰。
8	无名瀑	方山悬崖东侧	龙王瀑边上一小瀑布，瀑布处悬崖内凹成洞。

5. 方山破火山

方山破火山位于大溪镇方山、张椿岩一带，面积约16km^2，呈椭圆形；东北—西南向展布，西侧为明雾—大溪断裂所切而显得不完整。识别方山破火山的证据主要有以下几个方面：①方山平顶的流纹质凝灰熔岩。这一岩流与通常的流纹岩很不相同，其斑晶极碎，是凝灰岩与熔岩之间的一种过渡类型，地质学家称为凝灰熔岩。方山平顶的凝灰熔岩具有碎斑、细短的流纹、熔岩气泡残留下来的孔洞、流动过程中底部的角砾等丰富多样的岩相证据，是凝灰熔岩典型研究地点，良好的观察地点位于南天门一带。凝灰熔岩粘度极高，无法流远，凝灰熔岩遗迹的存在说明方山一带为古火山口位置所在。②南嵩岩一带的角砾岩。角砾岩是火山口附近的堆积。③龙翠门一带的沉积岩。沉积岩的形成表明，方山一带曾经是一个低洼的地形。根据上述岩石和这些岩石的空间分布特点等资料，地质学家推断方山是一个破火山。上述地学现象具有一定科普意义，但其优美度较差。

6. 狮峰—纱帽岩火山岩阶梯状地貌

狮峰—纱帽岩火山岩阶梯状地貌遗迹,是方山景区内最具特色的地貌景观之一。遗迹分布在一个长约 3km,宽约 0.2km 的狭长地带内,表现在沿山坡一侧均为一道道城墙式的陡壁景观,而沿山脊一线又为座座形态各异的奇峰景观。

狮峰—纱帽岩火山岩阶梯状地貌遗迹位于大溪镇,地理坐标为东经 121°15′41″~121°15′56″,北纬 28°24′36″~28°26′05″,地理范围为北起烟火洞,南至纱帽岩一线的狭长地带内,面积约 0.6km²。

狮峰—纱帽岩火山岩阶梯状地貌遗迹分布区内出露的为白垩纪,系九里坪组地层,其岩性下部以凝灰岩、含角砾凝灰岩为主;上部为流纹质含角砾熔结凝灰岩,在碎屑岩中因熔结程度的差异而产生坚硬层和软弱层交替互层出现。岩层厚度大,地层产状较平缓(倾角 8°~15°),在这些岩层中,软弱的岩层形成舒缓的坡面,而坚硬的岩层脆性且抗风化,则形成了陡崖地貌。

主要景观有:狮峰、双燕岩、大旗岩、骏马岩、纱帽岩、乌龟驮摇石、烟火洞、草鞋洞等。

在一道道城墙式的悬崖陡壁上,由于岩层的平缓产状使得这种陡壁近水平继续延伸,多级排列则成阶梯状。如狮峰—纱帽岩一带的阶梯状平面山顶景观。主要景观有:狮子头、狮子顶、朝东洞、盆景岩、大旗岩、纱帽岩等。狮峰—纱帽岩火山岩阶梯状地貌遗迹主要的景观如表 3-10 所示。

表 3-10 　　　　　　　　狮峰—纱帽岩火山岩阶梯状地貌遗迹景观一览表

序号	名　称	位　置	简　述
1	狮峰	狮子头山	岩石在层理和节理的雕刻下形成的狮峰,不同方向远望有不同风姿。从北面方向远望如一头巨狮,昂首侧耸,蓄势待发,而从南面远望又像似一只巨大海龟的头,整个山峦就像似一只出游的大海龟,又名"神龟出海"。
2	狮峰顶	狮子头山顶	山顶海拔 304.5m,与大旗岩、方山遥遥相对互为对景,远观田园山色,令人心旷神怡。
3	骏马岩	狮子头山南西陡崖下	陡崖下为一孤峰离壁拔地而起,状若屏风的岩墙,远处望去酷似奔驰的骏马。
4	草鞋洞	狮子头南西陡崖下	在岩墙(骏马岩)的中部有一空洞,状若草鞋,故名草鞋洞。
5	和尚岩	烟火洞对面	巨岩状若和尚拜观音之景象,因巨石上有块小岩石,并长有小树,宛如盆景,又名盆景岩。
6	朝东洞	狮子头山顶下	洞穴系两块巨大的岩石组成,洞口较小,延伸约 10m。
7	乌龟驮摇石	狮子头山北西	两片巨石各约 15m²,互相重叠,两石接触处仅 0.5m²。下石与地面接触处仅有 1m²,人站在上面,会使巨石微微摇动。系岩石在层理和节理的雕刻下形成的阶梯状地貌。
8	双燕岩	大旗岩北山顶	在山顶兀立的两块巨大岩石,犹如燕子双栖,形影不离。

续表

序号	名称	位置	简述
9	大旗岩	龙輋门水库东侧	山顶的北侧和东侧均为陡崖峭壁，从远处望去，犹如一面迎风招展的大旗。
10	蛤蟆岩	大旗岩南西山岗	岩石受岩性差异风化影响，从远处望去在山岗上形成宛如蛤蟆捕食的造型景观。
11	少女峰	大旗岩南西山岗	岩石受岩性差异风化影响，在山岗上孤独兀立，远处望去，形似少女头像，惟妙惟肖。
12	纱帽岩	大旗岩南西山岗	状若纱帽，内有奇洞，有"五鼠上东京"、"老牛望海"等惟妙惟肖的造型景观。

7. 南嵩岩水景

　　碧水清澈，曲折溪流，幽谷飞瀑的水景是南嵩岩景区的一大特色。自嵩岩潭起沿嵩溪而上至嵩岩讲寺一带，主要有嵩岩潭、龙輋门、龙輋峡、龙輋瀑、情侣瀑、龙輋门水库、影霓潭等景观。如表 3-11 所示。

表 3-11　　　　　　　　　　　　　　　南嵩岩水景一览表

序号	名称	位置	简述
1	嵩岩潭	栖云亭北侧的溪谷中	蓄水面积约 2000m^2，水上留有一石成为孤屿，上面玉树亭立，富有情趣。
2	龙輋瀑	龙輋峡内	由于龙輋峡的上下高差，上游飞泻的流水形成壮观的瀑布。
3	情人瀑	龙輋门水库下方	上游水库的流水在这里由于岩石的阻挡，往下分割成两条凌空而下的瀑布，犹如两条小白龙嬉水于山涧，更像是一对鸳鸯情侣天天相依相伴。
4	龙輋门水库	栖云亭南	水库建于 1959 年 3 月，坝长 55m，高 23m，水库面积 0.83km^2，蓄水量 10.65×10^{4}m^3。水库四周群山起伏，翠冈连绵，宽广清澈的水面，碧波荡漾。有"回龙桥"传说。
5	龙鼻瀑	嵩岩讲寺北东	龙鼻岩高约 60m，下泻到影霓潭的流水形成瀑布。
6	影霓潭	龙鼻岩下	龙鼻瀑布下的水潭为影霓潭，崖壁上有"神龙回伏"之石刻，常出现七彩虹景观，潭中有娃娃鱼。

　　龙輋峡位于龙輋门之上，龙輋门水库大坝下侧，景观为一条长约 200m，宽 3 ~ 10m，上下落差巨大的深长峡谷组成，其上游为含情脉脉的情侣瀑，下游为白龙飞翔的龙輋瀑；峡谷两侧为道道陡崖和千姿百态的造型景观。

　　龙輋门水库位于龙輋峡上游，水库大坝长约 80m，高 23m，蓄水量 10.63×10^{4}m^3。水面宽广，碧水清澈，绿如翡翠，镶嵌在青山环抱的翠谷中。此外，在南嵩岩的水景中还有影霓潭常出现的七色彩虹和娃娃鱼以及嵩岩潭富有情趣的"池中孤屿"等景观。

3.2.4　方山景区其他旅游资源

　　方山—南嵩岩景区不仅地质遗迹景观资源丰富，还有丰富的人文景观及其他自然旅游资源。如表 3-12 所示。

表 3-12　　　　　　　方山—南嵩岩景区人文及其他旅游资源一览表

类型	名　称	位　置	简　述
崖刻碑刻	龙睪门摩崖石刻	龙睪门一带的崖壁上	刻有"峻流涵汇"、"壶天启钥"、"弱水分波"、"荫濯天成"、"仙关"、"秋月空凡处"等六处古代摩崖石刻，系清代黄岩柯夏卿之笔，是温岭市文物保护单位。
宗祠寺院	嵩岩讲寺	龙睪门水库西南	原为澄照寺，建于北宋景德年间，传为皇帝赐额。据史书记载，该寺开山祖师为大悲。此后，有元代无净、秋月，明之雪庵，清之宏济等，"皆高行，屡著灵绩"。寺院是古代浙江临济宗的一个著名大道场，藏于深山大谷之中，隐于茂林修竹之间，历来名僧辈出，留下许多悠远的胜迹遗址。在位于影霓潭旁的崖壁上，现还有两只石龛，相传为大悲火化之处。附近的罗汉洞，是当年秋月和尚苦修之处，这里香火十分旺盛，尤其是"六月六晒经"法会更是盛况空前。近年来此类活动再度兴旺，每年约有十几万香客远道而来，顶礼膜拜。
	烟火洞庙	狮峰北西侧	该洞穴别具一格，曲折回环，上下连通，现供有佛像，犹如一座天然的大雄宝殿。此外在朝东洞和狮峰山下等地段建有许多规模不等的庙宇，大多为新建或正在建造的庙宇。
	奇峰宫	位于方山顶南侧	当地集资兴建的道教场所。建筑群横跨一南北向步游道，并被步游道分为两进跨院，院内一段的步游道上建廊，廊宽为 3.5m，主要建筑为奇峰宫和三清殿，分居二个跨院。奇峰宫面阔五间，单檐歇山，混凝土构架。三清殿五开间，混凝土构架。奇峰宫北侧小丘之上建有奇峰亭，系石构六角形攒尖塔。
	灵霄宝殿	南天门	砖混结构，民间建造，五开间，单檐歇山顶，供岳飞像。主殿一侧有配殿娘娘庙。总占地面积约 400m²。
	将军殿	方山悬崖之南端	民间建筑，砖混结构，部分改建为水泥结构，占地面积近 200m²。
	云霄寺遗址	方山平台上，南天门西侧	开阔平地，中有约 100m² 的洼地，有土垅围绕，指示曾有人工建筑于此。
	云霄寺	方山平台北侧	该寺庙始建于明初，因位于方山之巅，四季云雾缭绕，故名云霄寺。后几遭暴风摧折，屡建屡圮，清嘉庆年间迁建现址，由该寺主持僧人可方集资募捐重建，逐渐积累成现今规模，占地约 3000m²。于寺西山岗建有 21.5m 高的石构和平宝塔，可攀梯登塔，远眺四周群山。和平宝塔与寺门之间建有可方和尚墓。
	仙天门	方山悬崖北侧	方山北侧登顶之大门，为一牌坊式建筑。
	观音堂	位于方山悬崖北侧，仙天门下	道教为主的宗教建筑群，分为观音殿、大圣殿、三清殿等建筑十余座。自观音殿旁有允源大师与金守英真人之墓，墓前设有石构三角形的观日亭，均建于 1993 年。总占地面积近 800m²。
	无名观	位于方山悬崖西侧，南北斗洞前	民间建筑，砖混结构。主要分两座建筑，背靠南北斗洞为主殿，单檐歇山顶。其北西侧为住宿等生活用房。坡下建有一厕所。占地面积近 300m²。
	太乙道观	位于桃溪口	民间建筑，砖混结构。沿山脚一字排开，占地面积约 200m²。

续表

类型	名 称	位 置	简 述
亭	隔尘亭	龙皇门北嵩溪旁	亭子为 4m×5m（底面积），高 4.5m 的四角亭。亭子周边及附近空气新鲜，景色优美。
	栖云亭	骆驼峰上	亭子为 6m×4m（底面积），高 5m 的方角亭在亭上向南远望龙皇水库景观和南嵩岩高峰历历在目，向北可俯视龙皇门险关，抬头可远眺双燕岩和狮峰怒吼雄姿。
	醒狮亭	龙皇水库北西	亭子高 10m，宽 4m，为石柱建成的四角亭。在亭上可饱览群山幽谷景致，左面是昂首张口的狮子山，右面是大旗岩侧首的狮子头，形成双狮奇峰。亭联上写道："登亭览胜，双狮对峙守仙关"。
军事交通遗址	徐偃王古城墙	南嵩岩景区大旗岩南	据《温岭县志》记载：据董楚平著《吴越文化新探中》记述："浙江从北到南，从西到东，都有徐偃王的传说与遗迹，浙江的徐偃王遗迹最重要的，当推东南滨海的温岭县大溪区照洋乡大塘岭麓的徐偃王古城址。"据此，很可能公元前 512 年徐国灭亡后，一支公族子弟逃亡至此筑城居住，"其居立先王庙"。
古树名木	风竹径	龙皇门水库北区	从情侣瀑往西及往龙皇门水库方向的小道两侧，因长满茂密青翠的风竹而得名。
	枫树湾	醒狮亭北西山湾处	景点位于一片较为平坦的山坡汇水处，背后是陡壁，像是一个宁静的港湾，中间是清一色的株株红枫，故名枫树湾。
	方山奇松	方山顶	方山顶植被以疏林草地为主，覆盖率约 70%，疏林以马尾松、黑松为主，树龄在 20 年左右，由于山顶风大，土层薄，树干高 1～2m，呈盆景状，姿态奇特优美。
	云霄寺厚朴树	云霄寺门前	树龄已逾百年，树高 12m，胸径 45cm，为方山顶最大的植株。
	峭斗树林	峭斗山谷	峭斗山谷位于背阴潮湿处，植被茂密，长势繁盛，为常绿针叶、阔叶混交林。树种主要有：松、柳杉、枫香、樟树、木荷等。透天洞等地有成片毛竹，白龙潭前有珍稀蓝色杜鹃。配以周边悬崖、瀑布，景致幽静宜人，被称峭斗幽境。
气象	日月同辉	方山冬瓜背	冬瓜背中部一带有一石构凉亭，称同辉亭。自同辉亭东望，可一览滨海丘陵平原之烟云雾霭。每年农历十月初一拂晓，东眺海面，可见日月似一对恋人，同时浮出，相映同辉。
水库	回龙桥水库	龙皇门山顶	水面广阔，坝高 23m，蓄水量 $10.65×10^4 m^3$；水质清澈，青山环抱，风景优美。

3.2.5 方山景区考察路线与内容

1. 方山景区

主要考察方山火山岩台地地貌、火山阶梯状造型地貌，以及这些火山岩地貌经风化剥蚀后所形成的奇特自然景观及其成因。

考察路线为：迎宾门—幽角、远观象鼻岩—白龙瀑、白龙潭—峭斗洞、梅雨瀑、方山书院—观音堂、天柱峰—仙天门、文笔峰、情侣峰、五象岩——云霄寺—天河、裂缝峡谷—冬瓜背、玉笋瀑—日月同辉、夫妻岩、牛郎峰、玉女瀑—鹊桥—天眼潭—方山奇松—方山平台—天泉—奇峰宫—葫芦岩、凤凰生蛋—骆驼岩、美女照镜、火山凝灰熔岩—南天门、节理构造—羊角洞、方山腰带、流纹质凝灰熔岩—金鸡岩—桃溪—仙人濯足潭—石鸡娘水库—龙王峰、牛鼻洞、渔翁岩—太乙道观、龙王殿。

2. 南嵩岩景区

主要考察南嵩岩火山阶梯状造型地貌、火山岩峡谷地貌，以及这些火山地貌经风化剥蚀后所形成的奇特自然景观。

南嵩岩景区大门—嵩岩潭、火山洼地沉积岩—扑船岩、佛岩洞、群仙聚会—壁岩—将军把关、蝙蝠洞、一线天—八戒岩、游舫岩、朝靴岩—龙翠门、石刻、道冠岩—龙翠峡、黄龙遂虎、大鹏鸟、骆驼峰—龙翠瀑、情人瀑、火山角砾凝灰岩露头—龙翠门水库—龙鼻瀑、影霓潭—嵩岩讲寺。

考察内容见本节"主要地质遗迹"的相关内容。

第 4 章 楠溪江 (西园区)

4.1 概 述

4.1.1 自然地理特征

楠溪江位于瓯江下游，古名瓯水，是瓯江流域第二大支流，河流纵横永嘉县。主流发源于括苍山脉北支大青岗南坡、罗岭西侧，源头海拔 1192m。流经永嘉县 41 个乡、5 个镇、661 个行政村以及仙居、黄岩的一些乡村，在瓯北镇清水埠注入瓯江。

楠溪江是国家级重点风景名胜区，融天然山水、田园风光、人文景观于一体，以"水秀、岩奇、瀑多、村古、滩林美"的独有特色而闻名遐迩。

1. 地形地貌

楠溪江包括苍山脉及北雁荡山脉，由西北、东北向南倾斜，河流与山脉平行。在地质历史时期，天工塑造了永嘉"两山一水"地貌特点。晚侏罗纪—早白垩纪，火山作用强烈，形成厚度巨大的火山碎屑岩和喷出岩遍布全境，在岩浆作用后期，形成了酸性侵入岩；同时，因地壳运动形成了众多的断裂，为地貌的发生、发育演化奠定了基础。此后，经过长期的风化剥蚀、地面流水侵蚀及重力崩塌等外力地质作用，塑造了现今的风光秀丽的楠溪江山水。

楠溪江流域地貌类型多样，山地、丘陵、盆地、河谷相互交错，主要有山地、丘陵、平原 3 类；河流地貌发育且典型。

2. 水系

楠溪江干流长 139.92km，河流落差 1030m，平均比降为 7.41‰；支流呈扇形分布，左岸支流河短流急，右岸支流河长弯多，流域面积 2489.97km^2，其中域外入境集水面积 212.33km^2。上游干流河段称大源溪，自源头由西北向东，流经溪下、大岙、潘坑、表山、溪口 5 乡，和楠溪江一级支流岩坦溪汇合于溪口村，两岸山峻坡陡、峡谷急滩。主流长 55.2km，平均比降 17.33‰；平均河宽 50m，流域面积 589.07km^2。中游在溪口村以下，主流左岸岩坦溪（岩坦溪河流长 38.8km，主要支流有新龙溪、黄南溪、黄山溪、乌龙溪等 9 条）注入后称大楠溪。大楠溪自溪口向东至福佑村，向南蜿蜒流经 25 个乡镇至沙头。主流长 50.09km，平均比降 1.48‰，平均河宽 50m，流域面积 1540.90km^2。主要支流有张溪、东皋溪、孤山溪、花坦溪、小源溪等。下游俗称楠溪，自沙头南流，河床逐渐扩大，流经沙头、峙口、上塘、罗东、黄田、瓯北 6 乡镇，在清水埠入瓯江，如图 4-1 所示。主流长 34.63km，是感潮河段，平均河宽 375m，平均水面面积 9.31km²，流域面积 360km²。楠溪江较大的一级支流有 12 条，总长 330.33km。

3. 气候条件

楠溪江流域属亚热带南亚区海洋季风气候，总的特征是四季分明，温暖湿润，光照充足，雨量充沛。年平均气温在 14.4～18.2℃，自南向北推移而气温则逐渐递减。历年最高气温 35℃左右，一般出现在夏季；历年最低气温 0℃左右，一般出现在冬季。日照百分率平均值为 41%；无霜期 266～280d，多年平均降雨量 1770mm。

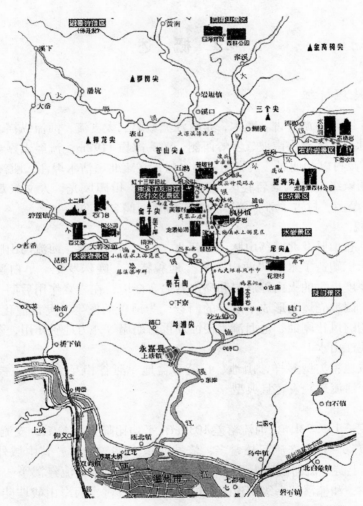

图 4-1　楠溪江流域水系及旅游资源分布示意图

4. 土壤与植被

楠溪江流域土壤多样，有 5 个土类、13 个亚类，29 个土属，54 个土种。有红壤土、黄壤土、潮土、盐土等，成土母质各异。

楠溪江流域属亚热带北缘森林植被区系。植被茂密，树种繁多，乔木有 32 科，107 属，227 种。自然植被有亚热带原生常绿阔叶林和次生阔叶林，亦有松、杉等针叶林。

珍贵树种有台湾水青冈、华西枫杨、银杏、华东野胡桃等；而广泛分布的则是松、杉、竹、乌木血、杨梅等人工林。经济特产林有油桐、油茶、板栗、香柚、柑桔。楠溪江流域是榕树生长的北限区域，现仍有一定数量的古榕树。由于自然荣枯和人为经营活动影响，原生植被保留极少，现存植被多属天然次生和人工引种造林两大类。

4.1.2　主要特征

楠溪江风景名胜区位于楠溪江下游，与雁荡山风景区相毗邻，南距温州市区 23km；景区总面积 625km², 计 800 多个景点。楠溪江瀑布多、滩林美，再加上堪称与漓江比美的秀水、与雁荡齐雄的石峰、与皖南民居般的古村落，增添了楠溪江的魅力；以水秀、岩奇、瀑多、村古、滩林美而闻名遐迩，是我国国家级风景区中唯一以田园山水风光见长的景区。1982 年被评为首批国家级重点风景名胜区；2002 年被国家旅游局评为国家 4A 级旅游区。2005 年，楠溪江与雁荡山、温岭方山—长屿硐天一起被列入雁荡山世界地质公园名录。

楠溪江风景名胜区内主要的地质遗迹有楠溪江风景河段 (河流地貌)、大若岩火山岩地貌和石桅岩火山岩地貌，其中的楠溪江风景河段属于国家级地质遗迹，被列入世界地质公园的保护范围，大若岩火山岩地貌和石桅岩火山岩地貌属于省级地质遗迹，纳入国家风景名胜区的保护范围。

楠溪江风景区可以概括为水秀、岩奇、瀑多、滩林美、文化积淀深厚等特点。

1. 水秀

楠溪江美就美在一江水，河流柔曲摆荡，缓急有度；江水清澈见底，纯净柔和，水底卵石光洁平滑，色彩斑斓。水深且清，蓝得晶莹，清得透碧，能见度水深可达 3m 以上；不仅水净，而且水质优良。水质分析表明，符合国家 I 类水的标准。主干河谷宽阔，河流柔曲，有三十六湾、七十二滩，缓急有致。水深一般 1m 左右，宜游宜观，宜乘竹排悠游漂流。溪水、清流、碧潭、草地、滩林、远山、蓝天、白云、牧童、水牛、村姑，构成了恬美淡雅、动静变幻的画卷。

2. 岩奇

楠溪江两岸，分布了距今约 140Ma 前后 (晚侏罗纪) 形成的火山熔岩、火山凝灰岩，后期的断裂构造，形成峭壁拔地的奇山异石，其特色是峰笔立、崖如削、洞悬壁，峥嵘奇险与柔美的楠溪江水景形成强烈对照，极具刚性之美。较为突出有三面环溪、一峰拔地而起的石桅岩，有姿态各异、参差笔立的十二峰，有四面绝壁、观天如井的崖下库，以及诸如陶公洞、鹤巢洞、天柱峰、棒槌岩之类的奇峰异洞，数不胜数。

3. 瀑多

楠溪江流域山体的断裂构造使各支流形成山崖险峻、峡谷深切的复杂地形，产生了数量众多、多姿多彩的瀑布。瀑多是楠溪江景观的重要特色，有一定规模、有观赏价值的瀑布达 50 余处，其中有高达 124m 的百丈瀑，有连续如梯的三级瀑、七级瀑，有形同莲花的莲花瀑，有声如锣鼓的击鼓瀑和打锣瀑，有藏而不露的含羞瀑，有飞珠溅玉、阳光下彩虹映碧瀑的横虹瀑，还有在 2km 内的溪谷中出现形态各异的九叠飞流。奇峰峭壁，飞瀑碧潭，构成了层次丰富、动静有致的独特景观。

楠溪江流域分布的除晚侏罗纪的火山岩外，部分山顶还有距今 110Ma 年燕山晚期的花岗斑岩等次火山岩及早白垩纪的火山湖盆沉积的杂色砂页岩、砂砾岩夹火山岩。北东及北西向断裂构造非常发育，形成这两个方向的网格状水系和瀑多、岩奇的特点。

4. 滩林美

楠溪江两岸滩林极佳，犹如绿色屏障，形成以清流碧水为中心的溪流、河滩、滩林、草地等层次丰富的景观。如图 4-2 所示。

图 4-2 楠溪江狮子岩

5. 文化积淀深厚

楠溪江流域文化特色鲜明，文化积淀深厚。早在 5000 年前的新石器时代，瓯越先民就已在此繁衍生息，并造就了瓯越文化，至今仍保留着新石器时期的文化遗址及宋、明、清时期的古塔、古桥、古亭、古牌楼等名胜古迹。楠溪江沿岸的古村落、古建筑，选址讲究，规划严谨，风格古朴，与自然环境和谐相融，是中国四大民居之一。较为突出的有岩头、枫林、苍坡、芙蓉、花坦等村，均为浙江省历史文化保护区。

神奇的楠溪江山水造就了无数的杰出人物和灿烂文化。从唐朝至清朝，永嘉一共有过 604 位进士。两宋时期，曾经出现辉煌的"永嘉学派"、"永嘉四灵"，在中国文化史上有着显著的地位。2001 年，我国昆曲艺术被联合国授予"人类口述和非物质遗产代表作"称号，永嘉昆剧作为昆曲中的重要代表，成为全人类的共同精神财富。

楠溪江名人履迹、诗文著述丰富。历史文化名人王羲之、颜延之、谢灵运等曾为永嘉郡守。南朝陶弘景、唐朝张子容、孟浩然，宋朝陆游、叶适、徐照，明朝王叔果、潘舜臣，清朝朱彝尊、金简庵、朱步墀等也都曾游历过楠溪江，并留下许多脍炙人口的名篇佳作。中国山水诗鼻祖谢灵运在任永嘉郡守期间，遍游永嘉山水，吟咏不辍，写下了许多流传千古的山水诗，遂使楠溪江成为山水诗的摇篮，并成为历代文人墨客寻找诗魂的胜地。由于楠溪江的特殊魅力，先后被中国作家协会和摄影家协会命名为"全国文学艺术创作基地"和"摄影创作基地"。

4.2　主要地质遗迹与旅游资源

楠溪江风景名胜区可以分为 7 个景区（见图 4-1），现将各景区的主要地质遗迹与旅游资源分述如下。

4.2.1　大若岩景区

大若岩景区是楠溪江风景区的精华所在，位于永嘉境内楠溪小源中游，距县城 40km。景区面积 85km²，有 170 处胜景。从九丈大桥沿永缙公路西行约 14km，即抵达该景区中心—大若岩—陶公洞。

大若岩景区特色以飞瀑、奇峰、幽洞、秀水见长。景区内瀑布众多，千姿百态；奇峰怪石，群崖争险，奇石斗秀；洞府宽敞，林壑清幽，是闻名遐迩的旅游胜地。大若岩有着悠久的历史，据《温州府志》和《永嘉县志》记载，远在两千年前，即有道士在此修炼，筑庵殿建庙宇。其中最著名的陶公洞是南朝梁时人称"山中宰相"陶弘景的隐居之地，陶弘景在此洞内编修《真诰》，编注《本草经集注》，开创了大若岩人文景观的历史。

大若岩景区主要景观有陶公洞、十二峰、百丈瀑、石门台、崖下库、小若岩、醉溪、五星奇潭、小楠溪及沿岸滩林等。

1. 陶公洞

如图 4-3 所示，陶公洞为浙南最大石室，也是大若岩景区的主要景点。因五代时期梁朝著名道教思想家陶弘景曾在此编修《真诰》，故又名真诰岩。千仞绝壁，一洞中开，

图 4-3　陶公洞

洞高56m、宽76m、深79m，可容纳数千人。这里曾是一个道教寺院，洞内建有前殿、后殿，有文昌阁、赤水泉、胡公殿等古迹。

陶公洞是由于火山岩中抗风化能力较弱的凝灰岩、砂砾岩，经差异风化和剥蚀作用后逐渐形成。赤水泉为裂隙泉，由大气降水补给，常年不涸不溢。

2. 十二峰

如图4-4所示，十二峰是大若岩景区的精华之一，位于大若岩之北，明清时称天台山。经陶公洞，过白云岭，穿公坑谷口，可见一群柱石拔地而起，这里十二峰并排而列，形成高耸入云的峰群，崔嵬峥嵘，气势磅礴。

图4-4　十二峰

十二峰是指童子峰、宝冠峰、香炉峰、仙掌峰、天柱峰、莲花峰、展旗峰、石笋峰、横琴峰、卓笔峰、石碑峰、犀角峰。这群峰峦多姿多态，雄伟挺拔，各有所像，形象逼真，仰头望，顿觉山势峥嵘，移步换形，更觉"巧石石巅更累石，奇峰峰侧更抽峰"，有一种雄浑的诗意。

十二峰是近水平产状的晚侏罗纪火山岩，受燕山期北东、北西向的两组垂直状的断裂构造切割破坏，经长期风化、侵蚀作用形成的。

3. 百丈瀑

如图4-5所示，百丈瀑又名傅岩瀑、府岸瀑，位于自泉乡府岸村右方1km。瀑旁三面合围，崖壁直立，稍内凹，似大玉瓿的纵切面，瀑从高崖上飞出，疑为白绫千尺，银河倒悬。瀑下抬头望，巨壁拔地而起，白练从火山岩峭壁上连绵抛下，耳边隆隆巨响，令人目眩神凝。瀑高124m，断崖超90°俯立，壁上洁净如洗。瀑水随时令而不同，形态也奇谲多变，风大水微，飞瀑散成烟花状；水盛风小，素练一展，潭水激荡成千堆雪。雨季水旺，瀑如玉龙飞降，骏马奔腾，瀑风袭来，50～60m之外湿透衣襟。到了旱天，瀑成缕缕银丝，缥缈迷蒙，人坐潭边，舒心惬意。明王叔果诗赞："玉甑倚云敧，飞泉百尺垂。疑从三岛汇，散入九龙池。日射虹成彩，风回雨丝，当沛霖澍，四野总沾濡"。瀑高、崖奇、水美成楠溪江风景之最。百丈瀑附近，还有天烛峰、一支香、美人岩等峰石奇景。

图 4-5　百丈瀑

4. 石门台

石门台位于陶公洞北约 3km，因一溪谷有九瀑——（九漈瀑）而出名，如图 4-6 所示。九漈瀑不像黄果树瀑布和镜泊湖瀑布，以其雄壮宏伟摄人心魂；也不像大龙湫、百丈瀑那样飞流直下三千尺而使人目眩。九漈之奇，奇在瀑有九级。九瀑源流，当是一脉，一瀑一形，一瀑一景，层次分明，自成首尾。对于观瀑者而言，在不到 3km 的溪涧中，能见到姿态多变、景色各异的九级瀑布，实为罕见。

5. 崖下库

从陶公洞向龙翔方向前进至李大屋村头附近，就达崖下库。在长约 1km 的峡谷两侧，是高达 300m 的崖嶂。游人至此，黑魆魆的崖嶂从两旁向人压过来，即使是夏日正午，也只见几分钟阳光。入崖下库，迎面峭壁千仞，立感裹足难前，仰观其上，右侧高 70～80m 的悬崖上一条"白练"，仅露寸段。陡壁上凿有高约 20m 的石级，扶栏攀登直

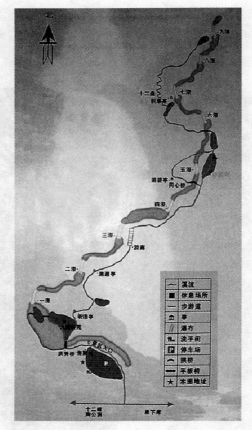

图4-6 九漈瀑平面图

上至山崖左侧垭口陡见含羞瀑，瀑风裹雨，寒气逼人。瀑下有一潭，面积约 $10m^2$，潭底遍铺卵石，四周为陡峭石壁，人立此处，如坠深井。每到雨季，瀑布罩住整个潭面。崖下库，深谷长峡，重崖叠嶂，险恶雄奇，清幽隽秀，四周尚有众多景点。崖下库门口路侧有一巨石，似人盘腿而坐，慈容含笑，谓"迎客仙"。崖下库左侧，有一峡谷，长约200m，宽近20m，称"仙人涧"。崖下库左侧山腰上见一约10m见方的巨石，名"猫头鹰石"。在猫头鹰石上方100m处，有一长方体巨石，其下一粗短石柱支立，似抬轿状，名"仙人抬轿"。

4.2.2 石桅岩景区

石桅岩景区位于鹤盛乡下岙村，南距温州市区70km，东距雁荡山大龙湫景区25km；面积 $86km^2$。石桅岩景区兼具雄、奇、险、秀、幽、奥等特点，主要景观有石桅岩、小三峡、水仙洞、麒麟峰、下岙瀑布、将军岩、公鸡崖、象山、水波岩、水仙岩、水波岩等。

1. 石桅岩

如图 4-7 所示，石桅岩位于下岙村北约 500m 的峡谷中，巨峰擎天拔地，因形似船桅，故名石桅岩。其相对高度为 306m，呈浅红色，通体皆石，岩顶如并蒂莲蕾，比肩而耸，有"浙南天柱"之誉。石桅岩四围山势险峻，清晨，云雾如潮，淹没群山，唯石桅岩峰顶在云雾之上，如航船上的桅杆。

图 4-7　石桅岩

石桅岩周围环拱着 9 座高度在 100～200m 的峰峦，这些峰峦高低不等、形态各异，如群星托月般簇拥着这"天之骄子"。石桅岩三面环溪，陡坡松枝展翠，藤萝障翳，时有猴群出没。石桅岩南面岩脚下有一深潭，乘竹筏溯流而西，潭两岸是黝黑如铁的悬崖。继续上溯见有一条近 3m 宽的巷谷，峭壁上置一钢梯，攀登其上，可入水仙洞。洞高 8m，宽 6m，深 10m，洞中有壁泉；洞旁怪石嶙峋，对面峰峦陡立，峥嵘险峻，高低不同的两座独立石峰，中嵌一石，如麒麟送子，昂首向天。清流环石桅岩脚近 300° 迂回流淌，溪边修有栈道。沿溪而上，溪流似绿宝石镶嵌的腰带，盘旋石桅岩脚。夕阳西下时，雄伟的石桅岩倒映在碧水中，牧童赶着黄牛，哼着小曲，对岸下岙村上空炊烟袅袅，一幅充满诗情画意的田园风光图景。石桅岩四周山势险峻，东面有一岩突兀，谓"人头岩"，似樵夫正在凝眸远眺。

石桅岩的成因与十二峰相同，即近水平状的火山岩受后期垂直状北东、北西向断裂切割，经风化侵蚀破坏逐渐形成。

2. 小三峡

小三峡是石桅岩景区的天然门户，长约 3km。在峡谷入口，乘游船进入，峡谷弯弯，潭水很深，两岸群峰叠翠，人不可攀。船行 10 余分钟，弃舟登岸，沿栈道前行，两岸青山苍翠，峡内流水潺潺。继续前行，踩石碇步，过阡陌，在林荫中踏卵石步游道可直抵石桅岩。

4.2.3　楠溪江及沿江农村文化景区（岩头中心区）

楠溪江沿江农村文化景区位于楠溪江干流中游，包括从渡头至沙头 32.4km 的水域、滩林及沿江古村落，是楠溪江风景河段的主体；面积为 199km^2。仙清公路沿楠溪江纵贯全境，其他六大景区均与之呈辐射状联系，因此是整个楠溪江风景名胜区的中心。

楠溪江沿江农村文化景区的特色主要体现为"水秀"、"村古"、"滩林美"。这里江水清澈，滩林众多。沿江而行，一路可见江道弯曲多变，河床似阶梯起伏，滩潭相间，遇潭水缓，遇滩水急；视野窨幽闭相济，动静相辅，景色变化有致。沿江两岸，绿草如茵，大片的石滩和沙滩上长着马尾松、枫杨、柳树、毛竹、果林、芦苇等，时而茂密，时而稀疏，风韵独具。在滩林背后和公路旁，分布着许多古村落、古建筑和其他各种历史文化遗迹，人文景观丰富多彩。苍坡村"文房四宝"的构想，芙蓉村"七星八斗"的布局，岩头、枫林、周宅、霞美、西岸、岭下、坦下等村镇的建筑，可使人们在沉醉于秀丽的自然风光的同时，了解浙南农村由耕读文化向宗族文化发展的轨迹。

楠溪江沿江农村文化景区主要景观有大楠溪、狮子岩、太平岩、石柱峰、溪南滩林、西岸滩林、下烘头滩林、九丈滩林、渔田滩林、岩头村、苍坡村、芙蓉村、枫林村、永庆桥、红十三军军部旧址、沙头烈士陵园等。

1. 狮子岩

狮子岩（见图 4-2）是楠溪江中的两座小屿，其中一屿如狮，浑身怪石嶙峋，昂首张口，迎流而踞；另一屿似球，名"狮子球屿"，其上树木丛生，百草丰茂，江风吹来，树冠摇曳，宛如狮球滚动。游人从楠溪江畔走过，就可以远远地看见一头雄狮戏球在粼粼清波中。

狮子岩周围河床开阔，水流深浅适宜，沿岸滩林幽美，风景如画。每当旭日东升，朝霞万朵，狮子岩倒影在碧潭中，雄姿娇态，风情万种。或皓月当空，凉风习习，一队队竹筏在水面上悠悠而过。江上渔灯点点，碧波粼粼。置身其中，犹如进入亦真亦幻的梦幻世界，是天然的游泳池和放排漂流的好去处。

2. 溪南滩林

溪南滩林位于岩头镇溪南村外的楠溪江边上。沿江有竹林 15.3hm^2，樟树林 2hm^2，枫杨林 6hm^2，景色清幽宜人。

3. 岩头村

岩头村始建于初唐，后废。至宋末元初之际，始祖金安福（1250—1318 年）从附近的档溪西巷里迁居于此，重建村庄。明世宗嘉靖年间（1522—1566 年），由八世祖金永朴主持，进行全面规划修建。因地处芙蓉三岩之首，故名岩头。现有在册居民 8000 余人。1991 年，被浙江省人民政府命名为历史文化名镇。

岩头村的正门是北门，称"仁道门"。门里大街西侧是金氏大宗祠，朝南。宗祠前为进士牌楼。进士牌楼，是楠溪江同类建筑中气派规模最大的一座。与大宗祠隔街相对的是清嘉庆十三年（1808 年）建造的石质谢氏贞节牌坊。仁道门、大宗祠、贞节坊和进士牌楼形成岩头村的礼制中心。

岩头村东门叫"献义门"，有一条街叫"横街"，从献义门向西横过村子。横街的西段还有浚水街和中央街两条直街。街之间有小巷连接，窄而直，被称为"箭"，都指向附近的屿山。

历史时期，在进士街、中央街和浚水街之间，自南到北各有三进两院的大宅 7 座。各院宅中轴间隔为 48.3m，"箭"就是它们之间的夹道。各街之间相距 55m，正好是大宅的总进深。全村住宅都朝东，这几条街西侧都是大门，东侧都是后门，水渠则靠东侧。金永朴主持建造的大宅第，规划严正，规模宏大，面积占了全村 50% 以上。

清同治元年（1862 年），因太平军起义和宗族纠纷，21 幢建筑被烧毁。现浚水街、中央街、桂花街、花前街可以见到其中 9 幢建筑的遗迹。浚水街所见的 6 幢建筑，其中线现在成了小巷，院落中的甬道仍较完整。浚水街下马巷还有一块柱顶石，鼓镜的直径有 76cm。

岩头村以科学的水利设施和巧妙的村庄布局而闻名。水利工程始兴于宋，竣工于明初。引溪水入村复出村，一路建有 8 个大小涵洞，2 个节制闸、5 个人工湖池；一水多用，灌溉、生活用水、推动水碓、观赏。全村座西进东，背山面水。村内亭台楼阁、街巷民居、石桥牌楼，布局井然。横街直巷，三进两院大住宅，前后面街，左右临巷，以利出入；绕以流泉，取水方便，丽水湖堤以东逐渐形成商业街，濒湖一面建 300m 长廊，设美人靠，面湖建店铺，古风犹存。湖有亭，古色古香；有石桥，特用 48 块条石建造，寓明时本地属永嘉县第四十八都之意，造型别致。如图 4-8 所示。

图 4-8　丽水街

此外，村落东缘的蓄水堤上，建有岩头村粗具规模的商业街——丽水街、丽水街南侧是著名的塔湖庙、岩头村中央街南端还有金永朴创建的水亭祠。

4.2.4　北坑景区

北坑景区位于楠溪江风景名胜区东部，南北分别与水岩、石桅岩景区相邻，面积 70km²。景区内浓荫铺地，三瀑相衔，一瀑一潭，瀑奇潭幽，险峰陡崖，巍巍兀立。晚清监察御史徐定超曾用"五六月间收暑气，二三更天听龙吟"的诗句形容北坑的奇和幽。

北坑景区主要景观有龙湾潭森林公园、三折瀑潭、北坑龙潭、北坑龙宫、球瀑、七折飞瀑、石柱岩、摩天崖、季家岙、雁门底、骆驼峰、海螺洞等。

龙湾潭森林公园的平均海拔540m，气候温暖湿润，四季分明。郁郁葱葱的茂林修竹使公园层林尽翠，四季常青，共有维管束植物162科，1014种，天然植被的有机结合，创造了良好的生态环境，使群多的珍禽异兽在此生息繁衍。公园内新建成的千米悬崖栈道和空中玻璃观光平台，堪称中国第一。

4.2.5　陡门景区

陡门景区位于陡门乡境内，北与水岩景区相邻、东与中雁荡山接壤，面积58km²。陡门景区以岩、洞见长。其洞或清幽、或雅致、或奇绝，其岩或色彩斑斓、或雄传挺拔。主要景观有溪谷洞群、隘罗洞群、赤岩洞、虹岩寺等，向有"三奇两绝"之称。"三奇"为高山陡门、石壁溪床、奇竹共赏；"两绝"为洞景和奇岩。

"三奇"中，一奇为高山陡门。"陡门"是指建造在江、河或河、海交界处，用于蓄水排水，以达到防涝抗旱或航运之用的一种闸门。然而，在海拔约600m的陡门村边的陡门溪上建造了一座陡门。据陡门村《陈氏宗谱》记载，明代的当地富户陈信永携村民兴建了陡门，用于农田灌溉。1920年山洪暴发，陡门被冲毁殆尽，现在仅残留桥墩、闸门、石条等物。二奇为"石壁溪床"，陡门溪是楠溪江八大水系之一，溪水清冽，水味甘醇，从陡门村到大溪村长约3km的溪床全为基岩河床。三奇为"奇竹共赏"。"陡门"遗址旁山坡上有一片茂密的竹林。林中百草郁茂，修竹摇翠，花香鸟语，恬适幽静，极尽田园山水之乐趣。在楠溪江风景区内，约有200种竹子，其中最为奇特的属陡门的佛肚竹，这种竹子瘦结凸肚，由一片片增球冠状的竹节交错叠加而成，是竹的一个变种，从根部20cm处开始病变，一直到离地面5m处才恢复正常，上面枝节分明，与普通竹子无异。

"两绝"中，一绝为洞景。陡门的洞景以溪谷洞群与隘罗洞群最引人入胜。溪谷洞群共有10余个洞，大多分布在溪谷两侧崖壁上，大小不一，形态各异。隘罗洞群位于陡门村东北的隘罗洞顶上。隘罗洞位于九台山（海拔约700m）山顶的峭壁之下，座南朝北，洞中有修砌整齐的五间石屋，上铺石桥，石床、石桌、石凳摆设其间；洞顶的小洞、石隙，成了天然的燕子抱雏之窝。其左侧是梅花洞，洞底还套着一个黑黝黝的小洞。右侧是白莲洞，洞壁一侧有一个小小长方形的天然开窗，可容一人爬进爬出。这几个洞供奉的主要是传说中的杨家诸将，所以隘罗洞也称护国洞。二绝是岩奇，由于特殊的地质构造，陡门多奇峰怪石。以色彩而出名的，有红岩、白岩等，以拟物而出名的，有豺岩、莲花峰、花瓶峰等。更有以传说而出名的有百两岩。

4.2.6　四海山景区

四海山景区位于永嘉县北部，张溪乡西部，系括苍山余脉，雁荡山支脉的延伸，山势起伏绵亘，海拔一般为 500～1000m。最高的潘大尖山峰达 1196.7m。

四海山景区以其林海、云海、雾海、雪海等奇观而得名，森林面积 2533hm²，植被茂盛，气候温和凉爽，动植物资源丰富。景区共有维束管植物 162 科，568 属，1061 种。其中有世界上珍稀濒危树种——浙江水青冈林 100 余亩；国家珍稀濒危一级保护植物——香果树 1 种；国家二级保护植物鹅掌楸、金钱松、花榈木、厚朴等 4 种；国家三级保护植物黄山木兰、紫茎、短萼黄连、长序榆等 4 种。此外，景区内还有国家一级保护动物金钱豹、云豹、黑鹿等 3 种；国家二级保护动物猕猴、穿山甲、獐、猫头鹰、啄木鸟等 5 种；以及野猪、野山羊、野兔、黄麂、雉鸡、竹鸡、鹗、画眉、黄莺、山鹰、蛇、石蛙等动物。1992 年，经国家林业部批准建立了四海山森林公园。景区有"绿色宝库"、"清凉世界"、"世外桃源"、"动物乐园"之称，是浙南的重要避暑胜地。

四海山景区主要景观有四海尖、三叉松、蛙蟆岩、圆岩、天柱岩、十五坑瀑布、水龟、七星望月、焦岩峰、浙江水青冈群落等。

4.2.7　水岩景区

水岩景区位于楠溪江东部支流珍溪沿岸、花坦乡境内，东邻北雁荡山，南北分别与陡门、北坑景区相连，面积 72km²。

水岩景区内自然景观丰富，奇峰、异石、飞瀑、幽洞，令人目不暇接。花坦古村落群为省级历史文化保护区，文物古迹众多，文化底蕴深厚。

水岩景区主要景观有莲花瀑、菠萝岩、雌雄岩、龙滚洞、仕女峰、天柱峰、花坦、廊下古村落、古建筑及古文化遗址等。

参考文献

[1] 地质矿产部. 地质遗迹保护管理规定 [M]. 1995.

[2] 李一飞, 田明中, 王同文.《世界地质公园网络工作指南》保护开发原则解析 [J]. 资源与产业, 2007, 9（5）：10～97.

[3] 联合国教科文组织. 世界地质公园网络指南和标准 [M]. 2008.

[4] 骆团结, 李慧, 赵逊. 世界地质公园网络回顾与展望 [J]. 国土资源情报, 2009, （1）：14～18.

[5] 隗合明, 覃海绍, 高媛. 中国特色地质遗产体系及其保护 [J]. 地球科学与环境学报, 2007, 24（9）：429～436.

[6] 国土资源部地质环境司. 国家矿山公园建设指南 [M]. 2005.

[7] 武强, 崔芳鹏, 刘建伟等. 解读国家矿山公园的评价标准与类型 [J]. 水文地质工程地质, 2007, （4）：1～4.

[8] 赵逊, 赵汀. 世界地质公园的发展近况和东南亚地质遗迹的保护现状 [J]. 地质通报, 2008（3）：415～425.

[9] 国家国土资源部. 国家地质公园规划编制技术要求 [M]. 2010.

[10] 浙江省国土资源厅. 浙江省地质遗迹调查评价技术要求（试行）[R]. 2012.

[11] 浙江省国土资源厅. 浙江省地质遗迹保护规划（2006—2020）[R]. 2005.

[12] 陶奎元. 徐霞客与雁荡山——初论雁荡山自然景观成因与科学文化内涵 [J]. 火山地质与矿产. 1996, 17（1-2）：107～118.

[13] 雁荡山国家地质公园管理委员会. 拟建雁荡山世界地质公园总体规划（文本）[R]. 2004.

[14] 雁荡山国家地质公园管理委员会. 拟建雁荡山世界地质公园总体规划（说明书）[R]. 2004.

[15] 余明刚, 邢光福, 沈加林等. 雁荡山世界地质公园火山岩年代学研究 [J]. 地质学报, 2006, 80（11）：1683～1690.

[16] 余明刚, 邢光福, 沈加林等. 雁荡山世界地质公园火山作用研究 [J]. 岩石矿物学杂志, 2008, 27（2）：101～112.

[17] 陶奎元, 余明刚, 邢光福, 等. 雁荡山白垩纪破火山地质遗迹价值与全球对比 [J]. 资源调查与环境. 2004, 25（4）：297～303.

[18] 余明刚. 雁荡山世界地质公园火山地质研究 [D]. 西安：长安大学出版社, 2005.

[19] 牛家丛. 雁荡山"世界地质公园"地貌景观的科学内涵研究 [D]. 上海：上海

师范大学出版社，2007.

［20］胡小猛，许红根，陈美君等. 雁荡山流纹岩地貌景观特征及其形成发育规律
［J］. 地理学报，2008，63（3）：270~279.

［21］陶奎元. 雁荡山的景观美学特性［J］. 风景名胜，2002，（1）：44.

［22］雁荡山风景旅游管理局. 雁荡山地质科考指南［M］. 杭州：浙江摄影出版
社，2007.

［23］赵士德，钱丽萍. 雁荡山旅游资源开发与保护［J］. 资源开发与市场，2006，22
（2）：391~392.

［24］雁荡山世界地质公园，雁荡山风景旅游管理局. 雁荡山可持续发展论坛（首届）
论文集［M］. 杭州：浙江摄影出版社，2007.

［25］温岭市人民政府. 浙江省温岭市长屿—方山地质公园总体规划（说明书）
［R］. 2004.

［26］温岭市人民政府. 浙江省温岭市长屿—方山地质公园总体规划（文本）
［R］. 2004.

［27］温岭市人民政府. 拟建浙江省温岭市长屿硐天国家矿山公园综合考察报告
［R］. 2010.

［28］温岭市人民政府. 拟建浙江省温岭市长屿硐天国家矿山公园申报书［R］. 2010.

［29］李辰. 浙江地区石宕遗迹景观开发研究——以温岭长屿硐天为例［D］. 北京：北
京林业大学出版社，2010.

［30］杨丽娜，潘忠斌. 楠溪江流域水文特性［J］. 浙江水利科技，2011，（3）：
12~14.